"十三五"职业教育部委级规划教材

服装美学

（第5版）

吴卫刚　主编

国家一级出版社　中国纺织出版社　全国百佳图书出版单位

内 容 提 要

服装美学是服装艺术类课程中最重要的基础课程之一。

本书结合服装专业学习的需要，以普通美学为基本构架，联系服装行业的相关实例，综合介绍了服装与美学、美学基础理论、美感与心理、艺术与艺术流派、形式元素与形式法则、艺术鉴赏与艺术批评、服装与社会文化、服装与美育、近现代中外服装的演变、服装设计中的审美创造、体型与穿着审美、职业与场合着装、服装行业与艺术、服装设计大师等内容。

本书可作为服装高等职业教育教材使用，也可供其他艺术门类的工作者及广大服饰爱好者阅读参考。

图书在版编目（CIP）数据

服装美学 / 吴卫刚主编. --5 版. -- 北京：中国纺织出版社，2018.6（2021.10重印）

"十三五"职业教育部委级规划教材

ISBN 978-7-5180-4915-8

Ⅰ . ①服… Ⅱ . ①吴… Ⅲ . ①服装美学 – 高等职业教育 – 教材 Ⅳ . ① TS941.11

中国版本图书馆 CIP 数据核字（2018）第 075660 号

策划编辑：张晓芳 责任编辑：朱冠霖 张晓芳
责任校对：寇晨晨 责任印制：何 建

中国纺织出版社出版发行
地址：北京市朝阳区百子湾东里A407号楼 邮政编码：100124
销售电话：010—67004422 传真：010—87155801
http://www.c-textilep.com
中国纺织出版社天猫旗舰店
官方微博http://weibo.com/2119887771
北京通天印刷有限责任公司印刷 各地新华书店经销
2000年6月第1版 2004年11月第2版
2008年5月第3版 2013年3月第4版
2018年6月第5版 2021年10月第22次印刷
开本：787×1092 1/16 印张：18.5
字数：346千字 定价：49.80元

第5版前言

服装美学，伴随改革开放的春风已经走过近四十年的历程。

然而，什么是服装美学？这个问题我问过太多的人，答案往往是不一样的。这些人包括美学专家、时尚达人、媒体大咖、企业家、白领丽人、学生和普罗大众。对于一门学术性极强的国家一级学科与大众生活如此通俗的时尚领域交叉而孕育出的服装美学，人们"横看成岭侧成峰，远近高低各不同"，也就不奇怪了。

20世纪80年代中期，我在杭州第一次听上海纺织高等专科学校的孔寿山教授讲服装美学，结课后获孔老赠诗一首："赤橙黄绿青蓝紫，燕瘦环肥各相宜。服饰自来非小道，衣冠王国重容仪"。那时对服装美学的理解还只是服装文化、服装史论以及较为简单的服装审美。后来，随着众多研究者的加入，服装美学的知识结构呈百花齐放的状态，学设计的、学史论的、搞文化的、做时尚的等，他们从各自的角度，编写了服装美学教材，对于美学发展做出了历史性的贡献。但是，随着学校学科的不断细化，色彩、设计、史论等学科成了独立的科目。那么，基于现代和未来，又要兼顾大众的学习和阅读的服装美学，究竟如何架构知识体系，似乎永远是一个动态的值得研究的新问题。

我在2000年6月出版第一版《服装美学》教材，当时的研究为后来几次再版奠定了相对风格化的基础，那就是以经典美学为基本架构，在美论、美史、美感、美育及艺术论的基础上阐释服装学科相关领域的应用，直到本次再版，不断丰富其中的内容。除了图片的更新，细节的补充优化，还将穿衣打扮、行业应用等内容做了补充，尤其是有中原工学院吴志恩老师加入编写的第四章、第六章和第九章，更使本版锦上添花，在此表示感谢。

今天，服装美学的样子，仍不失基础美学的框架，但却更加丰满、更加成熟，尽管随着时代的发展会有新人出来斧正，这也是我所希望看到的。而在今天这个时间点上，算是我对服装基础理论的最后贡献吧。

再次感谢16年来这么多的院校和同学、读者对《服装美学》的支持和关爱。尤其是在当今"大众创业、全民创新"的时代，在智能化社会、互联网+、资本市场化的大趋势中，服装美学的学习也不可能仅仅在一个"学术孤岛"上存在。如有意愿探讨本学科与个人创业的相关问题，欢迎联系，切磋共研。

吴卫刚（教授）

郑州轻工业学院

2017年12月12日

第4版前言

从第1版到第4版，《服装美学》再次被列入部委级统编教材，这首先要感谢各位使用本教材的老师们，是他们在积极地推进中国各大院校服装美学课程的教学，并不断向本人提出一些有益的建议，使这条原本没有的路越走越宽，这本书也在与他们的交流中得到了不断改进和不断完善。

社会发展的速度，远远超乎我们的预料：在这本书的第1版中，我们完全按照普通美学的架构编写，强调了美学的专业基础性；第2版，为了适应社会经济发展的需要，比较生硬地插入了商业艺术等内容；第3版，在不少老师和学生的建议下，增加了服装穿着等实用性很强的部分。时至今日，各高校服装专业的课程越分越细，一些内容已有专门的科目，这样在本版中自然要做一些调整。

这里，要向各位读者介绍一下本次的修订工作，以便和大家进行进一步的交流。修订的基本思想是"提升文化"和"协调课程"。除了对第3版的内容重新做了一些安排，包括顺序的改动，重点是又添加了四个方面的内容："服装设计审美与创造"，在服装专业中，服装美学是直接服务于服装设计应用的，尽管服装设计是单独开设的课程，但是有必要在本书中过渡一下，建立二者之间的一个衔接；"服装的社会文化内涵"，目前，较少有服装专业开设《文化学》之类的课程，那么本书的这部分内容就起到抛砖引玉的作用；"古今中外的服装风格"，这部分也是与服装设计对接的内容，因为服装设计的文化本质就是基于审美素质对风格的把握；"服装与美育"，美育本来就是传统美学中必不可少的部分，以前因限于篇幅而未编入教材中，这次终于可以使本书的美学体系更加完善了。

另外，把"服装三属性"放在了第一章，虽然在内容和风格上有待协调，但在教学实践中还是比较有效的。"服装美学"的概念可以理解成由两部分组成：一是美学，它研究三大基本内容——美论、美感和艺术；二是服装涉及三大领域——文化、功能和价值，以及两个概念的叠加。这两者共同构成了服装美学的根基，只是本书为了学科的独立性和课程的分工，只强调了美学的知识体系而已。

上述这些修订，得益于在本版作者团队中又引入了三位专家。这本书编写的具体分工是：郑州轻工业学院的吴卫刚编写第一、第二、第三、第五、第十一和第十二章；郑州轻工业学院的张静担任副主编并编写第六章和第九章；南京工程学院的杨林编写第七章和第八章；郑州轻工业学院的刘梦梅编写第四章和第十章。

吴卫刚
郑州轻工业学院
2012年3月16日

第3版前言

从1996年在大学开设服装美学课程，到2000年6月第1版《服装美学》问世，在该领域研究的十多年中，本人总会受到一些"误解"。对于90%以上的学生来说，一提到服装美学，大家都会认为这是一门"如何穿衣更美"的课程。

在现代大学服装教育中，这种观点不能不说是对该学科的一种片面理解。美学本是一门人文类基础学科，有自己的层次和体系，服装美学也应如此，它本不应该是一味追求所谓"实用"的一门课程。

时代在进步，我们必须与时俱进。从《服装美学》再版的印数来看，高等院校（包括职业学院等）还是逐步接受了前两版所构建的基本体系。尽管如此，在该书第2版被确定为"服装高等职业教育教材"后，本人在一些大学进行教学指导过程中，"穿着美"应体现在服装美学中的呼声，仍是不绝于耳。看来这确实是一个值得重新思考的问题。

既然服装美学是一门实用学科，就理当上下贯穿，从理论到实用。第3版已经无法再去恪守传统美学的单一化体系了，尽管要在文风方面做出一些让步，使人感觉前后难易程度有些不一致。不可否认，本书仍然是一种探索，是为了适应大学、高等职业服装教育现状而在结构和体系上的一种探索。

对于服装美学究竟应该如何构建、服装美学应该有哪些内容、哪些内容需要简化、哪些内容应该删除等问题，我们经过十几年的两次出版探索，包括与中国纺织出版社的沟通交流，一致认为，这应该由高等服装教育的现状来确定。

根据本人的了解，即使是大学本科服装专业的学生，连自己穿衣打扮都不知道如何下手的大有人在。求职时的穿着因一味讲究"个性"而频频失礼，对风格的追求而忽略与自己体型和社会规范相适应等，不乏其例。

因此，服装美学教育确实需要进一步加强，范围仍然需要进一步扩大。上述现象，主要是因为大多数高等职业院校没有开设"形象设计"课程；即使有，也是操作技能层面的居多（当然也是必要的）。而如何穿着打扮，如何提高审美修养，高屋建瓴地看待服装美的问题，则涉及较少。

本书第三次修订，再次给我们一个探讨的机会。本书认真总结了前两版在使用过程中的经验，并在一定范围内作了调查研究，也征求了出版社的意见，最后决定分为上、下两篇。"上篇"按基础美学的体系来构建服装人员必修的理论知识，"下篇"紧紧围绕"如何穿着美"这一主题展开，并尽量考虑上、下篇的衔接，尽可能地满足课堂实际训练的要求。与第二版相比，第三版对"上篇"的理论部分作了最大限度的精简；"下篇"的第十章"服装设计大师"部分，删除了原来的"美学大师"内容，如需阅读可到网上搜索。

美学的理论部分，在前两版中已经过不断浓缩和提炼，不再赘述说明。本书的特点就是把"穿着美"的问题单独列出设为"下篇"。

穿着美的问题，不仅仅关乎学生自身的装扮审美能力，还是工业化和商业化服装设计的基础，与此相关的"色彩与形象设计"已经成为一个行业，服装导购也与这部分内容密切相关，这些课题都事关学生的择业前途。鉴于篇幅和学科分工，本书"下篇"只对"穿着美"的基础问题进行重点讲述。

服装美学是一门交叉应用型学科。美学教师施教这门课时，在服装专业知识方面可能会有些薄弱，而服装专业教师可能会"对一大堆美学理论不太喜欢"。上、下篇分列，可以帮助解决这一问题。各校根据自己的师资情况，可考虑上、下篇分别由不同的教师合作施教，也可以由美学教师或服装专业教师单独施教。对于后一种情况，可侧重上篇或侧重下篇，而另一篇可适当压缩课时。这样，使教学组织的灵活性大大增加，也方便了对本书的使用，同时还扩大了本书的使用范围，社会职业培训也可将其作为参考教材。

第一章、第二章、第三章、第五章、第六章由郑州轻工业学院的吴卫刚编写，第七章和第九章由河南省商业高等专科学校的戴璐编写，第四章和第八章由河南科技学院的王峰编写，第十章由中原工学院的陈彩虹编写。

为了方便教学，本书配备了光盘，制作了课件，并增加了彩图、题库和部分实训题目，希望对教学有所帮助。光盘由郑州轻工业学院唐一祁协助制作。

由于水平和能力所限，希望得到同行的指点和建议，以便不断完善。

吴卫刚
郑州轻工业学院
2008年3月2日

第2版前言

服装美学是服装专业学习的基础课程，一般在1~2年级开设，可为以后的专业课程学习打下良好的基础，便于更为透彻地理解结构、绘画、设计、史论，甚至营销等社科类课程。

服装美学又是服装艺术类课程中最高层次的学科。有许多在校学生想做艺术家、设计师，可在学科上却偏重技术或技巧方面的内容，把自己定位于"匠人"。当然，各行各业都有"巨匠"之说，但至少可以讲，这种定位有些太早，大学仍然是打基础的阶段。从匠人往上还有两个层次：一是设计师，二是艺术家。服装设计师绝不等同于画画或做衣服（虽然这些课程也很重要），但它们最终只是实现设计思想的过程和手段。那么，没有美学"思想"或思想匮乏，怎么去实现思想。还有艺术家，什么是"家"？通俗地讲，谋生高手为"匠"，为一家（或几家）企业谋利者为"师"，而直接为全社会作出贡献，并被高层同行所认可者才能称为"家"。不学习美学，为"师"者难，为"家"则更不可能。这是作者本人的体会仅供参考。

在2000年，幸得中国纺织出版社郭慧娟老师的热忱帮助，使本人编写的《服装美学》得以问世。尽管此书斧痕斑驳、多有纰漏，但还是得到不少赞誉之辞。为了答谢众多采用此教材的大学和服装学校，此次出版社决定再版《服装美学》，这实在是本人再次为中国服装教育效力的机会。

此次再版，充分考虑了高职教学的特点及行业发展对人才的需求。第八章"服装穿着艺术"深化了学习服装美学的功利因素，不仅有利于提高学生的学习兴趣，也为个性化服装设计奠定了基础。本书的基本体系启于史论探索（第一章），承于普通美学的三大课题（美论、美感和艺术问题），接于造型法则和姐妹艺术，合于穿着与商业实用艺术。其中第九章"服装行业与艺术"的安排是本人对"学以致用"的基本理解。服装美学最终应摈弃传统旧文化中的虚伪性，走向文化、功利和财富的一体化。限于篇幅并为了避免重复，本章没有从传统美学的角度详细解释，在学习中，读者可通过实物作品分析，"自上而下"（美学理论）和"自下而上"（艺术实践）地理解其美学原理及应用。

附录"参考习题"是特为教学方便而设计，既可作为学生复习的提纲，也可作为老师设计考卷的参考。

此次再版，又有几位老师加盟，他们是郑州轻工业学院张铁（第六章和第四章第一、二节）、河南科技学院郭海燕（第五章和第四章第三、四节）、吴效瑜（第二章和第七章）、张翔（第十章）。

本书配置的光盘中有大量的彩色图片为教师电化教学和学生阅读提供方便。

愿各位读者学有所得，欢迎与中原工学院吴卫刚联络共研。E-mail: wwg@zzti.edu.cn

吴卫刚

2004年9月15日于郑州

第1版前言

在全国教育事业迅速发展的形势下，为了适应教育体制和教学改革的需要，中国纺织出版社组织有关专家对原中国纺织总会教育部组织编写的高等服装专业教材进行了修订。该套教材自20世纪90年代问世以来，受到了服装专业广大师生的好评，在广大社会读者中产生了深远的影响，对培养服装专业高等人才起到了积极的作用。但随着教育改革的逐步深入，服装工业新技术、新设备、新工艺、新材料的不断应用，各类新标准的实施，高等服装专业教材的内容已显得陈旧，亟须更新。为了满足教学的需要，我们组织专家对教材进行了修改补充，力争使教材的内容新、知识涵盖面宽，有利于学生专业能力的培养。在此次修订中，我们又增加了《服装美学》《服装专业日语》《服装市场营销学》3本教材，以满足读者之需。

《服装美学》一书系由河南省郑州纺织工学院吴卫刚副教授集十多年教学经验与心血编著而成。吴卫刚副教授自1985年开始从事服装教学工作，主讲过"服装美学""服装设计""服装厂设计""服装工效学""企业形象策划"等课程，并先后在国家级刊物上发表了"服装专业教学研究""服装表演的心理研究"等30多篇论文。近年来，又先后出版了《刺绣与服装裁剪》《服装开店办厂指南》《服装企业管理》《服装设计概论》等10多本著作，对服装及服装美学等有着较为深入的研究。相信本书的出版将对中国服装美学的发展有较大的推动作用。

这套教材包括：《服装设计学》《服装色彩学》《服装材料学》《服装工艺学》（结构设计分册）（成衣工艺分册）《服装图案设计》《服装机械原理》《服装生产管理与质量控制》《服装市场营销学》《服装心理学》《服装英语》《服装专业日语》《服装美学》13本。希望本套教材修改后能受到广大读者的欢迎，教材中的不足之处恳请读者批评指正。

编者
2000年

教学内容与课时安排

课程性质	章/课时	节	课程内容	备注
概论	第一章 服装与美学 （2课时）	一	关于服装美学	论文要求
		二	现代美学的产生	
		三	现代美学发展	
		四	美学与学习	
美学基础理论	第二章 美学基础理论 （2课时）	一	美的定义与特征	图片准备
		二	美的种类	
	第三章 美感与心理 （2课时）	一	美感与快感	
		二	美感的共同性与差异性	
		三	美感的心理构成	
	第四章 艺术与艺术流派 （2课时）	一	艺术分类与属性	
		二	艺术的本质与特征	
		三	艺术与构思	
		四	服装艺术主题美	
		五	美学艺术的流派	
课堂互动	影视教学（2课时）		《穿普拉达的女王》影评	检查论文
专业深入	第五章 形式元素与形式法则 （2课时）	一	服装与形式美	
		二	服装元素：点、线、面	
		三	形式美法则	
		四	色彩形式与应用	
	第六章 艺术鉴赏与艺术批评 （2课时）	一	艺术家与艺术创作	
		二	艺术欣赏与鉴赏	
		三	艺术批评	
服装与社会文化	第七章 服装与社会文化 （2课时）	一	服装的文化内涵	
		二	服装与性别	
		三	服装三属性	
	第八章 服装审美教育 （2课时）	一	什么是审美教育	
		二	服饰审美教育	

课程性质	章/课时	节	课程内容	备注
专业拓展	第九章 近现代中外服装的演变 （2课时）	一	中国近代的服装	其中包括 课堂实践
		二	近代欧洲服装的发展	
		三	世界服装百年秀	
课堂互动	影视教学（2课时）		《红衣坊》影评	
服装设计 与着装	第十章 服装设计中的审美创造 （2课时）	一	服装设计的本质	其中包括 课堂实践
		二	服装设计创造	
	第十一章 体型与着装审美 （2课时）	一	服装是人的艺术	
		二	面部与形象设计	
		三	三围与着装	
		四	四肢与着装	
		五	整体体型与着装	
	第十二章 职业与场合着装 （2课时）	一	职业与穿着	
		二	面试着装	
		三	礼仪与休闲场合着装	
	第十三章 服装行业与艺术 （2课时）	一	服装设计艺术	
		二	服装表演艺术	
		三	服装广告艺术	
		四	服装店铺艺术	
课堂互动	穿着评审（2课时）		个人着装评审	校园摄影
社会实践	市场调查（2课时）		时装店调研与消费采访	调查提纲
大师简介	第十四章 服装设计大师 （1课时）		15位设计大师的简介	
课堂互动	复习总结（2课时）		制作论文和画册评审	装订成册
	学时合计		37课时（可根据具体情况增减）	

目录

概论——

服装与美学

课题名称： 服装与美学

课题内容： 1．关于服装美学

2．现代美学的产生

3．现代美学发展

4．美学与学习

课题时间： 2课时

教学目的： 认识本章"服装与美学"隶属基础美学，是其研究领域之一。了解现代美学的起源、发生与发展。掌握服装美学的现代文化特征，为学习以下各章节奠定基础。

教学要求： 1．教学方式——以讲解为主，适当配合网上搜集的图片。

2．问题互动——课前启发，课中提问，请学生结合生活给服装下定义。

3．课堂练习——讨论世界名画《蓝衣少年》与创新设计的关系。

教学准备： 准备课件和图片。

第一章　服装与美学

第一节　关于服装美学

一、现代服装美学

1. 服装隶属美学

19世纪末与20世纪初，服装美学研究的主要内容是服装与着装者、着装环境融为一体的综合美感效果。

随着文明的发展与进步，在人类日常生活中，服装变得越来越重要，它的审美功能不断增强。服装是大众文化及审美最早的形式之一，是物质文明的表现。它不仅反映政治、经济、宗教、道德、文化等，同时，也是人们心中审美心理、审美意识、审美情趣和审美理想等审美形态的表现。

现代服装美学，是研究服装美、美感及美学规律的学科，是基于经典美学理论应用的实用性理论，是服装等艺术类专业最重要的基础课程之一。服装美学属于普通美学范畴，又遵循服装艺术与服装审美的规律。服装美学有着独立的体系和切合人类文化学研究的立意和构思，具有理论思辨的哲学性质，又有独立的学科体系和专业领域。

服装美学作为美学的一个重要组成部分，理论家们对其研究得越来越深入。服装美学在经济、教育、着装引导、美学深化等方面的研究，对传播服装美学常识、提高服饰文化、完善素质教育起着重要的作用。

2. 服装是时代的晴雨表

服装像一面镜子，反映那个时代的精神面貌和生活状态。物质生活是精神生活的基础，服装创作来源于生活又高于生活，它能最直观地表达人们的内心需求和对美的见解。服装在中国文明起源和发展过程中体现了生产力的发展水平。服装的发展过程是人类生产力水平不断提升的过程，其作为物质文化的重要载体，是生产力发展水平的重要标志。服装作为一种符号和象征，可以表明你的身份、个性、气质、情绪和感觉，也可以反映你的追求、理想和情操。同时，社会生活和文化传统决定并影响着人们的着装风格。服装的发展往往与政治的变革、经济的发展有很大关系。

二、服装美学的社会价值

1. 服装美学是文化

中华文化上下五千年，源远流长，中华服饰文化更是一颗灿烂的明珠。

在中国传统中，服装也是政治的一部分，其重要性远超出服装在现代社会的地位。尤其在中国，古代服装制度也是皇帝施政的重要制度之一。中国服饰如同中国文化，是各民族互相渗透及影响而形成的。汉唐以来，尤其是近代以后，大量吸纳与融化了世界各民族文化的优秀结晶，演化成整体的以汉族为主体的服饰文化。这些对于促进人类进步，进行人类精神文明健康的教育，以达到人类共有的终极价值目标，有着极其深远的社会意义，这也是我们研究服装美学的最终目的。

2. 服装美学与创作

服装美学理论对于服装艺术创作的影响极大。服装艺术创作是指设计师在创作过程中所进行的准备阶段、构思阶段、深化阶段和定稿阶段等一系列思维活动的总称。服装设计师所具有的服装美学知识和修养是潜移默化的积累，是属于软性的技术，对设计创作的影响是间接的。服装美学对学习者思维能力和鉴赏能力的培养与建立，起着非常重要的作用，是服装艺术发展的底蕴。

服装美学的艺术实践使美学基础理论具有实际意义，增加了认识的可操作性，使它有了在实践中检验可靠性与真理性的机会。美学与服装学交叉研究的结果就是服装美学，它的理论生命力是旺盛的，其研究与传播也越来越重要。

3. 服装美学带动服装经济

消费者用货币购买服装是物质消费行为，他们同时也购买了服装设计师的审美构思。人们不但购买了使用价值，也购买了审美价值。很多时候，服装的物理寿命还很长，而艺术寿命却终结，潮流更迭，旧款被新款取代。时装更是如此，这时的审美价值已经超越了使用价值，成为消费者的第一选择。高艺术美感的产品具有高附加值，具有诱人的市场。同样的服装材料经过不同的艺术处理，审美效果不同，所产生的经济效益差别也很大。现在，中国不仅是世界上最大的服装消费国，也是最大的服装生产国，但并未成为服装贸易强国。如何才能拥有优秀的设计创意、创造高附加值、打造自有国际品牌，是中国服装界的前进动力。

第二节　现代美学的产生

自从有了人类社会，美就开始萌芽，继而产生、发展，历经几十万年。图1-1所示为山顶洞人的装束。从原古人的刀伤剑痕、泥土文身、兽皮裹身，到颈部挂满了贝壳、兽齿，头上插满了野鸡翎，都表明人们是在生产劳动和社会实践中创造了美。图1-2所示为原始部落的装束。

美学主要是指人们在漫长的社会生活中积累的，通过文字总结、概括与记载的作为美的形成理论的东西。

现代基础美学主要包括三大部分内容，即美论、美感和艺术。服装美学是交叉性实用美学，从属于基础美学。要想解开服装美的奥秘，就必须站在美学的高度上，观瞻一下美学的发展历史。

图1-1 山顶洞人的装束

图1-2 原始部落的装束

一、柏拉图与"漂亮的小姐"

古希腊被认为是西方古代美学思想的重要发源地之一。西方美学的历史是从柏拉图开始的。尽管在柏拉图之前，毕达哥拉斯等人已经开始讨论美学问题，但柏拉图是第一个从哲学思辨的高度讨论美学问题的哲学家。

古希腊伟大的哲学家，也是全部西方哲学乃至整个西方文化伟大的哲学家、思想家和美学家柏拉图（Platon，公元前427～公元前347），在《大希庇阿斯》文章中讲述了一个关于美的故事，这是人类最早开始用文字记载关于对美的思考。图1-3所示为柏拉图雕像。

图1-3　柏拉图雕像

故事大约发生在2400年前。大哲学家苏格拉底（Socrates，公元前469～公元前399），古希腊著名的思想家、哲学家、教育家、公民陪审员。他和他的学生柏拉图，以及柏拉图的学生亚里士多德并称为"古希腊三贤"，被后人广泛地认为是西方哲学的奠基者。）向诡辩家希庇阿斯发难说："只要老天允许，你朗诵大作时我一定洗耳恭听。不过我要向你请教，什么是美？什么又是丑？"希庇阿斯显得有些傲慢，自鸣得意地说："这个问题太小了，简直是微不足道，比这个难得多的问题我都可以教你，我可以教你把一切反驳者都不放在眼里。"苏格拉底装作很高兴："那么还是先向你请教美到底是什么？"希庇阿斯有些忘乎所以，似乎在教训人："我来告诉你什么是美，请你记住了，美就是一位漂亮的小姐。"苏格拉底有些哭笑不得，但却装出赞同的样子说："太美妙了。可是我的论敌如果问，凡是美的东西之所以美，是否有一个美本身的存在，才称那些东西为美呢？如果我回答说，一个年轻漂亮小姐的美，就是使一切东西都为其美的。这样可以吗？"希庇阿斯答道："他敢否认漂亮小姐的美吗？"苏格拉底进一步假问道："那么，一匹漂亮的母马、一把漂亮的竖琴、一个漂亮的汤罐不也是美的吗？"希庇阿斯显得有些招架不住了："太不像话了，怎么能在谈正经话题时，提出这些粗鲁的问题！"还嘟囔着说："漂亮的母马还是不如年轻的小姐美。"苏格拉底抓住话头，穷追不舍："最美丽的年轻小姐与女神相比不也是丑的吗？"希庇阿斯像泄了气的皮球。如图1-4所示为古希腊的装束。

苏格拉底说："你说的是什么东西美或丑，而我的问题是美的本身，是美的本身作为一种特质传递给一件东西才使那件东西变成美的。你认为这美的本身特质就是一位年轻小姐或一匹母马吗？"希庇阿斯又神气起来："如果是这样的问题，更容易回答了。提问题的人一定是个傻瓜，对美肯定是个门外汉。美不是别的，就是黄金。因为凡是在东西上点缀了它就会显得美。"苏格拉底又提出问题："大雕刻家菲狄阿雕塑的女神雅典娜却没有点缀黄金，难道就不是美吗？"希庇阿斯只好说："只要运用得当，也可以说是美吧。"苏格拉底紧追不舍："要制作美的菜肴，美人与汤罐哪个最得当呢？金汤勺和木汤勺，又是哪个最得当呢？"希庇阿斯暴跳起来："不像话！简直是没有受过教育！"但他还是承认了木汤勺比金

图1-4　古希腊的装束

汤勺更得当，在这种情况下木汤勺是美的。

这段对话是柏拉图早期的作品。事隔两千多年，我们仍感觉到故事好像就发生在自己身边。如果你问身边的人"什么是美""什么是服装的美"，也许结论并不比希庇阿斯高明多少。

虽然生活中服装的美是生动、形象而具体的，但作为创造这种美的专业人员，恐怕在理解美的问题时更需要高屋建瓴。

虽然柏拉图仍未得出美的定义，但可以看出他对美的执着探索。虽然他对美是"恰当的""有用的""有益的""视觉和听觉的快感"等说法进行了否定，但只是一些逻辑上的思辨，最终难免要得出"美是难的"的结论。

实际上，在柏拉图之前的公元前6世纪，大哲学家、数学家毕达哥拉斯（Pythagoras，约公元前580～公元前500）及其学派就开始了对美的本质的探索，他们认为"美是一种数的比例关系"，是"对称"，是"和谐"，是"多样统一"。柏拉图之后的亚里士多德（Aristoteles，公元前384～公元前322）则认为美是"体积的大小和秩序"。

古希腊的先哲们最先注意到了审美对象的数的特征，所以多从对象的形式特征中去寻找美。这种理论一直影响到15世纪的达·芬奇（Leonardo da Vinci，1452～1519）（强调比例）、18世纪英国的荷尔迦兹（William Hogarth，1697～1764）（重视曲线）以及后来德国的莱辛（1729～1781）和20世纪初俄罗斯的康定斯基（1866～1944）。

服装设计中的"形式法则"也是以上述理论为主要依托的。

二、现代美学奠基者

美学一词来源于希腊语Aesthesis。美学思想伴随人类产生，是非常早的事情，但作为一门独立的社会科学却是近代的事情。

最早使用"美学"这一术语作为科学名称的，是在美学史上被称为"美学之父"的德国人鲍姆嘉通（Baumgarten，1714～1762）。1735年，他首次在《关于诗的哲学沉思录》中使用了"美学"这个概念。他的《美学（Aesthetica）》一书的出版，标志着美学作为一门独立学科的产生，第一次赋予审美这一概念以范畴的地位，他认为美学是研究感觉与情感规律的学科。

鲍姆嘉通曾是普鲁士哈列大学的哲学教授，他在继承前人理性主义思想的基础上，发现人类知识体系中有一个很大的缺陷。他认为，逻辑学主要研究人类知识体系中的理性认识，伦理学则有对人类意志的研究，而对感性认识的研究却没有一门相应独立的科学。因此，鲍姆嘉通决定建立一门崭新的科学，专门研究人类知识中的感性认识问题，并把这门科学取名为"爱斯特惕克（Asthetik）"，即汉译的"美学"。"爱斯特惕克"的原意是"感觉学"。可见，该学科自提出之日起，就是与逻辑学的研究内容相对立的。但是它并不排斥用逻辑学的方法展开研究。鲍姆嘉通希望建立一个在逻辑上较为严谨的、以对美的感性认识为对象的科学体系。

自鲍姆嘉通之后，在浩瀚的美学史上，继往开来，出现了一大批执着从事美学探索的研究者。中国最早接受西方美学的算是王国维（1877～1927），他在《古雅之在美学上之位置》《红楼梦评论》等文章中，以康德、叔本华的美学思想为指导，对《红楼梦》进行了分析研究，并提出了以"古雅"作为美学范畴的见解。随后，在清华大学首任校长蔡元培（1868～1940）先生的大力推动下，美学在我国开始成为一门独立的学科。图1-5所示为鲍姆嘉通。

图1-5　鲍姆嘉通

三、美学研究三大课题

从理论上讲，服装美学从属于普通美学，而普通美学的研究对象也还是一个有争议的问题。就目前而言，综合国内各主要研究，普通美学的研究对象主要有以下三个方面。

1. 美的本质问题

美的本质问题是美学中的基本理论，也是解决其他美学问题的基础。美学研究中许多分歧的产生，不同学派的形成，主要原因是对美的本质和特性存在着不同的理解，它不仅关系到人们对美的认识和理解，同时也制约着人们的审美活动。因此，确定美的本质问题，关系到美学理论的发展、美的创造和美的欣赏。正如柏拉图的故事一样，我们可以认为漂亮的小姐很美，但却无法得出"美就是漂亮的小姐"的结论。研究美的普遍本质，即什么样的事物决定了美？美是主观的、客观的，还是主客观统一的？美与真、善的区别与联系是怎样的？美究竟有没有客观规律可寻？美的特征、美的根源、美的形态（自然美、艺术美、社会美、内容美与形式美）、美的范畴（优美、崇高、丑、滑稽等）、美的相对性以及美的客观标准是什么？……这些都是在美学界争论较为激烈的问题。

美学史上有关美的本质主要有美在形式说、美在理念说、美在典型说、美在主观说、美在关系说、美是生活说等几种看法。美的本质是一个非常复杂的问题，如果从古希腊开始算起，两千多年来，许多哲学家和美学家都试图从各自的哲学观出发来解决这一问题，尽管美学家们给美下过数百个定义，时至今日国际上尚没有一个公认的美的定义。其研究方法主要是传统的"自上而下"，以哲学思辨为主。尽管如此，这部分内容对学习服装设计的人提高美学水平、以美学的思想看待和评价设计作品也是非常有益的。

2. 美感问题

美感问题即审美经验与审美意识的问题。它研究美感同科学认识和伦理道德的区别，研究美感与快感的区别和联系，研究美感中各种心理因素之间的关系，如感觉、知觉、记忆、想象、情感及理性之间的关系，这些都属于审美心理学的内容。美感是人接触到美的事物所引起的一种感动，是一种赏心悦目、怡情悦性的心理状态，是人对美的认识、评价与欣赏，是人们审美需要是否得到满足时而产生的主观体验，是对事物美的体验。人的美感不是人自然的禀赋，而是人社会历史实践的产物。

以服装为例，从服装的舒适、保养和功能等实用性角度来看待服装和从美学角度去看服装有什么不同之处？在欣赏服装表演时，肉体与色情对欣赏者的刺激、纯粹美的视觉冲击以及对创作的理解所产生的共鸣有什么不同之处？在服装造型上，为什么会有"多则无，少则有"的审美感受……这些都是美感所要研究的问题。

3. 艺术问题

对艺术问题的研究有两种情况。一是对艺术的本质、艺术的创作、艺术欣赏与批评做全面系统的研究，从哲学的高度研究艺术的普遍规律。二是侧重对艺术美的研究，研究形式美与内容美的区别与联系。例如，研究服装的各种造型要素如何更好地表现作品的艺术感染力等。上述两种情况都是结合艺术与现实的关系来研究的，这也是美学中关于艺术的基本问题。

服装美学主要是从服装艺术与现实的关系上，研究服装艺术的美学特征及服装艺术创造和欣赏的联系与特点。服装艺术研究是生活美学中的一个重要环节，它通常采用"自上而下"与"自下而上"相结合的方法，即从艺术实践中发现具有普遍意义的规律，并不断归纳总结，以丰富美学的艺术宝库。今后，服装艺术问题将得到人们更多的直接关注。

上述三方面的问题是相辅相成、相互关联的。例如，在服装表演的T型台上，服装设计大师们通过模特发布自己的作品，款款动人，风姿绰约，博得台下阵阵掌声。旋即各大小报纸争相报道，接着就"忽如一夜春风来"，城市、农村，人们的服装随着新的流行大潮又变得更加美丽，社会因而也变得更加美丽。这是服装美即艺术生产的一个小周期。它说明一个简单的美学道理：一件艺术品的诞生，会影响和改变作为审美主体的人。有时，这种影响和改变是无形的、深刻的、潜移默化的，但往往又是不可抗拒的。对于服装艺术，不管穿着者愿意或者不愿意，他的思想、情感与美感，都会受艺术作品的风格和主题的影响，或转移，或变化，或得到陶冶，或使之升华。服装穿着者会按照美的尺度来重新塑造自己，艺术也就创造了了解服饰艺术并且能够欣赏服饰美的公众。

第三节 现代美学发展

一、现代美学与现代学科

现代西方对美的本质的研究，基本改变了从柏拉图到黑格尔的传统美论中"自上而下"进行哲学演绎的方法，进而演变为以"自下而上"或实证的方法对艺术和生活的审美经验做各种生理、心理的分析，日益注重直觉、潜意识、本能冲动、欲望升华、主观价值及情感表现等，出现了愈来愈强的主观色彩倾向，如19世纪末以来西方出现的实验美学、游戏说、快乐说、移情说、距离说、表现说、心理分析及格式塔美学等流派。但是对主观精神的过分强调会使美学研究走向反理性主义或神秘主义；而对客观性的过分强调，也会使美流于刻板化，走向形式主义。

事实上，人类对美的本质的探索日益与现代科学发生密切联系，如与心理学、生理学、高等数学、信息论、控制论、系统论、伦理学、人类学、社会学、考古学、经济学等发生了联系。在这些学科的推动下，产生了系统论美学、控制论美学、信息论美学、接受美学、模糊论美学等，其美学分支的研究也不断深化，文艺美学、生活美学、景观美学、技术美学、设计美学、劳动美学、商品美学、广告美学、企业美学等蓬勃发展，学科的结合与交叉不断给美学探索提供了新的途径。

研究服装美学时，除了要紧紧抓住其核心问题，还应加强与其他分支美学的联系。同时，也只有把服装美学放在更大的美学体系中，才能真正看清其完整的面目。

二、现代美学特色

不谋全局者不足以谋一域，不谋万世者不足以谋一时。服装美学也是生活美学的重要组成部分。了解服装美学有必要了解生活美学及现代美学应用的其他部分。

1. 日常生活与美学

随着人们物质生活的富裕和丰富，精神生活的需求也越来越受到重视。当前社会审美日常化，这是审美活动突破原有的范围延伸到大众生活的直接表现，艺术生活的场所也褪去了以往神秘的面纱，与大众生活发生了近距离的接触。

日常生活正愈加审美化，如广告文案写作和流行歌曲创作中广泛引入文学的诗化语言，笔记本、纸巾等日常消费品的包装上印刷了一些精美的绘画作品，房屋、汽车等设计中也越来越多的考虑到艺术化、品味化的审美诉求。现代都市到处可见审美日常化的应用，如车体广告、各类时装秀、城市规划建设、室内装修、环境设计等，发生在寻常百姓经常光顾的各类场所。在这些场所中，文化生活和商业活动巧妙地融合，社交活动和审美活动打破了固有的思维局限，在现代商品化高度发展、物化高度繁荣的情况下演绎出美学特有的状态。传统的高雅艺术失去了往日的风采，被改造成易受消费者接受的低俗化、平面化商品。例如，经典音乐被作为广告的配乐，经典艺术作品出现许多仿制品，引诱消费者为了满足虚荣心而购买。在当今审美体验至上的大审美经济时代，商品的文化价值、审美价值逐渐超过商品的使用价值和交换价值而成为主导价值。在我们琐碎的日常生活中，审美要素越来越多。人们对日常生活的诉求愈发审美化、艺术化。现在越来越多的大众休闲娱乐场所和城市的规划中，美学因素是重要的考虑对象。

现在，人们花钱已不单单是购买物质生活必需品，而是越来越多的购买文化艺术，购买精神享受，购买审美体验，甚至花钱购买一种氛围，购买一句话，购买一个符号（名牌就是符号）。这类现象的产生涉及了美学的各个方面，不仅要考虑它对日常生活本身造成的影响，也要看到它对美学观念、美学研究、美学学科等领域的影响。这种日常生活审美化的倾向给艺术界文学界以及整个社会生活的生产、传播、消费都带来了双重的影响：这是时代发展的必然产物，具有时代的必然性和现实的合理性，标志着人类审美艺术观念的拓展，也体现了人们日常生活对美的追求。美学已经渗透到政治、经济、文化以及日常生活当中，因而丧失其自主性及非凡性。艺术形式已经扩散渗透到了一切商品和客体之中，以至于从现在起所有的东西都成了一种美学符号。虽然审美的泛化把人们看成一群仅仅是为了感官刺激和物质享乐的高级动物，精神生活的品位和追求荡然无存，即便它的负面影响是存在的，但也为当代美学的发展提供了新的思路和观念。

2. 科学技术与审美

从理论上看，科学技术和审美是两个截然不同的领域，甚至可以说是此消彼长的关系。但现代社会发展到今天，科学技术抓住契机自然地介入到审美领域，并将其与人类的社会生活紧密结合在一起。科学技术不仅有着具体而独特的人性特征，与人类审美活动、审美理想等多方面地联系在一起，随着现代科学技术的进步逐渐渗透到人类生活的各个领域，与人类审美活动的关系也越来越密切，并日益表现出它独特的审美价值。各种新科学、新技术的不断涌现，极大地拓展了人们的能力，延伸了人们的感官，并在人们的面前展现出一个全新的世界，例如，从外太空到分子运动，现代科技让人们看到了前所未闻的许多宏观和微观的物质，为人们提供了前所未有的审美体验。因此人的审美意识、审美理想、审美活动的内容与方式等也产生了相应的变化。

科学技术的发展改变了人们的劳动和生活观念，提升了人类劳动和生活的审美层次与质量。科学技术的进步为满足人们的追求提供了条件，不仅各种新材料被越来越多地用到服装面料中，而且运用电脑设计手段和电脑控制的缝制技术，使服装的审美特征日益凸现。

随着电脑技术的不断进步，无论是写作、作曲、绘画，还是服装设计、影视制作等，都离不开电脑的运用，电脑技术成了艺术创作和传播的重要手段。科学技术在人类审美领域衍生出了电子音乐、电视艺术、网络文学等许多新的艺术形式。现在通过电脑虚拟技术，模拟真人制作的节目主持人已在互联网上出现。随着互联网的飞速发展，一种集声音、图像、文字的多媒体、互动式的艺术形式已呈现在大众面前。在科学技术的作用下，人们在日常生活中直接参与审美活动成为可能。电脑音乐、电脑绘画、网络文学等创作形式的出现，使得普通人也能够进行艺术创作、感受审美的激情和乐趣。科学技术的进步，正在为美和艺术带来广阔的应用前景。图1-6所示为长沙特教班的学生的电脑绘画作品。

3. 网络新媒体与美学

新媒体就是在计算机信息处理技术基础上出现和影响的媒体形态。新媒体将传播载体从广播、电视扩大到了电脑和手机，将传输渠道从无线、有线扩大到了卫星、互联网。IPTV（即交互式网络电视，是利用宽带网，集互联网、多媒体、通讯等技术于一体，向家庭用户提供包括数字电视在内的多种交互式服务的崭新技术。它能够很好地适应当今网络飞速发展的趋势，充分有效地利用网络资源。）能够双向互动，自由点播，网络广播能够留住声音，任意下载等。这些技术变革使消费者在任何时候都能从广播、电视、

图1-6　电脑绘画作品

互联网，甚至是移动通信工具中，按自己的时间、心情、爱好、价值取向，去选择收看节目，改变了受众的行为模式和收视习惯，更好地满足了受众多层次、多样化、个性化、专业化的需求。新媒体的应用及普及，便捷的收集、整理、保存、加工、编辑、复制、展示和运输，使得艺术的传播手段由静态转为动态、由单一转为多元，由二维转为多维，它创造了新的审美活动形式，为艺术的传播提供了更为广阔的时空。

在新技术推动下的新媒体，在艺术的发生与传播方面，发挥了重要的作用。它使公众有了更多的机会接触到难得一见的艺术作品，既有效地传播了艺术，又为审美教育的普及提供了可能性。新媒体使艺术的传播扩展到了一切可能的领域。

网络将一切艺术门类与形态展现在网络技术的规定性中。新媒体在揭开艺术神秘面纱的同时，也遮蔽了艺术的本性存在。网络媒体使艺术的唯一性、独创性消解于拼贴与复制之中，创作成为制作。现代美学的发展方向，网络与电子复制以空前的方式拓展了人们的视、听觉空间，使艺术得以在更加广阔的境域中展开，艺术已成为大众文化的一部分。

第四节　美学与学习

工欲善其事，必先利其器。服装美学与其他学科相比，有着自己独特的研究思路，所以在学习这门学科时，既要明确学习的目的，也要注意相应的方法，尤其是抽象思维的方法、辩证思维的方法等，这样才能为进入美学这一神圣的殿堂铺平道路。

一、学习美学的目的

1. 美学启迪思想

学习美学能够使我们从本质上认识人类产生美感的根源，从而使学习者能够更自觉地按照美感产生的规律追求美、创造美。从本质上说，服装作品是服装设计师对人生的一种观照，广博的知识和丰富的生活实践有利于杰出作品的产生。例如，北宋画家张择端所做的《清明上河图》（图1-7）。

画中描写了宋代以汴河为商业中心的繁荣的社会生活情景，其中有着大量的服饰形象。画面涉及五百多人，有农民、船夫、商人、官吏、文人雅士、小手工业者、和尚、道士、江湖郎中、算命先生、各种摊贩……他们有的驾车，有的挑担，有的在叫卖，有的在讨价还价，有的在河中驾船，有的在信步闲逛……职业的不同和服装上的"百工百衣"为现代人们设计职业装提供了较好的参考。

美和艺术与其他社会意识形态，如政治、法律、哲学、宗教等一样，都是人们社会生活的反映。艺术是通过具体、生动、直观、可感的艺术形象，来再现现实生活和社会风尚的，所以艺术也是时代生活的历史。我们可以通过古今中外优秀的艺术作品，了解各时代、各地区的生活状况，提高我们对社会的洞察力。例如，对国外现代服装艺术的了解，有助于我们理解当今世界服装艺术发展的特点以及其对我国服装艺术的影响；对古代服装艺术的挖掘与整理，有利于我们对现代及未来服装艺术的把握。现代服饰艺术，有时和政治、经济的联

图1-7　清明上河图（局部）

系较为密切，如20世纪末以来出现的"神秘东方""中国情结""中国风"就和我国改革开放、引进外资及加入WTO有密切的关系。

2. 美学陶冶情操

人们在对艺术作品进行审美评价时，会因其中的人物、形象、情景、寓意等而产生情感上的反响，从而对真善美进行褒扬和对假丑恶产生憎恶之情，这在潜移默化中陶冶了性情，也有助于培养高尚的情操。情感是人们对事物所采取的一种态度，通过不断欣赏艺术作品，过滤情感上的杂质，能使情感不断趋于纯净。学习美学能使我们树立正确的审美观。只有树立正确的审美观，才能确立正确的审美标准，养成健康的审美情趣，胸怀崇高的审美理想，明辨美丑善恶的界限，实现崇高的人生理想和人生价值。

许多服装工作者以弘扬民族文化、发掘并保留民间服饰文化、研究民族心理、振兴民族经济、美化人民生活为己任，不断为中国服饰走向世界、创造世界名牌服饰产品贡献着自己的力量。高尚的情操和强烈的社会责任感，是服装工作者不断攀登创作高峰的重要条件。

在欣赏优秀艺术作品时，人们的心灵往往会被作品所表现的崇高思想和道德情操及感人的艺术魅力所打动，它激励人们去接受真善美的洗礼，使人们的性情得到陶冶，感情得到净化，文化层次得到提高。只有具有高尚的情操，才有可能创作出高尚的作品。

3. 美学指导艺术实践

学习美学，掌握审美活动规律，能够提高审美欣赏和审美创造的能力。艺术作品是人对现实审美认识的最高形式。人们学习美学和欣赏艺术作品时，要不断地提高对美的认识和把握，不断提高艺术鉴赏力和艺术修养，不断掌握艺术创作的规律。

对于优秀的艺术作品在培养审美能力和提高艺术修养方面的重要作用，德国大诗人歌德（1749~1832）的秘书爱克曼曾记录了歌德对他的指教：歌德在每一类画中指给我看完美的代表作，使我认识到作者的意图和优点，学会按照最好的思想去想，引起最好的情感。他说："这样才能培养出我们所说的鉴赏力。鉴赏力不是靠观赏中等作品，而是靠观赏最好的作品才能培养的。所以我只能让你看最好的作品，等你在最好的作品中打下牢固的基础，你就有了用来衡量其他作品的标准。"歌德的主张，为我们指明了培养审美鉴赏力和提高艺术修养的一条主要途径。被公认的优秀的艺术作品，经受了长时间和无数欣赏者的考验，其本身就有准绳的意义，理解这种意义，有助于我们对艺术作品的理性把握。

　　在学习服装设计时，我们不妨接纳歌德的建议，把多读、多看并认真分析艺术大师的设计作品，当做一条学习的途径。每当国际或国内推出著名设计师及其获奖作品时，只要确认这种推出是公证而有权威性的，就不妨把它作为特定时期的作品准绳，加以学习并以之指导我们的创作活动。

二、学习美学的方法

　　美学的精髓是关于美的一系列观念和理论，它们高度概括了关于美、美感、审美活动和美的创造的内涵和规律。但美学同时也是一门建立在人类审美实践和创造美的实践基础上的科学，是一门与每个人的现实物质生活和精神生活都密切相关的科学。因此，学习美学需要注意以下几个方面。

1. 掌握美学史知识

　　各门理论都有自己产生、发展和演变的历史，美学也一样。一个时代的美学，既反映了现时代的社会实践、人的审美活动，又承续和发展着以往时代人类的美学思想、观念。在学习美学的过程中，要结合人类历史，尤其是审美实践的历史、审美创造的历史、美学自身的发展史，要掌握好现有的理论概念、命题、思想，同时应特别注意对美学理论发展历史的了解；不仅从知识层面上对美学的来龙去脉有比较清楚的把握，而且能够从历史上不同美学流派和体系、美学概念及范畴的形成与演变过程中，发现它们之间的共同处或相近处或不同点，以加深对现有理论的理解。在学习美学时，我们应尽可能多地了解有关历史知识。从原始社会的服饰、居舍、劳动工具、家具用品，到古代社会、近现代社会的各种艺术品，世界各国的文学史、建筑史、雕塑史、绘画史、音乐史乃至延续了数千年的中外政治、经济、文化变迁史，都应该成为我们广泛涉猎的对象。了解美学史上已有的研究结论、研究方法、研究经验，是我们学好美学、进一步研究美学的基本前提。

2. 学习心理学知识

　　心理学以人类心理活动和心理现象为对象，研究人类的感觉与知觉、情感与理智、需要与兴趣、气质与个性等的发展和表现规律。现代美学与心理学关系密切，运用心理学成果来探索、揭示人类审美心理奥秘，成为美学的重要方面。假如没有心理研究，那么审美意识、审美感觉、审美知觉、审美想象、审美理解以及审美理想、审美情感、审美趣味等人类特殊的心理活动与现象，将不能得到全面有效的解释。虽然不能把美学与美学的心理学研究等同起来，但也不能把它们割裂开来。在学习美学的过程中，有比较扎实的心理学知识基础，能够帮助我们更为有效地认识人类审美活动中的心理问题。

3. 从事艺术实践

美学与艺术理论、艺术实践的密切关系，表现在人类的艺术创造和鉴赏活动，体现在人类对自身艺术生存的一种价值把握。美学是集中探讨人类审美活动及其所形成的审美关系，并在人类艺术实践的审美领域来概括、抽象、丰富和发展人类对美学问题的理论认识。许多在美学史上做出重大贡献的理论家，同时也是很有成就的文艺理论家、艺术家，如中国的顾恺之、苏轼等，西方的达·芬奇、歌德等。

学习美学时要自觉联系自身的审美体验和审美实践来理解美学理论。一个人的审美观和审美实践体现在众多方面：每天的着装、发式，说话、做事的方式，家居、饮食、工作、学习，收看电影、电视，欣赏音乐、画展，为人处世的哲学观念等。在学习美学的同时，有计划地选读一些中外文艺名著，经常鉴赏一些中外名画，或聆听中外名曲，或观赏一些中外优秀戏剧、电影、电视剧，不仅可以更好地培养我们的艺术兴趣和爱好，并且通过提高艺术欣赏、理解能力的途径，可以更有效地促进我们对人类审美活动、审美现象的思考。可以结合自身的审美实践和审美体验加深对美学理论的理解，也要自觉地在美学理论指导下树立正确的审美观，提高审美感知和审美判断的能力。经常自觉从事一些文艺创造活动，对于锻炼、发展和强化我们的艺术能力，培养健康的审美意识，进而加深和完善对于美学的理解，更有着积极的意义。应该说，在信息传播不断扩大和加速的今天，尤其是互联网的飞速发展，为我们提供了一个较过去更为广阔的接触艺术作品、参与艺术实践的机会，充分利用这些条件，对学习美学将起到积极的作用，能够不断认识到自己在审美欣赏和审美创造活动中存在的不足之处，并加以改进。

4. 掌握哲学思考方法

学习美学首先要树立正确的世界观，掌握正确的方法。马克思、恩格斯提出的辩证唯物主义和历史唯物主义哲学观是研究美的根源、美的本质的根本方法，也是认识人类审美实践和美的创造活动的指导思想。因此，掌握马克思主义哲学的基本观点和认识、分析客观事物的基本方法，对美学现象的认识和分析就会方向明确、方法得当，许多疑难问题就会迎刃而解。当然，马克思主义哲学只是指导性的方法论，不能取代美学研究的具体方法。美学研究的方法是对审美活动进行科学分析的具体方法，它们也不能取代马克思主义哲学在美学研究方法论上的指导作用。

美学作为一门年轻的学科，有许多重大问题没有定论，还有许多研究领域有待开发。我们在学习中要善于思考，积极发现问题，提出不同的观点，同时应结合自己的兴趣爱好和知识、经验的积累，研究一些有待解决的美学问题，提出自己对美学独特的见解。

三、学习注意事项

1. 培养抽象的能力

抽象思维能力主要是指对思维方法、思维形式和思维规律掌握和运用所应具备的对概念的理解、判断、推理和运用能力。人类对知识的积累过程，是从具体走向抽象的过程。抽象的理论，能够代表和演绎更普遍的具体，因而能够指导实践。有时，人们认为抽象地学习会很困难，其实并非如此。学习如同攀登台阶，只要找到入口，并按照台阶一步一步循序渐进地不断攀登，大多数人都能到达自己理想的高度。

本书是参照普通美学的基本构架、结合服装专业读者的特点来编写的，虽然力求通俗易懂，但美学研究本身所具有的抽象性，还是为我们的学习和把握增加了难度，而这正是我们学好这门课程的关键。可通过培养和训练观察力、想象力、再造想象、科学想象和创造想象的能力，空间想象力和表达能力，达到抽象思维能力。

2. 注意美学的脉络

美学的今天是从它的前天和昨天发展而来的，为了更好地了解它的今天，有必要对它的过去做一个概要的把握。通过分析、比较美学的起源及不同流派的观点，可以丰富我们的美学知识，培养美学独特的思维方式。美学史论是学习美学的一张导游图。我们到某风景区去旅游，事先往往都要做一番考察和了解，通过比较，确定去什么样的风景点、走怎样的路线等，这样就可以节约时间、提高效率。研究美学也是如此。对于美的本质问题，曾经有过哪些见解和争论、谁对谁错、错在哪里、对在哪里以及对著名美学家和学派提出的论点等，更需要深入地进行分析和比较。服装美学也有自己的发展历程，但它可以被包含在美学的发展之中。

3. 注重与实践相结合

学习服装美学要与服装艺术创作实践相结合。普通美学有些抽象，在学习时只有将它与自己或他人欣赏和评价服装艺术的实践相结合，才会显得有血有肉、生动活泼。服装美学也是一门生活美学、技术美学，对生活的细微观察和了解以及对服装专业知识的把握，是学好服装美学的关键。在服装艺术创作中，既有普通美学的一般规律，也有这门学科所独有的、大量的特殊规律，这需要学习者在设计和艺术实践过程中，按照美学的基本思路和方法，不断提炼和积累服装美学的经验。此外，学习者还要注意其他分支美学与服装美学的相互作用与相互渗透。

4. 独立思考能力

美学可以指导服装艺术实践，但它并不能给人们提供现成的公式去创造多样的美。在美学领域，还有不少重大问题尚在争论之中，而且短时间内也难以达成一致意见。在学习时，既要认真分析前人的意见，分析其合理和谬误之处，也要敢于提出自己的看法。既要尊重普通美学的知识体系和框架，又要不断总结和提炼服装问题的特殊性。还要注意克服单向性思维和习惯思维的影响，学会系统地、辩证地去分析服装美的有关问题。例如，在谈到服装美时，不能只强调它的艺术性，而忽略其功利性及经济性的渗透作用等。

要通过对美学的学习，提高服装艺术工作者的审美层次，使其达到更高的艺术境界，扩展知识范围，融通其他姐妹艺术和学科知识于服装美学中，以此指导服装艺术的创作实践，为进一步发展服装事业打下更为坚实的基础，并适应未来社会对人才更高层次的要求。

5. 培养勇于创造的精神

人类对服装美的关注和研究源远流长，但作为一门学科，其研究才刚刚起步，有待解决的问题还有很多。作为服装设计工作者，对服装美学这个婴儿般的分支学科，需要有更执着的态度。通过学习和借鉴，在实践中不断总结、提炼这门分支美学的规律，使之建立更为完善的研究体系。

图1-8 蓝衣少年

英国肖像画家庚斯博罗（1727～1788）的绘画《蓝衣少年》（图1-8），是他为驳斥皇家美术学院第一任院长雷诺兹对色彩的理论偏见所作。有一次，大画家雷诺兹给学生上课时说："蓝色不宜在画面上占主要地位。"庚斯博罗听到后，为表达对这种"色彩法规"的蔑视，就用大量的蓝色创作了举世闻名的《蓝衣少年》，借以挖苦雷诺兹对色彩理论的偏见。这幅画，描绘了一个衣饰华丽的贵族少年形象。画的成功之处就在于通过想象准确地再现了少年身上蓝缎子织物的质感，充分发挥了宝石蓝的光色作用，生动地表现了少年的倜傥风度。庚斯博罗突破了雷诺兹带有偏见性的理论，第一次真正发现了宝石蓝的光色作用。

6. 克服浮躁的心态

在学习服装美学课时，有的同学浅尝辄止，不求甚解；有的同学走马观花，浮光掠影；有的同学照抄照搬，应付作业；有的同学急于求成，想一口吃个胖子；有的同学满足于已有的知识，不思进取等。这些学习态度和方法都是学习的大忌，是不利于学好服装美学课的。

学习需要静下心来，不为物欲所困扰。学习如同练气功一样，平心静气、意念集中。只有聚精会神，摒弃杂念，才能打通智慧的脉络。"梅花香自苦寒来"，只有刻苦认真地学习，克服浮躁和急功近利的心态，才能拉住美学之手。

总结

1．服装美学与社会文化。

2．美学研究的三大课题。

3．学习美学的目的与方法。

思考题

1．举例说明美学三大研究课题之间的关系。

2．《大希庇阿斯》是否有讽刺现实人类之嫌疑？

3．鲍姆嘉通的职业背景，决定了他的美学体系必然带有什么特点？

4．结合服装设计作品，谈谈学习服装美学的目的。

美学基础理论——

美学基础理论

课题名称： 美学基础理论

课题内容： 1. 美的定义与特征

　　　　　　 2. 美的种类

课题时间： 2课时

教学目的： 清楚认识本章"美学基础理论"是美学的三大研究课题之一，了解探索美的途径和服装美的基本特征，掌握美的几种定义，学习真善美与假丑恶的基本概念，熟练掌握美的种类及意义，为进一步学习"美感"部分奠定基础。

教学要求： 1. 教学方式——以讲解为主。

　　　　　　 2. 问题互动——提问，启发，请学生结合服装给美下定义。

　　　　　　 3. 课堂练习——讨论凡·高"向日葵"名画与服装设计的关联性。

教学准备： 凡·高的个人资料。

第二章　美学基础理论

第一节　美的定义与特征

一、关于美的定义

1. 什么是美？

什么是美？来自柏拉图的这一发问，开启了全部美学的历史，它作为美学的基本理论，激励着历代美学家、哲学家们进行不懈的持续努力。

服装作为一门生活艺术，具有明显的美学特征，但是把握这个问题并非易事，因为人们至今对美的定义还没有公认的定论。然而，这并不影响人们对美的探讨和研究，人们从各个方面、各个角度及各个不同层次上，探寻着无穷无尽的美的魅力。

美是美学的基本概念。美的内涵是对能引起人们美感的客观事物共同本质属性的抽象概括。在实际生活中，每个人对美都有切身的体验，人们常说"这件衣服很美"或"这位小姑娘很漂亮"等。

关于美的定义，前人有过很多不同的见解。例如，希腊古典主义者认为"美是形式的和谐"，新柏拉图派认为"美是上帝的属性"，理性主义者认为"美是完善"，经验主义者认为"美是愉快"，法国启蒙主义者认为"美是关系"，德国古典美学认为"美是理念的感性显现"，俄国民主主义者则认为"美是生活。"

美是永恒的、稳定的，又是可变的、流动的。

美是一种发展的文化共识，是一定时期、一定区域的人对事物的共同看法，是对某一事物从不同角度、不同立场有利于人类自身的普遍看法；它包括了物质文化、精神文化以及社会的风土人情、习俗、风尚等方面。美不是静止的，是随人类实践的发展而不断发展变化的。人类在生产活动中进行思想交流，不同区域、不同民族的文化交流，互相影响、互相促进、互相渗透和互相融合，人类思想在不断演变，人类审美文化共识的标准也随之改变。美是没有对错之分的，只是对美的文化共识不断变化，或被继承、发扬光大，或被更新、淘汰摒弃。美具有普遍性，也具有稳定性，美在缓慢的演变过程中有相对的稳定性。

2. 美产生于实践活动

人类的实践活动是创造性活动。美就是人在创造性活动中所获所感的自由形态。马克思在《1844年经济学哲学手稿》中明确指出："劳动创造了美"。

人类在劳动中按照美的规律创造美的事物。辉煌的殿堂庙宇，壮丽的高楼广厦，秀美的园林池湖，是人按照美的蓝图来建造的；五彩缤纷的绫罗绸缎，晶莹剔透的陶瓷器皿，精致大方的竹木家具，是人按美的尺寸来制作的；芬芳的稻谷，精美的糕点，香醇的美酒，是人按照美的生活来生产的。人的劳动不再是本能性的，而是创造性的；人的劳动不再是只能适应环境，听任自然的淘汰，而是自觉的、有意识地生活着、劳动着，并在劳动中观赏着自己的产品，感受到自己劳动的胜利和喜悦。喜悦产生了美。图2-1所示为巴黎罗浮宫内景。

图2-1　巴黎罗浮宫内景

在漫长的历史中，劳动者曾遭受剥削和压迫，劳动被异化。劳动创造了美，却使劳动者成为畸形。中国的万里长城，埃及的金字塔，巴黎的罗浮宫，罗马的竞技场。千百年来，人类就是用自己的劳动来改造自然界，把原始的荒山野林建造成气象万千的瑰丽世界，定格成种种令人叹为观止的胜景。尽管异化劳动不利于美的创造，但在某种程度上，劳动者也要按照预定的意图，循着美的规律，灌注了心血和智慧，体现着劳动者的本质力量。这样的劳动产品，作为统治者残酷剥削的罪证而存在，也作为人类智慧美的结晶而留存。正如美学家所认为的"马克思认为在异化劳动中创造出来的美是实存的，就像宫殿一样，它耸立在历史的道路上。它的美是具体的，并不仅仅只是对过去的一种感伤的回忆"。今天，美又回到劳动者的手里，美又和劳动融为一体，劳动才能负起它真正的使命：不仅成为生存的源泉，同时还成为创造热情和愉快的源泉。设计师在发自内心的审美追求中，用劳动创造美。

新时代的改革大潮，荡涤了前进路上的障碍，设计师有了创造美的更广阔天地，他们用美的心态和美的规律，有智慧、有技巧、创造性地描绘最新最美的生活景观。

3. **美的存在与发现**

美是一种客观的存在，不随个人的主观意念而改变。

自然之美随处可见，但步履匆匆的现代人难得驻足观赏。对于日益烦躁的上班族，只有走进自然，亲近自然，感悟自然，才会感受到生命的可贵，才会拥有更开阔的心胸，人生的境界才会得以提升。

美的存在有一定的标准，它是建立在个人文化修养、性格、爱好等客观存在于人的主体上的素质。美也有自己的特性，人的主观感受不能够改变美的特性，在欣赏的过程中，主体与客体之间所产生的关系只能是感受与被感受的过程，是客观存在的美引起了人的美感，而不是人的美感创造了客观事物的美。美不以欣赏者的个人主观意念而改变。能否欣赏和发现这种客观存在的美，有赖于我们的学识素养和心境。

在中西文化大碰撞的背景下，有不少青年感到困惑和迷茫。在《青年烦闷的解救法》一文中，现代美学家宗白华（1897～1986）针对当时青年人由于目睹社会上种种丑恶现象，而产生的烦闷和各种消极行为，给出"唯美的眼光""研究的态度""积极的工作"三个指导。

法国雕塑家罗丹曾说过："美到处都有，对于我们的眼睛，不是缺少美，而是缺少发现。"

清风拂过树枝，碧波荡漾湖面，飞鸟环绕群山，池鱼浅游水底，白日的繁忙，月夜的幽静，晴天的爽朗，雨天的温柔……各种各样的美，充满着整个世界，它一直存在，未曾消失，它将把美呈现给每一个愿意欣赏它的人，并不会为谁等待。

随着科技的进步，人们思想素质的提高，人们的审美观也在改变。现在一些抽象的东西人们也可以去发现它的美，这就是人们善于发现美的进步。断臂的维纳斯人们给予的是崇敬，美更是体现得淋漓尽致。凡·高画了一生的画，死后人们才发现他的画美的一面，如果人们善于去发现美，就不会出现这种审美悲剧。图2-2所示为凡·高的《向日葵》。

4. 美是和谐

和谐美是古代美学家最早提出的一个范畴，中外有着众多不同的表述，但是和谐美是共同追求的最高审美目标。"和谐"，在中国古代典籍《易经》中，"和"是大吉大利的征象；在《尚书》中，"和"被用以描述家庭、国家、天下等系统内部治理良好、上下协调的状态；在中国传统文化里，"和"具有和谐、和平、和睦、和气等内涵。如今，和谐作为一种思想、观念或价值已经成为许多人追求的目标和方向。

和谐美的含义包括：形式和谐，即人、物、外在形式的大小、比例及其组合的均衡、和谐；内容和谐，即主观与客观、心与物、情感与理智的和谐。形式与内容统一，内容的和谐要求形式的和谐，并规定内容和谐之间的形式和谐统一。主体与客体和谐，这种和谐自由的关系集中体现为完美的、全面发展的人。中国美学中讲究人和、政和、天和、心和关系。在中国古典美学范畴中，形与神、文与质、情与景、虚与实等关系中都体现着对和谐的

图2-2　凡·高《向日葵》

追求。

自然界处处绽放着和谐带来的光彩。朝霞彩虹、夕阳西下、电闪雷鸣、高山流水、园林田野、草木虫鱼、清风明月、鸟语花香都有各自的美。天地万物都以不同的丰姿勾勒出自然界的和谐画面，让每个生灵都不会感到孤独，和谐让美丽的自然永驻。图2-3所示为鸟语花香图。

图2-3 鸟语花香图

费孝通先生说过："各美其美，美人之美，美美与共，天下大同"。其含义是人们要懂得欣赏自己创造的美，还要包容欣赏别人创造的美，将各自之美和别人之美拼合在一起，就会实现理想中的大同美。

实现社会和谐，建设美好社会，是人类孜孜以求的理想。尤其现在全球一体化，政治、经济、环境、文化以前所未有的亲密姿态沟通交融，和谐世界、和谐社会，已经成为时代的主旋律。立身当今社会，国与国之间力求和谐，人与人之间要求和谐，人与自然之间追求和谐。和谐是一个体现价值观甚至宗教情感的概念，和谐作为一种价值观，是真善美的统一，是人类永恒的追求。和谐在作为最高的审美理想追求对于社会文明的进步和个人全面发展方面都发挥着重要作用。

5. 美的追求

爱美是人之常情。苏联著名作家尼古拉·奥斯特洛夫斯基（Nikolai Ostrovsky，1904～1936）说："人的美并不在于外貌、衣服和发式，而在于他的本身，在于他的心。要是人没有内心的美，我们常常会厌恶他漂亮的外表。"契诃夫（Chekhov，1860～1904）说："人应该什么都美，容貌、衣服、心灵、思想。"人的美是外在美和内在美的统一。托尔斯泰（Tolstoy，1828～1910）说："人不是因为美丽才可爱，而是因为可爱才美丽。"一个有漂亮外表的人，灵魂却十分肮脏，给人的美就逐渐消失了。相反，一个外表丑陋的人，他具有崇高的心灵、高尚的行为，人们就会忽视他的丑陋。

每个人对美的认识和见解都不同，许多人在追求美的过程中遗失了原本属于自己的自信。自信是美的体现，要想自己在别人眼中是美的，就必须拥有十足的自信。自信是一种调和剂，能让人的心境长久开朗，能将缺点调和成优点，自信能让人散发出无穷的魅力。另外，还要自爱。自爱是人性中最根本的力量，也是人性美的源泉。热爱自己的生命，创造自己的生活，才能构成生活之美。热爱自己的家庭，营造家庭的快乐与和谐，才能创造亲情之美，感受亲情之美。热爱自己的事业，全身心地投入到事业中，才能进入创造的境界，才能创造出美的产品。热爱自己的祖国、自己所居住生活的地球，才能有至高之美。

时代在发展，历史在前进。对于美的本质、美的存在、美的发现和美的追求，还有待于进一步认识和探寻。我们需要以辩证法的思维方式去理解人类对真善美的寻求，并以每个人的创造性活动去创造我们时代的真善美。

二、探索美的途径

关于美的定义虽然众说纷纭、各执己见，但都从不同角度揭示了美在某一方面的本质。前人对美的探索途径可以概括为以下四个方面。

1. 从客观方面探索

美究竟是主观的还是客观的，从古至今众说纷纭、莫衷一是，而这个问题一直是人们争论的焦点，只有弄清楚这个问题，才有资格去谈论美的定义，否则对美的任何论断都是枉然。

荷迦兹（William Hogartu，1679~1764）认为"美正是现在所探讨的主题。我所指的原则就是：适宜、变化、一致、单纯、错杂和量；所有这一切彼此矫正、彼此偶然的约束、共同合作而产生了美"。

德尼·狄德罗（Denis Diderot，1713~1784）提出"美是关系"，他认为"就哲学观点来说，一切能在我们心里引起对关系的知觉的，就是美的"。总的来说，狄德罗虽然肯定了美的客观性，美在客观事物的关系，在美的问题上坚持了唯物主义的观点。但由于对关系的概念，没有完全与社会历史深刻地联系起来，因此非常宽泛模糊，带有机械的直观的性质。

虽然美学家们各自阐述了美的特性，从美的自然属性，探索和研究美的外观的形式法则，从中发现了和谐、比例、均衡、多样统一等客观形式因素与美的内在联系。到了近代，客观美论开始重视美的社会属性，研究美的自然属性在社会关系中的地位和作用，强调社会属性与美的内在联系。例如，服装设计从单纯的艺术美到注重穿着者的职业与身份等社会属性。

2. 从主观方面探索

从人的主观审美意识、审美心理、审美感情等方面探索美，认为美是人的意识和情感活动的产物或外射表现（如康德的美论等）。例如，从地质学角度考察熔岩断层和从美学角度去欣赏它有所不同，从实用角度看一棵大树和从美学角度欣赏它有所不同，从艺术角度看人体绘画和从色情角度看有所不同。

通俗的说，美是人的一种感觉，不管是日夜星辰、山川河流、花草树木、飞禽走兽，还是长城的建筑，他们的存在只是一种状态，人凭借自己的感觉认为是美是丑，对于这种美与丑，人类在某些方面取得一致，就认为是事物的固有特性。例如，我国古代的人们按自己认为是美的形状修建长城，而长城的存在只是一种状态，它不能说明长城的美就是它的自然属性。所以，美的载体是客观的，人类的感觉是以物的实际存在为物质基础，它的存在刺激了人的大脑做出美与丑的判断。因此，美感是客观事物的主观反映。

黑格尔（德语：Georg Wilhelm Friedrich Hegel，1770~1831）提出了"美是理念的感性显现"，他认为美的根源在于理念、绝对精神，而感性是理念生发出来的，是作为理念的客观性存在的。黑格尔对美的本质所下定义从内容与形式的关系上看，理念是内容，感性显现是表现形式，二者是统一的。

3. 主客观关系探索

该理论认为美既不完全在客观对象，也不完全在人的主观意识，而是在两者的结合之中。其中又有偏于客观或偏于主观的各种不同的观点。

美的主观性是指客观的美必须通过人们的审美活动才能得到肯定。没有美术感的眼睛无法欣赏图画之美，没有美的心情，无法欣赏任何美。美对于每一个人，都是一种体验，一种意境，因而美又具有主观性。美的客观性是指人类所欣赏的、追求的、创造的美是客观存在的，是真实的，是不依人的意志为转移的。我国两位著名的美学大师朱光潜先生和李泽厚先生分别认为"美是主、客观的统一"和"客观性与社会性的统一"。

美是主观性与客观性的统一。美不是那些可以离开人而存在的客观存在物，也不是这些客观存在物的固有属性。它只能是客观存在物对人而言的一种属性，在进行审美活动时，需要物与人的相互"配合"。例如，杨贵妃在以胖为美的唐代是绝代佳人，就是美的典型代表，但是在喜欢细腰的楚王面前怕是丑的。美是主客观共同作用的产物。

4. 从社会实践探索

该理论认为美的本质是人的本质的对象化，是自然的人化，是合乎目的性与合乎规律性的辩证统一，是真与善的统一。美学既要从具体的审美事实出发，发现其中的一般规律，又应把研究建立在人类审美活动的基础上。在人类审美活动中把握各种审美事实，同时将美学理论用于实践，即理论与实践相统一。

中国历史上对美的探索主要涉及现实美，还有一些论著是直接论述现实美的。例如，刘勰（约460～532）美的观点是"自然之道"，其中的"道"，指的是万事万物的客观规律。柳宗元（773～819）认为美在于自然，一切客观事物都有它的规律，是人无法改变的。刘禹锡（772～842）认为美在于有形的客观物质。清初的王夫之（1619～1692）明确地肯定了美是存在于自然的运动中。他认为艺术美之所以华奕照耀、动人无际，就在于来自现实，现实是美的能动反映，肯定了美的真实性和客观性。

不难看出，上述各种美论并不是完全对立的，而是相互影响、相互吸收、相互批判又相互继承的，它们构成了人类探索美的本质的缤纷复杂的历史过程。

三、服装美的基本特征

大千世界，美不胜收。放眼万物，一脉相承。面对缤纷的美的世界，人类总是期望把握住美的脉络，以便创造更多的美。根据众多美学家对美的高论，可以总结出以下关于服装美的四个美学特征。

1. 形象具有感染力

美的事物大都有具体可感的个别形象。形象是美的载体，离开了形象，美就失去了生命和寄托。服装美的形象离不开色彩、线条、形体等感性形式，只有通过和谐的感性形式及组合，并作用于人的感觉器官，事物才可能给人以美的感受。车尔尼雪夫斯基与黑格尔在美的本质认识上存在根本的分歧，但在"美离不开形象"这一问题上却是一致的。黑格尔认为"美的生命在于显现"，所谓显现就离不开感性形式。车尔尼雪夫斯基认为"形象在美的领域中占有统治地位"，他提出"个体性是美最根本的特征"。这里的"个体性"也是指事物可感的具体形象。美的个体性决定了美的丰富性和多样性，美是一个丰富多彩的感性世界。因此，在艺术创造（如服装设计、服装表演）中，要特别注重把握其个性特征。现代服装产品若想在艺术上独树一帜，就必须具有独到的风格和形象，如此才能在流行变化中独领风骚。

尽管美离不开形象，但并非任何形象都能产生美，丑也有形象。美是一种在情感上具有感染力的形象。例如，时装效果图中的人体形象，并不表现客观的人体知识，而是设计师对服饰造型美的一种感受。图2-4所示为人体比例说明图。

图2-4　人体比例说明图

2. 社会性与功利性

任何社会实践都有其目的性和功利性，也就是人们生活当中所说的"有什么用处""有什么好处"等，服装美也不例外。从美的形成与发展来看，功利性先于审美性。人类的创造首先是对自己有用、有益，然后才可能成为美的，美与功利密切相连。但是，美的事物不像实用品那样具有直接的功利性。在美的事物中，功利性被升华为形象，消融在形象之中，因此美的形象中的功利性具有潜在性，就像糖溶化在水中，见水不见糖一样。人们在欣赏纯艺术作品时，几乎不考虑功利性，但是却潜伏着功利性，包括实用上的功利性和精神上的功利性等。艺术作品陶冶人的情操、升华人的品格，这是艺术作品的社会功利性，而在艺术作品拍卖行里，则具有经济上的功利性；服装设计，既有穿着者实用上的功利性，又有陶冶情操的精神功利性，既有生产企业在经济上的功利性，又有美化人民生活的社会功利性等。美所在之处即功利所在之处，功利是躯体，美就是它的外衣。

3. 服装形式与构成

世界上不存在"没有形式的内容"，也不存在"没有内容的形式"。形式与内容是同一事物的两个方面，不可分离。人类在审美创造过程中，运用并发展了形式感，并从大量美的事物（包括艺术作品）中归纳、概括出相对独立的形式特征。例如，在一件服装中，领型、袖型、腰身、下摆、口袋等是基本要素，而它们的组合则会符合一定的艺术构成法则。

服装的形式美法则是人类在创造美的过程中对形式规律的经验总结，它是劳动的产物，也是历史的产物，是文化积淀的必然结果。早在旧石器时代，人类已经发展了对称和圆的感觉，到了新石器时代，石器造型规整多样，人类对形式感愈加丰富、敏感。彩陶上的饰纹说明人类已自觉地运用艺术法则。形式美通过审美主题能在美的各种形态中相互渗透，在自然美和艺术美之间、自然美与社会美之间以及各种形态内部美的事物之间相互融合渗透。例如，《洛神赋》中"若轻云之蔽月，若流风之回雪"是人的外貌美与自然美的相互渗透。白居易的"日出江花红似火，春来江水绿如蓝"是自然美之间的相互渗透。

4. 美的规律与创造

设计师按照美的规律去创造，穿着者也按照美的规律去欣赏。服装美之所以被称为美，是因为客观存在着美的规律与尺度。按照美的规律进行欣赏和创造，是服装美学研究的重要内容。"美的规律"一词源于刘丕坤译《1844年经济学哲学手稿》一书，书中指出："动物只是按照它所属的那个种的尺度和需要，而人却懂得按照任何一个种的尺度来进行生产，并且懂得怎样处处都把内在的尺度运用到对象上去。因此，人也按照美的规律来建造。"

美的规律存在于自然、生活、生产及各类艺术的体裁形式中，有着丰富的内容，并随着时代、社会、场所、对象的不同而变化，不是单一、绝对、永恒不变的。它既有客观标准，又有多样表现。美的规律客观存在，人类需要在创造美的实践中，永不停步地去发现和利用它，这一过程是永无穷尽的。

四、真善美与假丑恶

真善美是美学研究的基本课题之一。真善美分属三个不同的学科概念，它们的完美结合是艺术创造和艺术欣赏的最高层次。研究三者之间的关系对揭示美的本质具有重要意义。

1. 真善美的概念

"真"属于哲学范畴，其内涵是指事物的科学性、规律性、本质性。"善"属于伦理学范畴，其内涵是指事物的伦理性、功利性、价值性。"美"属于美学的范畴，也就是本书的核心概念，其主要内涵是指事物的审美性、艺术性和愉悦性。

真、善、美都是客观存在的，它们之间的相互关系是人在改造世界的实践活动所规定的。美不是孤立存在的东西，美的特殊本质，也表现在它与真和善的相互联系与相互区别之中。美的创造与欣赏在社会生活中的特殊作用，更是与真和善密不可分地联系着。在美的对象及艺术作品中，真与善融化于具体可感的形象中，善的直接功利性和真的纯客观性都被扬弃。善作为间接的功利性成为美的潜在因素，而真以人的智慧形式存在于主体对规律的认识之中。

真、善、美在服装学科中的反映和侧重有如下内容：真是服装材料、服装人体、服装结构、服装工艺等学科研究的主要内容。善是服装心理、服装穿着、市场销售、成本管理等学科研究的主要内容。美是服装构成、服装色彩、服装设计、服装展示等学科研究的主要内容。

2. 真善美的辩证统一

现代美学追求真善美的统一。实际上，在一件美的作品中不能缺少真，也不能缺少善。例如，当我们在观看时装表演时，我们所看到的美实际上是包含了真和善的美。服装穿在特定的人身上，量身定做使得尺寸非常合体，裁剪尺寸的分配也完全符合款式造型的需要，这种合乎内在科学道理的因素就是真。服装的造型设计符合特定生活的要求，或便于旅游、或便于工作，面料质感或舒适自然、或易洗免烫，又能恰如其分地传达特定穿着主体的身份、职业、地位、气质等，这种符合实用需要的特征就是伦理学所说的善。模特穿着既真且善的服装，通过婀娜多姿的台步和娴熟的表演技巧，再配以特定的灯光、道具和音乐，通过这些具体可感的形象传达即产生美。

列夫·托尔斯泰在小说《安娜·卡列尼娜》中所描写了贵族小姐吉蒂与安娜比美的故事，作为少女的吉蒂小姐却要表现雍容华贵的少妇形象，却失了真，也就不能恰到好处地表现美。赵树理的小说《小二黑结婚》中，描写了小芹她妈，说她五十多岁还要穿双绣花鞋，"偏要来个老来俏"，这就是说小芹的妈穿着不符合当时的善。两个儿童穿着成年人的结婚礼服，既不真也不善，因而难以产生真正的美感。老年时装模特，穿着象征纯洁无邪的白色婚纱，也同样不能产生美感。

在服装设计时，设计师既要研究穿着对象的客观条件（如自然条件和社会背景等），还要研究生产加工条件，更要依据市场条件及消费心理等客观存在，也就是要有对真的追求。在进行结构设计的时候，在满足造型需要的前提下，要最大限度地省工省料，降低成本，同时满足穿着者实用的要求，这就是善的追求。款式造型要有独特的风格，符合社会文化的流行，能够美化人体、美化生活，这就是服装设计的美。

3. 美学中的丑

丑的概念与美的概念相比较而存在，丑与美具有相反的内涵和属性。美学中的丑与生活中的丑有着本质的区别，美学中的丑常常以艺术的形态出现，如马戏团的丑角。

在美学史上，对丑的论述往往是在论述美的本质时为了进行比较而附带谈及。例如，英国的荷迦兹认为丑是自然的一种属性。他用赛马和战马举例说："赛马用的马的周身尺寸，都最适宜跑得快，因此也获得了一种美的一贯的特点。为了证明这一点，让我们设想把战马的美丽的头和优秀的弯曲的颈放在赛马的肩上，不但不能增加美，反而变得更丑了。因为，大家的论断一定会说这是不适宜的。"他还认为变化可以产生美，而"没有组织的变化、没有设计的变化，就是混乱，就是丑陋"。

古希腊的美学家们认为美在于物的形式和谐，有秩序、有一定比例、多样统一等。而不和谐、不合比例、呆板无变化就是丑。古罗马和中世纪的美学家认为，只有上帝或接近上帝的心灵才是美的，而没有被神明统辖、杂乱无章的感性世界就是丑。经验派美学家休谟

（Gotteched，1700～1766）认为美的本质是快感，不快感与痛感则是丑的本质。理性主义美学家鲍姆嘉通认为美是对象的合目的性和完善，不合目的与不完善则是丑。车尔尼雪夫斯基认为美是生活，是人们认为应该如此的生活，而丑是人们认为不该如此的生活。图2-5所示为上海京剧丑角艺术专场。

图2-5　上海京剧丑角艺术专场

4. 丑与社会属性

形式上的丑，即指畸形、芜杂、毁损等，与形式美中的均衡、和谐、完整等相对立。对人物来说形成形式丑的原因主要有两种情况：一种情况是由于先天条件或疾病所形成的生理缺陷，如侏儒身体短小，具有成年人的面相，却不具备成年人的七头比例，这种畸形的体态使人感到不协调的丑。另一种情况是由于疾病的摧残所形成的躯体毁损，如驼背、跛脚、鸡胸、高低肩等，这些都属于美学中的形式丑。服装所涉及的特殊体型是一种丑，服装设计师的责任就是为其"遮丑"。

美学上的丑从一个特定的方面概括现实的审美特征。现实生活中的丑在一定条件（如艺术创造）下能够与人形成特殊的审美关系。艺术美是对现实审美特性的反映，现实中的丑也可以作为艺术创作的题材。经过艺术家的审美评价和艺术反映，丑可以在艺术表现中转化为艺术美，从而获得审美价值。

马克思与恩格斯把丑看作是客观事物的一种社会属性，并从历史的发展中说明丑的根源，指出了生活中的丑和卑鄙、虚伪、腐朽的事物之间的联系。例如，恩格斯在评论德国画家许布纳尔的一幅画《西里西亚的纺织工》时说："画面异常有力地把冷酷的富有和绝望的穷困作了鲜明的对比。厂主胖得像一只猪，红铜色的脸上露出一副冷酷像，他轻蔑地把一个妇人的一块麻布抛在一边。老板的儿子，一个年轻的花花公子斜倚着柜台，手里拿着马鞭，嘴里叼着雪茄，冷眉冷眼地瞧着这些不幸的织工。"这里描写的厂主从性格到外貌都是使人生厌的丑的形象。丑与恶有密切的联系，但丑并不等于恶。例如，民歌中"头发梳得光，脸上搽得香，只因不劳动，人人说他脏。"这里所说的"脏"，实际上就是美学中的丑。

在服装美学中，人物的美与丑有一个量和度的问题。所谓"金无足赤，人无完人"，大多数人也不具有十全十美的人体条件，设计师只有充分认识穿着对象的美之所在和丑之所在，才能运用造型手段对人体进行扬长避短、掩瑕显玉的装饰美化。

第二节　美的种类

人类在生活实践和艺术实践中发现并创造了各式各样美的形态，包括自然美、生活美、艺术美、人体美、朦胧美……甚至还有荒诞美和颓废美等。在这些美的形态中，又有千变万化、"步移景换"的主题情调美。这些灿若繁星般美的种类和形态，对服装美的主题塑造和品味服装美的"生命感"，有着重要的意义。

一、广阔无垠的自然美

1. 自然总是美的

法国大雕塑家罗丹最喜欢的一句箴言就是："自然总是美的。"中国有许多美的自然景观，如雄伟的泰山、险峻的华山、秀美的庐山、奇巧的雁荡山、滚滚的黄河、浩荡的长江、山水甲天下的漓江、浓妆淡抹的西子湖……在世界其他国家还有宽阔悠远的伏尔加河、挺拔高耸的阿尔卑斯山、烟波浩渺的苏必利尔湖、静谧秀美的日内瓦湖、繁茂原始的热带雨林、雄伟壮丽的火山……大自然总是美的，它不仅孕育了世间的万种生命，而且以无限的美哺育着人类，当然也为服装设计的灵感开发提供了用之不竭的源泉。

　　自然美，是指自然界中原本就有的而不是通过人工创造的，或没有经过人类直接加工改造过的物体的美。自然美是自然事物所具有的能够引起人类精神愉悦或静养的一种属性。在美学中，与社会美并列同属于生活美。自然美是人类最早的表现形态，在人类产生之前，无所谓自然美，自然美是对人类而言的。人在自然中诞生，也在自然中成长，人本身也属于自然的一个部分（图2-6）。人无法离开自然，人从自然中获取衣食住用，自然无私地给予人类所需要的物质利益，同时也给人类带来精神上的乐趣。自从有了人类之后，自然就与人类发生着密切的关系，在人类的社会劳动实践中，在与自然的交流与对话中，逐渐产生了对自然的审美艺术和审美活动。例如，人类发现了树叶、鲜花、兽皮、兽骨、兽齿、贝壳等自然物的美，并用来装饰自己的躯体，从而产生了服装的萌芽。人类利用自然物来对自身进行装饰美化，这一创造又同时是一种雕饰美。早期古希腊人在对美的探索过程中所得出的一些美的规律，如对称、比例、和谐、多样统一等，也大都是从自然中得到启迪，在自然中不断发现的。

图2-6　维纳斯的诞生

2. 自然的人化

　　庄子在他的《逍遥游》中，对鲲鹏和大海的自然美作了非常动人的描述，他的返璞归真、回归自然的美学思想，表现了他对自然美的深刻认识，对后世的影响非常久远。马克思曾提出过"自然人化"的观点，他认为，自然作用于人，人以自己的"本质力量"来对自然进行评价，这说明自然美也具有一定的社会属性。

自然美通过自然物的外在形象体现出来。大自然的物质属性（包括形式要素，如山的高度、河流的宽窄等）是构成自然美的物质基础，有了这些物质基础，并在人的社会历史活动中，在与人类发生联系的过程中，才有了满足人们审美要求的客观意义，这就是自然美的社会属性。人们可以从自然景观中看到与人类自身活动的种种联系，甚至看到自己的生活形象。辛弃疾有诗："我见青山多妩媚，料青山见我应如此"。

自然美会对欣赏者的人格形成发挥作用。大自然中的景观被摄入人的视野，就会产生种种情趣和意境，从而陶冶人类的情感。海阔天高可激发豪情壮志，山清水秀能诱导品高性洁，花前月下则使人情意缠绵。

3. 自然美的外在形式

在自然界中，凡是美的事物，一般都有突出鲜明的外在形式。通过形式要素的点、线、面、形、色、质、声、光、动等，并经过特定的美的组合，如明暗、浓淡、均衡、对称、光影、秩序、宾主、虚实、节奏、旋律等，这种要素及组合，体现了大自然的一种完美与和谐，表达着在丰富多变的世界中，又有着高度的统一，体现着最高层次的形式美法则。欣赏自然美，经常会发生移情和联想作用，欣赏者会由自然美的某些形态联想到自己的生活经验和情感。所以，从事艺术创造的人们，包括时装模特和时装设计师等，需要不断到大自然中汲取灵感，汲取设计创作所需要的营养。

二、丰富多彩的生活美

1. 美是生活

19世纪，俄国美学家车尔尼雪夫斯基给美下的定义是："美是生活"。他认为："任何事物，凡是我们在那里看得见，依照我们的理解应当如此地生活，那就是美的。任何东西，凡是显示出生活或使我们想起生活的，那就是美的。"

生活美又称为现实美，它是社会美和自然美的总称，是与艺术美相对的概念。自然美是大自然形态的属性，是美的第一个层次。生活美是人类和人类创造的社会关系的属性，是美的第二个层次。艺术美是艺术家对自然和社会生活再现的艺术品的属性，是美的第三个层次。

从范围上看，生活美比自然美和艺术美更为广泛，甚至包括了人的形体美、服饰美、心灵美、劳动美及一切社会实践中的美。艺术创作活动是为再现生活美，是生活美的反映，所以，艺术美被列为第三个层次。生活美既是客观的，是生活本身所固有的属性，它又是社会的，必须对人类的大多数有意义。生活美的领域又是广阔的，但并不是所有的生活都是美的，不同的世界观和人生观对生活美的理解也千差万别。

2. 服装美与生活

在创造服饰美时，服装设计师需要把握人们对生活美的理解和需求。只有深入社会生活，了解产品定位对象对生活美的具体追求，才能实现塑造生活美的神圣职责。服装的艺术美来源于生活美，但又高于生活，先于生活，作为生活潮流的潮头，服务于生活美，也塑造新的生活美。服装舞台上的模特台步和夸张的服装造型，虽然经过艺术的加工，但它仍是源于生活，否则就不能引起人们对生活的联想，产生占有欲，促成购买，最后完成作品本身的使命。

特定的环境是产生生活美的条件。人们在创造生活美的同时，也创造着环境美。广义的环境美，是指一个国家、一个民族整体上的自然环境美和社会环境美。狭义的环境美是指个人的家庭环境、工作环境及生活环境等具体环境的美。对于服装设计而言，环境是设计的重要依据，环境包括小到个人的工作环境、学习环境、生活环境，大到国家的经济环境、政治环境、文化环境等。广义的环境美的创造主要指根据经济、实用、美观的原则创造的美的物质产品，如环境绿化、生态保护、名胜古迹、合理的城建布局等。对于个人、家庭或一个小集体而言，环境美的创造除了遵循以上原则，还要讲究清洁卫生，利用艺术作品美化环境，使工作和生活在美的氛围中进行，使人感到舒适、和谐与精神愉悦。各个层次的环境，都将对服装设计与创作产生影响。

从服装工效学的角度来看，服装与装饰是人本体最直接的一种环境。它对人的生理和心理产生最直接的影响，并与人体共同担负着传达社会角色的目的。从心理学角度讲，服装的色彩、款式和质地影响人的心情，表达人的性格，给人带来自信和美感，使人更好地扮演社会角色。从生理学方面讲，服装与人体之间形成一种微气候环境，直接影响人体的舒适性。服饰就是人体的微环境。

3. 创造美的生活

服装设计永远都是一种创造，生活美本身也在于创造，在于不停地开拓与探索。当今的许多时装设计大师，如皮尔·卡丹、圣·洛朗等，他们从小投身服装事业，为生活之美，贡献了全部身心，造就了世界级名牌服装。他们为人类的生活美做出了伟大的贡献，他们自己的生活也是美的。他们的生活熠熠生辉，也给世界人民的生活增添了光彩。

4. 高于生活的艺术美

艺术美是艺术作品具备的审美属性，是人类审美的主要对象，是艺术家对生活的审美感情和审美理想。艺术美的构成是对社会生活的集中概括，是对现实世界的再现，它又凝结了艺术家对现实的情感、评价和审美理想，是主观与客观、表现与再现的有机统一。在优秀的作品形象中，艺术美表达了生活与艺术的结合。艺术美是对社会生活的集中反映，艺术美是把生活现象经过艺术加工、提炼、取舍、夸张等一系列手法使之典型化的过程，艺术美使现实生活更为典型，更为理想，更为强烈，更为普遍。

德国美学大师黑格尔主张"艺术美高于自然美"。他的意思是说，艺术永远都要高于生活，生活永远赶不上艺术。艺术与生活相比，艺术是通过艺术家对生活的感受、理解、研究、分析和提炼的创造性劳动，保留了生活中的丰富性和真实性，也去掉了生活中的杂芜性和表面性；艺术澄清了生活中的主次，摆平了肤浅、渺小与精深、博大的关系，使欣赏者认清上升与衰落、流行与过时等的本质特征；艺术让生活的面目更真实、更明晰、更集中、也更强烈地呈现在欣赏者的面前。

服装作为生活美学的范畴，其艺术设计应当是上述两种观点的完美结合，尽管这种结合是十分困难的。同时，时装评论家们也应该注意到服装美的时空性。从宏观上讲，古代欧洲的服饰美，未必符合今日中国的审美标准，法国大师在T型台上获得大奖的作品，未必是中国服装市场的最佳选择。从微观上看，表演台上的服饰美与生活中的穿着美有着不同的概念。从事市场型服装设计的设计师们，大可不必在舞台作品面前自惭形秽。既不断地追求生活，又不断地追求艺术道路，才是服装设计师的完美选择。

三、朦胧含蓄美

1. 朦胧美

朦胧，原指月光不明的样子，延伸为"不清楚、模糊"的意思。朦胧美是艺术美的一种特殊形态。它的基本特征是，通过某种朦胧、模糊的美的形式含蓄地表现艺术内容，使具有一定审美经验的欣赏者，能够通过进一步的创造性想象，从欣赏中获得审美体验和享受。

朦胧美广泛存在于自然界和艺术作品中。在自然界中，雾里看花、云雾蒸腾、扑朔迷离的湖光山色等，都能体现出朦胧美。杜牧的《泊秦淮》："烟笼寒水月笼沙，夜泊秦淮近酒家。商女不知亡国恨，隔江犹唱后庭花。"诗中第一句就用了两个"笼"字，把烟、水、月、沙四种景色和谐地融合在一起，汇成了一幅淡雅的秦淮夜色图。它柔和幽静，又隐含着微微的浮动，笔墨轻淡，迷蒙冷寂，为欣赏者创造了一种扑朔迷离、诱发想象的审美天地，仿佛进入了陶渊明《桃花源记》中"忽逢桃花林"的境界。

2. 模糊美

"模糊"一词被广泛使用，似乎也成了学术界的一种时尚，如模糊美学、模糊数学等。在美学中，有关美和丑、审美评价、艺术欣赏和创造的研究中也存在着模糊性。人们说"这套衣服太美了""这种搭配恰到好处""这幅作品令人陶醉""女孩儿很漂亮""小伙长得高大"等。还有很多关于服装主题情调的描绘性词汇，如高雅、朴实、华贵等，都很难确定一个标准的界限，很难做出"非此即彼"的"二值判断"。所以，对模糊美学的研究，不能只用传统对待有精确界限事物的理论和方法，而应该寻找一种叫作模糊理论的方法。美本身就存在着"可以意会而不可言传"的部分。

艺术作品的"模糊"是指作品意境的模糊之美和表现形式的模糊之美。意境的模糊美，是指作品内涵的多意性、不确定性，具有让欣赏者参与联想，并进行再创造的余地。形式上的模糊美，是指在造型形式上运用模糊语言和模糊技法，使作品表面看上去朦胧、隐约、含糊，与欣赏者拉开更大的感觉距离。如图2-7日本摄影作品《少女》就是运用模糊技法的力作。作者利用粗糙玻璃的隔光与反光，使拍摄的少女形象不那么清晰，线条不那么实在，质感不那么细腻，画面上少女的靓姿隐约可见，呈现出一种神情之美、轮廓之美，创造了一种"似与不似之间"的艺术效果。图2-8所示为朦胧美在服装中的表现。

3. 含蓄美

含蓄美是中国古典美学中一个内涵十分丰富的概念，有含而不露、蓄而无穷之意。不赤裸、不浅露，看得到，却难得全貌，又让人想得到全貌。既非暴露无遗而了然，亦非浅现一斑而止目，而是透过"一鳞半爪"，使人宛然可见全龙，窥一斑而欲知全豹，令人玩味扑朔，意境无穷。

图2-7 日本摄影作品《少女》　　　　　图2-8 朦胧美在服装中的表现

　　艺术中的朦胧美、模糊美、含蓄美是与逼真美、清晰美、实在美相对立的美感形态，它不仅要求艺术作品的内容含蓄而不直露，而且要求表现的形式比较模糊，使得作品表面上看去朦胧、离奇。它能诱发欣赏者的好奇心，使欣赏者在过去积累的审美经验基础上，通过积极的想象去理解、补充、"完形"朦胧形式中的内容和细节，给欣赏者造成一种创造美的兴趣。朦胧的自然景色与艺术作品，在形式上都具有虚实相生、诱发想象的特征。

总结

1. 美的本质与定义。

2. 真善美与假丑恶的辩证关系。

3. 美的种类及多样性。

思考题

1. 如何理解美的定义？
2. 试述人们探索美的途径有哪些？
3. 简要评析什么是"美的功利性"？
4. 结合服装设计示例，分析什么是真善美及辩证关系？
5. 分析凡·高的名画与服装设计的关系。

美学基础理论——

美感与心理

课题名称： 美感与心理

课题内容： 1. 美感与快感

2. 美感的共同性与差异性

3. 美感的心理构成

课题时间： 2课时

教学目的： 认识本章在服装美学体系中的地位，了解美感和快感的内容及其关系，掌握审美的共同性和差异性及其关系，熟练掌握感觉、联想的心理基本规律，为提高审美能力、从事服装艺术创造奠定基础。

教学要求： 1. 教学方式——课堂讲解与示例分析相结合。

2. 问题互动——组织课堂，用服装图片示例，分析美感的共同性与差异性。

3. 课堂练习——可组织同学彼此讨论对方的着装。

教学准备： 准备时装图片。

第三章　美感与心理

第一节　美感与快感

美感是一种带有明显的主观色彩的特殊的社会意识，是人们以独特方式进行的综合心理过程，是通过感觉与思维观照到审美对象中人的本质力量所产生的包含着认识与评价的情感愉悦，是人类认识世界、改造世界不可缺少的一种独特的思想情感方式。

一、美感的心理感受

1. 心理感受与美感

人们通过心理活动，无时无刻不在感受着周围世界的一切。当我们欣赏漂亮的服饰作品时，当我们鉴赏一幅世界名画时，当我们观看一场精彩的服装表演时，当我们观赏美丽的自然风光时，我们会油然产生一种美感。美感是人接触到美的事物所引起的一种感动，是一种赏心悦目、怡情悦性的心理状态，是人对美的认识、评价与欣赏。

美感有评价美和认识美的作用，包含着判断的过程。由于审美对象的信息刺激，以及过去的生活经验和知识积累的调动，在头脑中产生组合新形象的创造性想象活动，常伴随着先前认识阶段的情感体验，从而使人在生理和心理上产生愉悦感，这就是美感产生的心理过程。

人们感受美的能力是在长时期的改造自然，同时也改造自身的社会历史实践中形成的。从微观角度来看，一个人的审美能力主要指他在审美实践和审美教育中所取得的感受美的能力。从宏观方面来看，感受美的能力主要指人类在社会实践中逐步形成、完善并世代相传的审美心理、生理功能。

2. 生理感受与快感

快感是人在生理上的快适之感。尽管审美过程中也有快适的生理感受，但快感是美感的初级阶段，是偏于生理方面的感受。美感包括快感，但不等于快感。美感是高级神经心理活动的情感状态，不仅仅是生理感受。服装快感首先来自面料的各种服用性能，如弹性、透气性、透湿性、悬垂性、保暖性、抗静电性等。例如人们对内衣的要求，似乎更注重快感。于是，内衣公司打出广告，言称某内衣是如何符合人体工效学的。内衣的快感常隐藏在美感的背后，只是羞羞答答，偶在私室中，才肯露出峥嵘。

来自外界的刺激，通过人的五种感觉（视、听、味、嗅、触）传到大脑皮层，引起人体生理舒适、惬意的感受，产生生理快感。审美快感包括最基本的生理快感，但主要与心理上的快感相联系。从生物学意义上讲，很多动物都具备生理快感，但动物只有生理机能的反应，而人不仅具有生理机能的反应，而且还具有体现一定社会关系的心理活动。美感是直接建立在心理快感基础上的。另外，人的审美活动只与人的视觉和听觉两种器官发生联系，而味觉、嗅觉和触觉所产生的快感一般不包括在审美范畴之中。

3. 生理感受与缺憾感

客观事物给人们的美感与人们对客观事物产生的缺憾感相互依存、相互促进。客观事物给人们的美感越强，人们对客观事物的缺憾感就会越强。人们在主观上认为最需要和最缺少的东西，就会使人们产生最美的感觉，通常又最能使人们感觉到幽怨与缺憾。要想创造出最有美感的事物，首先就要创造出人们对该事物的最大的缺憾。

女神维纳斯，有着一个美丽的缺憾，也是这种残缺，让她吸引了全世界的目光，人们被她的神秘和美丽感动，探索着古老残缺的根源，欣赏她俊美的脸庞和优美的曲线。还有自幼因病成为盲聋哑人的海伦·凯勒，在没有阳光、没有声音的世界里摸索着，以惊人的毅力和不屈不挠的精神，创造了世界奇迹，残缺对她来说不是一种阻力，而是一种动力。大物理家霍金虽然全身瘫痪，但这种遗憾却毫无保留的见证了他对科学的执着追求，给人留下缺憾的同时，是人们感怀他精神的美感。

二、美感与快感的运用

美感和快感是既相分相离，又相依相关的关系。生理感官的快感是社会心理美感产生的一个重要源泉，美感也可以看成是快感的一个重要组成部分。

1. 服装设计中的运用

人在审美活动中，生理和心理的关系，与人在其他活动中的心理和生理的关系不同，如人们观赏时装表演，心灵在随着出场的模特跌宕起伏，精神也不断地得到陶冶，唯美的画面、抑扬顿挫的音乐节奏，诱发着人们生理上的和谐运动。审美并不停留在生理快感的满足上，而是上升到更高层次的精神满足。由于生理感官的快感是美感产生的基础，故在进行服装设计时，不但努力追求审美愉悦，适当表现生理快感，允许生理快感的参与也是需要的。

服装是时尚美的代表作品，如果服装设计作品中过多的表现生理快感的内容，就会削弱其美感效果。为了使服装作品成为真正的美的形式，这就要求设计师在进行创作时，一定要把握好生理快感介入的程度。

美感与快感的关系是一种辩证的关系，分析两者的关系有利于我们更好地学习服装美学，有助于引导我们在服装创作和审美中正确的运用美感与快感。

2. 美感与快感运用的原则

在服装设计实践中，如何正确处理好美感与快感的参与度，是一个非常重要的问题。为使某种特定的服装形式具有美的效果，设计师需要遵循以下原则：

（1）强化视觉元素的表现。服装要想成为真正美的作品，就必须在服装创作过程中，极力强化对视觉元素的表现，只有通过对能引起视觉注意的元素，如色彩、线条、款式、造型、明暗度、材质、节奏等的提炼、选择、加工和充分表现，才能使服装的审美元素增强，最大限度地满足欣赏者的审美需要，为美感的产生提供必要条件。

（2）吸引欣赏者的注意力。欣赏者注意力的焦点存在于美感与快感之间，所以，服装设计师在进行设计时，要使自己的设计成为真正美的作品，就需要引导欣赏者在欣赏服装作品时的注意力，努力挖掘并确保服装作品对欣赏者视觉注意力的强烈吸引力，从而使欣赏者的注意力的焦点集中在服装作品上，而不是过多的表现人体本身的性。

（3）把握服装设计各元素的度。准确地把握服装设计作品中审美快感的因素，需要掌握一定的度。设计中露、透、少的尺度应当多大，难以有一个明确的定量。在进行服装设计时应考虑与国家、民族的大众审美习惯相适应。作为有良知的设计师，应以满足人民大众的文化需求与提升大众的审美素质为己任，勤于研究与实践，就能找到正确的方向与表现方式。

三、美感与快感的区别

美感和快感都源于一种对愉悦的体验的需求。快感作为与人维持自身存在的一整套机能的一部分，其终极目的是为了维持存在。美感则始于对自身感知完满的追求，它比快感高级。区分美感和快感的界限，有助于引导正确的服装设计和艺术审美。

1. 感官侧重点不同

美感主要是由视听感官以及其他感官共同形成的形象给人带来的欣喜、愉悦等情绪。美感在形成过程中，视听器官起决定作用，其他器官只是在有联觉（各种感觉之间产生相互作用的心理现象）需要时才参与审美活动。如果没有视听，其他器官无法独立获得美感。快感是人的生理感官同外界事物直接或间接接触时产生的一种心理反应。能够引起快感的器官除了视听之外，其他感觉器官如皮肤、鼻子、舌头等同外界接触形成的触觉、嗅觉、味觉等也可以带来快感。因此，人体所有的感觉器官都能够产生快感。

2. 注意力不同

当美感产生时，审美主体的注意力集中在对象身上，或者说是集中在由对象引发的实像或虚像身上。而快感获得时，审美主体的注意力不在对象身上而在自身的具体器官上，快感虽然也是一种心理反应，但本质上是生理器官的直接感受，可以不受情感态度支配，是生理满足的一种表现形式。

3. 接受方式不同

美感的产生，主体感官无须接触和占有对象，也不会伤害对象，具有共享性。由于美感的获得主要是视听感官作用的结果，它们无须接触或占有对象，而只需要感受到对象的形式或节律即可产生对应和谐，因而具有非功利性。

快感的获得，通常以主体感官直接接触和占有或部分占有对象为前提，主体注意力焦点在自身器官上，不但很难共享，而且也容易对对象造成伤害，有功利性。这些感官如不直接接触或占有对象，根本无法形成感受。

4. 感悟不同

美感是一种综合的心理反应，是一种既体察又感悟的过程。美感获得时，审美主体的注意力集中在客体身上，有时甚至会把自己想象成客体，会出现陶醉其中、得意忘形、精神与肉体分离现象。快感则是感官刺激引起的直接感受，它以感官的生理舒适为前提，大多是在有意识状态下完成的，有明显的目的性。快感获得时，审美主体的注意力集中在自己身上，只注意自我的存在，宣泄或释放自己的欲望，生理本能的满足起决定性作用，可以不顾及客体的反应或是否有无与自身契合。

5. 节律不同

美感产生于主体心理对客体的适应，它具有可变性和可调节性，所以美感引起的愉悦与欣喜同样是可变的，可随心境、心态和认知变化而改变。而快感所受的限制较少，认识的改变对快感的产生并不会产生太大影响。

虽然美感和快感有所不同，但由于它们都是人的感情态度的具体表现，因此，两者也有许多互通互融的地方。凡是美的东西，总能使人的感官觉得舒服。适当的感官生理快感的存在及参与，可以强化美感的愉悦，比如服饰柔软光滑的手感，可以加深对服饰的视觉印象，这种强化可以使一般的服饰在感觉上变得漂亮，使原本漂亮的服饰在感觉上更加完美。当一件服饰品被认为是丑的，而人的感官在同这个服饰品接触又觉得不快时，其丑感就会更强烈，丑感的加剧自然也就削弱其美感的成分。如做工粗糙或用料简陋的服饰品，由于手感不佳，将会大大削弱其美感效果。

第二节　美感的共同性与差异性

一、美感的共同性

1. 审美无国界

特定的群体由于具有某种相近或相同的审美观点、审美标准和审美能力，而对同一审美对象产生某些相近或相同的审美感受，由此得出的某些相通或相同的审美判断和审美评价的现象，被称为美感的共同性，或审美的共同性。美感的共同性，表现在同一时代或不同时代的民族、阶级、阶层之中。

审美的共同性对于自然美、产品外观造型美以及艺术形式美等不具有强烈鲜明社会内容的审美对象的审美评价，表现得尤为普遍和显著。艺术家们常说"艺术无国界"，审美是人类的共同特点。在漫长的历史文化长河中，人们创造了很多跨越时空的美。如原始人在岩壁上画的壁画以及后来的彩陶纹样，至今仍能散发出美的光芒。在欣赏这些审美对象时，审美的共同性表现得更为明显，时空性不是很强烈。作为人类生存不可或缺的服装，虽然因民族、地域、国家而有别，但在服装设计的主题上却有着惊人的相似，如男装推崇阳刚、庄重，而女装则表现的温柔、优美。工作服要求严肃性，休闲服讲究随意舒适，参加宴会的礼服则要求优雅高贵。不论哪个国家，在工作、休闲、宴会等场合都有相似的服装规则。服装艺术遵循的和谐、对称、统一、对比、均衡、曲直、刚柔、主次、点缀等形式美法则，是服装给人产生美感的要素。服装审美的共性穿越了时间、地点等客观条件的制约。

2. 跨越阶级的审美

我国汉乐府民歌《陌上桑》，描写的是一个美丽的采桑女秦罗敷姑娘。"头上倭堕髻，耳中明月珠"是写她的发式很美；"缃绮为下裙，紫绮为上襦"是描写她的罗裙上紫下黄，非常俏丽。所以，"行者见罗敷，下担捋髭须。少年见罗敷，脱帽著帩头。耕者忘其犁，锄者忘其锄。来归相怨怒，但坐观罗敷。"行路的担夫、郊游的少年都对罗敷的美丽妖娆惊叹不已，为之折服倾倒，搔首弄姿。扶犁的老者、锄地的壮汉，掇耕忘锄。采桑女秦罗敷美丽漂亮，使得行者下担、少年搔首、耕者忘耕、归者呆立、太守垂涎。在这首美丽的叙事诗里，不同职业、不同年龄和不同阶级的各种人都产生了美感，表现出相对的审美共性。

3. 审美是人类的共同特点

在漫长的历史文化长河中，人们创造了很多跨越时空的美。我国春秋越国浣纱女西施，不仅当时的村民感觉美、大夫范蠡感觉美、越王勾践感觉美、吴王夫差认为美，而且当今的人们都认为她是美女。断臂维纳斯（图3-1）、达·芬奇的绘画《蒙娜丽莎》、莎士比亚的悲剧、贝多芬的交响曲、托尔斯泰的小说、曹雪芹的《红楼梦》等，无论哪个国家、哪个时代、哪个阶级都将这些视为艺术杰作。

我国古代学者所著《孟子》中说："口之于味也，有同嗜焉。耳之于声也，有同听焉。目之于色也，有同美焉。"人类的共同利益驱使着大家产生共同的心理感受，也就必然产生共同的审美。文化的继承性决定了群体间所共同遵守的道德规范和原则，在这些内容的影响下也产生了共同的品质和精神。人类的一些优秀品质，如团结、友爱、友谊、纯洁、坦白、尊老爱幼、勇敢、正直、勤劳、朴实等，人类的自身形象，如健康、丰满、苗条、白皙、魁梧、明眸皓齿、秀发、朱唇、强壮、灵巧等，这些审美对象都为人类所共同赞美。

图3-1　维纳斯雕塑

二、美感的差异性

美感的差异性就是由于人的审美观点、审美标准和审美能力的不同，而对审美对象产生审美感受及审美评价的差异的现象。美感的差异性主要表现在以下六个方面。

1. 时代差异性

人的社会生活受到特定时代的物质生活条件及社会形态的影响和制约，从而形成各自不同的审美理想、审美观念和审美情趣等，在美感上就表现出不同时代的差异性。

不同的时代有着不同的审美理想和愿望。在保守的古代，人们穿衣讲究"男不露脐，女不露皮"。而如今，男人越穿越多，女人越穿越少。女装风格空前的繁荣，令人眼花缭乱，甚至着装方式几乎要跨越传统文化的底线，一些人提前进入了未来时代。

不同的时代具有不同的生活背景和物质生活条件。穿衣打扮表面上属于外观美，但实质上是人们生活的一种表现形式。人类从赤身裸体到披上兽皮、头插羽毛起，就开始热情地欣赏服装美。从春秋战国时期的宽衣博带，到清朝的长袍马褂，再到中山装，一直到今天的服装大变革，无不体现着与各个时代和民族相对应的服饰审美。人们的着装只有顺应了时代和潮流才是美的。服装美在折射时代风貌的同时，也为推动时代发展起着作用。例如，现代公务员的西装领带以及社团职业服、企业形象设计的出现，其本身就是时代变革的内容之一。

在服装的流行风潮中，美感的时代差异性可以扩展为时间的差异性。朝代、世纪、年代、季节、月份、时日、朝夕等，都在服装审美过程中作为差异性的自变量。在消费市场上，款式的"朝令夕改"及色彩上的"朝三暮四"都对服装的文化效果和商业效果产生较大的影响。所谓"此一时，彼一时"，时间变化在时装演变中表现得最为突出。图3-2表现了欧洲不同时期的服装审美差异性。

图3-2　时代审美差异性

2. 民族差异性

各个民族生活在不同的地域，他们的地理环境、经济状况、生活习惯、民族性格和爱好各不相同，这些因素渗透在审美过程中，表现在不同民族的美感差异性上。

达尔文在《人类的由来及性选择》一书中写道：非洲摩尔族人看见白人的肤色"便皱起眉头来，好像不寒而栗"；非洲西海岸的黑人则认为"皮肤越黑越美"；卡菲尔人中有长得较白的男子，"没有一个女子愿意嫁给他"；"许多非洲印第安人赞美扁头，它们扁到这样的程度，以致我们看来好像白痴的头"。

每个国家与每个民族都有自己衡量美的尺度和标准。服装审美之花必定开在民族文化生活的土壤之中。中国人喜欢穿旗袍，英国人喜欢穿套装，美国人喜欢运动服等。如果着装违背了自己民族的审美尺度和标准，就会为人所不齿。服装的民族性正受到艺术的国际化的强烈冲击，在我国民众的身上，已不大容易找到我国民族装的倩影。但把一个国家或民族作为一个整体，发展对外贸易就要首先满足接受国的审美意向。这时，带有独特民族风格的服装，无论从市场还是文化艺术角度，都更容易在国际上占有一席之地。因为独特也是美，"只有民族的，才是国际的"。

3. 阶层差异性

处在不同阶层的人们，由于经济地位、政治地位、生活方式、文化观念等的不同，其审美情趣、审美理想和美感特征也不同。

不同阶层的人具有不同的心理和生理需要，这些制约着人们对美的不同体验。不同阶层的人有不同的世界观和审美观，这是美感的灵魂。俄国美学家车尔尼雪夫斯基曾说："青年农民或农家少女都有非常鲜嫩红润的面色，以普通人民的理解，这是美的第一个条件。丰衣足食而又辛勤劳动，因此农家少女体格强壮，长得很结实，这也是乡下美人的必要条件。在乡下人看来，'弱不禁风'的上流社会美人是断然'不漂亮的'，甚至给他不愉快的印象，因他一向认为'消瘦'不是疾病就是'苦命'的结果。但是劳动不会让人发胖，假如一个农家少女长得很胖，这就是一种疾病……"可见，不同的阶层的美感可能是截然不同的。

服装设计中所说的设计对象的定位，首先就是要针对不同经济收入的消费群定位，也就是广义上的阶层定位。有的产品定位于高档消费，其服务对象就是所谓的高薪阶层。阶层及其差别是客观存在的，服装设计作为具有艺术创造特点的实践活动，必须研究各个阶层的审美情趣、生活背景及生活方式，才能做到有的放矢，起到播撒服饰文化、弘扬精神文明的作用。不同阶层的人有着不同的爱好，也有着各自的艺术美标准，各个阶层的思想意识及审美意识无不被打上各自生活的烙印。所以，服装艺术美也必然为阶层所浸染，反映出特定阶层的审美趣味和愿望。只有充分认识它，才能在艺术创作时更好地把握它。

4. 个体差异性

即使在同一个阶层内部，人们的社会地位相同或相近，但每个人的生活环境、生活经历、文化修养、性格、心境也各不相同。就像人的指纹一样，人与人之间没有完全相同的，这就决定了个人审美感的差异。例如，有人喜欢李白的豪迈奔放，有人喜欢杜甫的现实主义；有人喜欢悠扬、流畅的小夜曲，有人喜欢浑厚、博大的钢琴协奏曲。服饰作为审美对象时，有人喜欢典雅，有人喜欢浪漫，有人喜欢文静，也有人追求"嬉皮士"的风格。这说明，不同的欣赏者也表现出不同的审美感受。

5. 心境差异性

美感在一定程度上会随着个人心境和情绪的不同而不同。心境对美感会起到两种作用。其一是压抑审美情感的产生。当人的心境不好时，即使是平时感兴趣的东西也会没有兴趣，更引不起审美体验。如马克思曾在《1844年经济学哲学手稿》中说："忧心忡忡的穷人甚至对最美丽的景色都会无动于衷"。其二是当带着特定的心境去看待事物时，会使事物附着上心境的色彩。杜甫在《春望》中吟出："国破山河在，城春草木深。感时花溅泪，恨别鸟惊心"。花在流泪，鸟也在惊心，这都是杜甫特定的心境色彩。《西厢记》中："碧云天，黄花地，西风紧，北雁南飞。晓来谁染霜林醉，总是离人泪"。这正是崔莺莺与张生离别时的心境所致。

6. 环境差异性

不同的生活环境与不同的劳动实践都能产生美感的差异性。尤其是社会分工的不同，对美感的个人差异性影响非常大。一般情况下，画家的视觉对颜色、形体、线条、笔触等非常敏感，能看出别人看不出的美，能用画笔表达自己独特的感受。音乐家对声音非常敏感，对音色、音量、音调、节奏、旋律等的感受力很强。时装模特在观看时装表演时，服装设计师在观察市井流行时，都比一般人要看到的多，感受得更加精细。

三、共同性与差异性的关系

共同性与差异性有着辩证的关系。在服装设计时，作品审美的差异性和共同性也表现在多个方面，如服装的民族化与国际化问题、个人设计风格与企业市场形象问题、产品准确定位与市场覆盖宽度问题等。在处理这些问题时，需要有一个辩证的态度。事实上，共同性与差异性应该是同一服装设计过程中追求的两个方面。共同性中总有差异性，差异性也只有在共同性的基础上才能表现出来。

"有100个观众就有100个哈姆雷特""百货对百家""十里不同俗"……说的是审美的差异性。"一方水土养一方人""物以类聚，人以群分"……说的是审美的共同性。而在服装设计理念中"只要是民族的，就是国际的"，则概括了共同性与差异性的辩证关系。

服装艺术的共同性与差异性，反映在时空的各个层面上，从国家、地区到社团、个人。"共同"因时空产生，"差异"也因时空产生。时空观也是服装设计的哲学观。

第三节　美感的心理构成

美感的产生受心理学规律的制约，同时美感的形成，又是通过一定的心理过程来实现的。美感的心理因素包括感觉、知觉、表象、记忆、联想、想象、情感、意志、理解等方面。

一、审美感知与表象

1. 什么是感觉

感觉是客观事物个别属性作用于人的感觉器官后，在大脑中的反映。感觉是审美的初级阶段。我们每天都要观看、倾听、品尝、触摸外物，通过这些渠道获得的感觉就是我们进行理解、想象和情感活动的基础。例如，当我们观察一件服装时，最先感觉到的是色彩、款式、材料的质感、做工以及长短与宽窄等，这些都是服装的个别属性。感觉是一切心理活动的基础。正如列宁所说："不通过感觉，我们就不能知道实物的任何形式，也不知道运动的任何形式。"感觉是我们进入审美世界的第一道门坎。

2. 知觉形成印象

人们通过一定的感觉产生对审美对象全面的了解，并运用已有的知识和经验，对事物产生完整的认识。这时，就达到了知觉阶段。知觉是通过实践在感觉的基础上形成的，是大脑对客观审美对象的整体性和事物之间关系的反映。审美知觉通常有以下四个特点。

（1）知觉的整体性。审美知觉不是审美对象个别属性相加的总和，而是一个完整的有机整体。例如，我们欣赏一幅服装画时，若只看到一块色彩、一根根画线，而不能知觉色彩和形体所构成的完整形象及构图所表达的意境，则不能欣赏到它的美。

（2）知觉的选择性。作用于感官的客观事物是纷繁多样的，人不能同时接受所有的可感要素，而会根据自己的兴趣和爱好，有选择地接受少数因素，这样知觉才会鲜明和清晰，才能体现出自己的兴趣和爱好。例如，大家都在观看服装表演，有人看到了造型的美，有人在想哪一件适合自己穿，而商人可能会想他能赚多少钱。

（3）浓郁的情绪和感情色彩。这也是审美知觉不同于一般知觉的主要特点。正是由于这一特点，人在高兴时会觉得阳光灿烂，在愁苦时会觉得天昏地暗。睹物伤感，触景生情，咏物言志，即说明审美知觉中渗透着浓厚的感情色调。

（4）知觉的通觉作用。感觉是相互作用的，一种感觉能够唤起另一种感觉的作用。通觉是一种感觉同时具有另一种感觉的心理现象，是感觉之间相互作用的一种表现。费尔巴哈说过："绘画家也是音乐家，因为他不仅描绘出可见的对象物给他的眼睛所造成的印象，而且也描绘出给他的耳朵所造成的印象。我们不仅观赏其景色，而且也听到牧人在吹奏，听见泉水在流，听到树叶在颤动。"这种知觉中的视觉、听觉、味觉、触觉、嗅觉相互配合、相互作用的现象在文学作品中随处可见。在生活中也有这样的例子，如说"某某女子长得很甜美"等。

服装设计师如果具备一定的设计经验，闭上眼睛听音乐，很可能会"听出"形象来，一组绝妙的构思便会款款而来，这种设计方法就叫作"通觉构思法"。

3. 表象与艺术

表象就是在记忆中所保持的客观事物的形象。当形象作用于我们的感觉器官时，通过知觉，转化为主观印象，并保存在记忆里，经过许多年以后，这些物体的形象仍有可能在大脑中重新出现，这些在头脑记忆中保留的生动的形象就叫表象。表象是对感觉、知觉的重组和加工，接近于理性认识。表象与知觉不同。知觉是当前事物的反映，而表象则是对曾经感知过的而又不在眼前的事物的反映，或是因为一件事，或是因为一句话，或是看到了什么而引起记忆的再现。表象有三个特征：

（1）直观性。表象是在知觉的基础上产生的，构成表象的材料来自过去知觉过的内容。因此表象是直观的感性反映，表象所反映的形象比较暗淡、模糊，不如知觉反映的鲜明、生动。表象又与知觉不同，它只是知觉的概略再现。与知觉比较，表象不如知觉完整，不能反映客体的详尽特征，表象所反映的形象，比较片段而且流动多变，不如知觉反映的完整、稳定，它反映的仅是客体的大体轮廓和一些主要特征。

（2）概括性。表象是多次知觉概括的结果，它有感知的原型，却不局限于特定的原型。表象虽不如知觉反映事物清晰、完整，但却比知觉反映事物更为丰富，更能接近特征。因此，表象具有对某一类对象的表面感性形象的概括性反映。表象既接近知觉，又高于知觉，因为它可以离开具体对象而产生，从个体心理发展来看，表象的发生处于知觉和思维之间。

（3）多种感觉共同作用。表象可以是视觉、听觉以及嗅觉、味觉和触觉、动觉等各种感觉的映像。对事物整体印象也是表象的特征。由于视觉的重要性，大多数人都有比较鲜明的和经常发生的视觉表象。很多事例说明，科学家和艺术家通过视觉的形象思维能完成富有创造性的工作。

艺术和审美离不开表象活动。例如，中国山水画常以实写山，以虚写天，以实写船，以虚写水。但我们在看到山时会感到天的存在，看到船时会感到水的存在。这是因为我们借助以往观山、观水时表象的帮助，补充和丰富了我们的审美活动。上述服装设计的通觉构思法，也正是对表象心理的一种开发、应用。

二、注意

在审美活动中注意占有重要地位。注意是人的心理活动对一定对象的指向和集中。注意是知觉的进一步发展和深入，人们的知觉受到的外界刺激有很多，但由于人的目的性，人们不可能毫无目标地对所有刺激做出反应。例如，设计师在为一家酒店设计职业服装时，他首先需要到现场去了解必要的设计依据，或进行现场工作的体验。这种情况下，他只会去选择与设计及造型相关的因素，如经营规模、经营环境、服务对象及企业所要求的价位等，而不管其他方面的因素，这就是注意的集中性。

1. 注意的两种类型

（1）无意注意。这是一种不期而遇的现象，它不需要人进行任何努力，往往是因意外的刺激、事物的突然变化、个人兴趣和新奇事物的出现而产生的。无意注意的出现，为预定目的实现提供了意外的方便。

（2）有意注意。它是指在意志的控制下，注意力对客体的集中。有意注意在人们的审美活动、日常生活、学习和工作中，是一种重要的注意方式。这种注意的集中需要意志的努力来维持，它是一种高级形态的注意，服从于人们特定的活动目的和任务。生活中所说的"干什么工作操什么心"，就是这个道理。有意注意是为了实现人们预定的目的和要求，而且需要尽心尽力，开动脑筋，挖掘素材。

服装设计师创作阶段的灵感产生，包含着一定的无意注意，但在了解消费者的要求和市场的条件时，大量的是有意注意，甚至是事先列出调查提纲，强制自己没有遗漏地把握设计所需要的素材。有意注意和无意注意在一定条件下有可能相互转化。例如，某服装企业的业务员，在"六一"儿童节前放假回家，在火车上无意看到一对双胞胎所穿的童装非常别致，色彩也非常美观，这是一种无意注意。进而他又俯身开始研究童装的结构和加工方法，他认为，其生产工艺也符合本厂的加工条件，就立即拍出照片，写出说明，传真到服装厂，这是有意注意。另外，从有意注意向无意注意的过渡情况也经常存在。例如，当你满怀希望去参观一个美术展览时，对于寻找艺术美感的你来说这是一种有意注意。可是看了半天，感觉作品平平，于是带着遗憾的心理走出展览馆，却意外地见到了一位著名画家，经过一番切磋，结果是"听君一席话，胜读十年书"，收获不少，这就是有意注意向无意注意的过渡。

2. 注意心理的特征

注意有以下两个基本的心理特征。

（1）注意具有一定的范围性。注意的范围是指在同一时间内注意所把握的对象的数量。"眼观六路，耳听八方"，注意的范围就较大。注意范围的大小取决于被知觉对象的特点。被注意的对象越集中，排列越有序，就越能把它们当做相互联系的整体来知觉。这样注意的范围就被扩大。例如，在选美比赛中，十人一组，排列整齐地展示，可使观众能在比较中更好地评判。

（2）注意具有一定的分配性。注意分配是指在同一时间内，把注意分配到两种以上不同的对象上的现象。例如，在大街上观察服装时，一方面要注意行走的安全，一方面又要观察来往的人流，"众里寻她千百度"，寻找新颖的穿着等。人们能够把较多的注意集中到比较生疏的事物上，相对不容易把注意分配到熟悉的事物上。注意不是平均分配，经常有主次之分。

3. 注意心理的影响因素

在人类的社会活动中，职业性质的不同对注意的要求也有所不同。不同的人、不同状态下注意力集中的强度、稳定性、转向速度、分布广度等也有一定的区别。例如，在服装加工企业，对于质量检验员、校对审核员等以观察和监督为主要工作内容的人员，注意力的稳定性的要求就比较高。因为注意的特性与神经活动的灵活性有关，所以年龄的增长会使注意的转向速度减慢。人在兴奋时，容易保持较长时间的注意集中。

注意特征还依赖于外部因素。如单调会影响注意的稳定性，而内容丰富则能提高注意的稳定性。"熟视无睹""入芝兰之室，久而不闻其香"等，是说对熟悉的事物不容易保持注意。另外，对于认为重要的对象比之不重要的对象能够给予更多的注意。在审美和创作过程中，有意注意和无意注意相得益彰、互为补充才能取得事半功倍的效果。

三、联想与想象

联想和想象都是审美心理的高级形式。

1. 联想

联想是由于一事物的存在而想到另一事物的心理过程。联想既可以由感知到的某一事物而想到另一事物，也可以是在回忆某一事物时，想到另一事物。图3-3所示为遭遇不幸者的

图3-3 遭遇不幸者的联想

联想。

（1）接近联想。它是A、B两物由于在时间上和空间上非常接近，看到A便联想到B或看到B就联想到A的一种联想。例如，从儿童服装想到其父母的需求，从职业女性的上班服想到其下班后要穿什么。

（2）类似联想。它是由于A、B两物在某一方面上有类同之处，因而在想到A时又想到B的一种联想。例如，商场营业员穿上要卖的服装或广告模特穿着的服装，常常引起消费者的类似联想，使消费者误认为自己穿上也是如此漂亮。《诗经》中的"关关雎鸠，在河之洲，窈窕淑女，君子好逑。"这里是用比喻手法，用雎鸠的鸟叫声来比喻窈窕淑女。在古代诗歌中，常运用自然事物的特点或特征来比喻人的生活实践，从而使人产生丰富的美感。

（3）对比联想。杨万里的千古名句："接天莲叶无穷碧，映日荷花别样红"。诗人用碧和红这两种强烈的对比色，将"接天莲叶"与"映日荷花"鲜明地描画出来，使夏日的西湖美景溢于言表，跃然纸上。在这里，对比联想创造出了美轮美奂的诗境。服装造型构思中的逆向思维就属于对比联想。看到一款领型，即想到再大一些，甚至大到极限是什么效果，或再小一点，甚至小到极限又是什么效果。对比联想往往能产生突破性造型

图3-4 艺术作品中的想象

效果。

2. 想象

想象是人脑对已有的表象进行加工改造，从而创造出新形象的心理过程。人的心理活动，无论是简单的感知，还是复杂的思维，都离不开想象。没有想象就没有发展规划，没有想象就没有科技攻关，没有想象就没有艺术品的创作过程，没有想象就没有服装设计，也就没有服饰审美。爱因斯坦说过："想象力比知识更重要，因为知识是有限的，而想象力概括着世界上的一切。" 想象分为再造性想象与创造性想象。图3-4所示为艺术作品中的想象。

（1）再造想象。再造想象这种心理过程在艺术欣赏和创作中大量存在。"大漠孤烟直，长河落日圆"，我们也可以再造一幅图画。再造想象并非"依样画葫芦"，其中有着创造成分。在绘画写生时，绘画者也并非是对模特做照相式的描绘，而是通过想象取其神而借其形，才能达到惟妙惟肖的效果。

（2）创造性想象。创造性想象与再造性想象都必须以表象为材料，都是对原有表象进行重新加工改造，重新构成组合的结果。创造性想象虽然是一次性出现的、独特的、新颖的，但它必须依靠直接或间接的生活经验，必须受到类似事物的启发才能形成。

创造想象的心理活动需要三个基本条件：实践的要求和创造的需要；原型的启发；积极主动的思维活动过程。三者缺一不可。创造想象以积极实践为前提，游手好闲、浮躁懒惰、故步自封、怕动脑筋则与创造无缘。

想象力能使人的审美能力插上翅膀。想象力越丰富，审美能力就越强。浮想联翩能使审美主体的思维跨越时空的局限，在想象和联想中，对审美对象进行再创造，从而也丰富了审美对象的内涵。图3-5所示为想象中的情侣烟斗。

四、情绪和情感

任何职业都需要情怀，情怀中必然会产生情绪和情感。

1. 艺术起源于冲动

情绪和情感是艺术创作的纽带，是人对客观现实的一种反映形式。它们不同于认识过程。认识过程是反映客观事物本身，而情绪和情感是反映客观现实与人的需要之间的关系。认识过程是通过形象或概念来反映客观事物，而情绪和情感是通过态度体验来反映客观现实与人的需要之间的关系。

俗话说："兴趣和爱好是最好的老师"。广泛的兴趣能够促使人们获得更为渊博的知识。对于发生兴趣的事物，久而久之必然会产生感情。在学习服装方面的各门知识时，最好的办法就是先培养兴趣与情感，这样才能具有良好的学习效果。服装专业容易使人产生急功近利的想法，所谓"实惠、实用"常使艺术训练受阻，或使原有的艺术感觉发生滞化，只有强烈的爱好和兴趣，才能使艺术之树常青。

2. 情感两极性

情感是人们在社会实践中对客观事物的一种主观态度。审美情感以日常情感为基础，包含主体对审美对象理性的、社会的评价，是高级的情感类型。

图3-5 想象中的情侣烟斗

（1）肯定和否定。肯定的情感是一种愉快性的，这种情感是和需要的满足相联系的，人们的需要得到满足时产生肯定的情感，如满意、快乐、热爱、高兴、爱慕、欢喜、兴奋、轻松等。肯定的情感是积极的，可提高人们的活动能力。否定的情感是不愉快的，人们的需要不能得到满足时则产生否定的情感，如不满意、悲哀、憎恨、忧愁、烦闷、烦恼、沉重等。否定的情感是消极的、减力的，会降低人们的活动能力。它们虽彼此相反，但并不彼此相斥。同一事件的刺激作用，可能使人既产生肯定的体验，也产生否定的体验。

（2）紧张和轻松。紧张和轻松是人处在活动的紧要关头或所处情景是最有意义的关键时刻表现出来的两极性。一般来说，紧张与活动的积极状态相联系，引起人的应激活动，紧张决定于环境情景的影响的行动、任务的性质，也决定于人的心理状态等。事后往往出现紧张的解除和轻松的体验。有时过度紧张也可能引起抑制，使情绪疲惫。

（3）程度的强和弱。人的任何情感都有强弱变化的不同等级。从强度上看，各类情感的强弱是不一样的。例如，从愉快到狂喜，从微怒到狂怒，从担心到恐惧，从好感到酷爱等。情感的强度决定于引起情感的事件对人的意义的大小。意义越大，引起的情感就越强烈。情感的强度也和个人的既定目的和动机能否实现有关。一般来说，强的情感体验是激动的体验，弱的情感是较平静的体验。

（4）激动和平静。激动的情感是强烈的、短暂的、爆发式的体验，如激怒、狂喜、极度恐惧、绝望等。激动情绪的产生往往与人在生活中占重要地位、起重要作用的事件的出现有关，同时又出乎原来的意料，违反原来的愿望和意志，并且超出了意志的控制能力。平静的情感是平静状态下的体验，是人们正常生活、学习和工作的基本条件。平静的情绪使人在多数情景下，处在安静的情绪状态之中，在这样的场合，人们能从事持续的智力活动。

（5）积极和消极。凡是和积极的态度联系着的情感是积极性的，如振奋、紧张、热忱、英勇等，积极的情感可以提高人的活动能力和行动。凡是和消极的态度联系着的情感是消极性的。消极的情感会降低人的活动能力。同一种情感既具有积极性质，也可能具有消极性质，如悲哀既可是减力性的，使人灰心丧气；也可能是增力性的，使人化悲痛为力量。

3. 情绪的三种状态

情绪是对一系列主观认知经验的通称，是多种感觉、思想和行为综合产生的心理和生理状态。情绪可以表现为肯定与否定的对立性质，快乐、激动、热爱、兴奋等属于积极的情绪，而悲伤、忧郁、沮丧等属于消极的情绪。

情绪的两极性存在着辩证的关系，没有爱就没有憎，没有喜乐也就无所谓悲伤，两极性在一定条件下又可以互相转化，如"乐极生悲""破涕为笑"等。情感与情绪密切相关联，情感是在情绪的基础上形成和发展的，情绪是情感的外在表现形式。

（1）心境。心境是一种微弱、弥散和持久的情绪，即平时说的心情，它是指比较长时间的微弱情绪的状态。当一个人处于某种心境时，往往会以同样的情绪状态去看待周围的一切事物，心境的好坏是由某个具体而直接的原因造成的，它所带来的愉快或不愉快会保持较长的时段，并且把这种情绪带入工作、学习和生活中，影响人的感知、思维和记忆。良好的心境让人精神抖擞，感知敏锐，思维活跃，待人宽容，使人有万事如意的感觉。而不愉快的心境让人萎靡不振，感知和思维麻木、多疑，看到的、听到的全是不顺心的事物，感到世界一片黑暗、事事都不如意。

（2）激情。它是一种猛烈、迅疾、强烈的、短暂的甚至是爆发式的情绪状态，类似于平时说的激动。它是因外界事物和人的需要之间，突然发生重大变化而引起的。激情分为肯定性和否定性两种，肯定性激情如狂喜、激昂、热情奔放等，否定性激情如愤怒、暴跳如雷、恐惧等。激情通过激烈的言语爆发是一种心理能量的宣泄，对人的身心健康的平衡有益。但过激的情绪也会产生可能的危险。当激情表现为惊恐、狂怒而又爆发不出来时，发觉全身发抖、手脚冰凉、小便失禁、浑身瘫软，就要赶快送医。

（3）应激。应激是机体在各种内外环境及社会、心理因素刺激时所出现的全身性非特异性适应反应，又称为应激反应。它是在出乎意料的紧急与危险情况下所引起的情绪状态。应激的最直接表现即精神紧张。在应激状态下，有的人思维会变得异常敏捷，动作迅速，整个大脑处于高度激化状态。所谓"急中生智"就是指的这种应激反应。长时间处于应激状态对健康是不利的，它会破坏一个人的生物保护机制，使人产生病患。

五、理解

1. 理解与审美

理解是通过揭示事物间的联系而认识新事物的过程。根据理解深浅程度的不同，可以把理解分为两部分，即对事物外部的理解和对事物内部的理解。这两种理解在审美活动中都不是依靠逻辑思维，而是与感知、联想、想象、情感等心理活动密切联系的，具有生动的形象性和直接的领悟性。在审美感受中包含着比较、推敲、品味、鉴赏等思维和理解的理性活动。

审美理解如同美感一样是一个由浅入深、由表及里的发展过程。在审美欣赏中，人们一边感受一边理解，使美感不断向前发展。感受和理解等心理因素相辅相成、互为补充、互相融合，不着痕迹地推动着美感的发生。例如，当我们走进时装街，看到五彩缤纷的款式，也能感受到服装的色彩、质地、档次的浅层次的美感。如果通过学习，加深对服装的理解，再去逛时装街就能得到更为深刻和广泛的美感。

2. 理解在美感中的作用

理解在美感活动中的作用，可以归纳为以下三个方面。

（1）审美理解的非功利性。在美感中对理解的最起码的要求，就是要自觉地理解到自己是在欣赏，理解到自己是处于一种非实用的审美状态之中，不必对所见所闻做出功利性的反映。例如，普通观众在看高级时装表演时，总是在受"这件衣服我能不能穿"功利性的心理影响，美丽的色彩、洒脱的风格、强烈的视觉冲击力也很难打动他们的审美情感。

（2）对审美对象的来历、背景、意义、题材、典故、技法、程式等各类艺术特点和规律的理解，没有这些理解就没有深入的欣赏。例如，在观看西方绘画时，如果看到低俗卑鄙的人被穿上黄色的衣服，不理解是什么意思时，就很难产生相应的美感。实际上，是因为达·芬奇在《最后的晚餐》中所描绘的犹大穿了黄色的衣服（图3-6）。

图3-6 《最后的晚餐》

（3）审美理解渗透和积淀于感知、想象等心理因素中，并与之合为一体，构成鲜明、生动的形象。潜在的理解融入审美感受中去，并转化为想象和情感，升华为生动的形象才是真正的审美感受中的理解。能产生"弦外之音""心领神会""妙不可言"的境界，才是最重要的审美理解。

总结

1. 美感是人的一种怡情悦性的心理状态。
2. 审美的共同性与差异性是辩证关系。

3．各种审美心理对现实工作的影响。

思考题

1．什么是审美的差异性？

2．如何理解美感的共同性与差异性之间的辩证关系？

3．什么是联想？什么是想象？举例说明它们之间的关系。

4．如何对服装进行审美评价？

艺术与艺术流派

课题名称： 艺术与艺术流派

课题内容： 1. 艺术分类与属性

2. 艺术的本质与特征

3. 艺术与构思

4. 服装艺术主题美

5. 美学艺术的流派

课题时间： 2课时

教学目的： 掌握艺术的分类和特点，认识艺术的核心问题是创作，结合专业学习深入了解艺术创作的一般规律，熟练掌握弗洛伊德开创的精神分析学说和以鲁道夫·阿恩海姆为代表的格式塔学说，为服装设计工作奠定良好的基础。

教学要求： 1. 教学方式——根据教学条件，以图片分析为主要形式。

2. 问题互动——复习性问题，启发性问题，总结性问题。

3. 课堂练习——组织学生上台分析时装设计作品。

教学准备： 教师示范准备，请学生准备好所用的时装图片及其他艺术种类的图片。

第四章 艺术与艺术流派

第一节 艺术分类与属性

艺术萌生于原始社会，经过漫长的历史积淀，成为今天的艺术形态。艺术是人类的一种基本的实践活动，它源于生活而高于生活，是对生活最本质的写照，是生活更高层次的真实。

一、艺术的分类

普通美学把艺术分为三种大类，即时间艺术、空间艺术和综合艺术。

1. 时间艺术

时间艺术是指在时间流动中塑造艺术形象的艺术种类，它与空间艺术相对应。时间艺术一般包括音乐、电影、戏剧、文学等。

（1）时间艺术具有叙事性。它是指通过对事件的发生、发展和结局的展开与描写，塑造在特定的政治、经济、文化、科技、宗教、商业等社会环境中活动的、具有鲜明个性特征和特点的艺术形象。这种形象的完整性是通过时间的流动而逐步展现，并被欣赏者认识和把握的。时间艺术能把相当一段时间内的生活及活动内容压缩在一部作品中，也可以描写较短时间中发生的很多事件。例如，《穿普拉达的女王》电影讲述一个刚离开校门的女大学生安迪进入一家顶级时尚杂志社当主编助理的故事。她从初入职场的迷惑到从自身出发寻找问题的根源，最后成为出色的职场与时尚达人的过程。图4-1所示为《穿普拉达的女王》的剧照。

时间艺术所说的时间，不是指艺术作品内被表现事件实际经历的时间，而是指艺术作品表现自身内容需要经历的时间，是"艺术需要"而不是事件的实际需要。在服装行业，模特的舞台展示艺术具有明显的时间特征。服装表演的展示，需要随着时间的推移才能完成并被欣赏者所接受，所以它包含着时间艺术的特点。从设计的角度看，服装从企划设计到终端销售的过程，也可以理解为带有行为艺术特征的时间艺术。

（2）听觉艺术是一种典型的时间艺术。听觉艺术作品包含的情感内容，必须通过音响的艺术组合关系（如节奏、旋律等）直接被人的听觉所感知，并使欣赏者能随着时间的流动对作品达到完整的听觉把握。

听觉艺术以音乐艺术为主，音乐在时间的流动中去表现情感的变化过程，欣赏者也只有通过时间的推移，才能完整体验音乐作品。在很多综合艺术中包含有听觉艺术的特征。

2. 空间艺术

空间艺术又称造型艺术，多指视觉艺术，是与时间艺术相对而言的艺术种类。

图4-1 《穿普拉达的女王》的剧照

（1）空间艺术的定义。空间艺术是通过采用一定的物质材料，通过构图、透视、虚实、用光等艺术手段在二度空间或三度空间塑造直观形象，反映客观现实内容的艺术形式的总称。空间艺术包括绘画、雕塑、摄影、建筑、工艺美术等。

18世纪的德国美学家莱辛（Lessing，1729～1781）最早区别空间艺术与时间艺术的特征，提出了造型艺术的概念。莱辛在《拉奥孔》中通过古希腊传说中特洛伊祭司拉奥孔和两个儿子被大蛇缠死这一神话题材，以古典雕刻和以诗歌不同处理方式的比较，论证了诗歌与造型艺术的区别。因此他得出结论：诗歌不宜表现形体美，而绘画不宜表现形体丑。图4-2所示为莱辛的雕塑作品《拉奥孔》。

（2）空间艺术的美学特征，表现为形象的可视性。通过由点、线、面、形、体积、色彩、质感、机理等造型要素及组合构成关系形成的表现力，给人以具有鲜明形式特征的直观艺术形象。空间艺术中的形象，具有时间上的瞬间性，它把事物在时间上的流动凝固在瞬间，甚至是人物的心理活动和某些情节因素，塑造出相对静止的艺术形象，使欣赏者能够联想到这一瞬间前后所发生的内容。

服装的艺术性很难按单一的艺术类别来进行划分。从它的制造加工来看，服装具有工艺美术的特点。从它装饰人体的作用来看，具有装饰艺术的因素。服装艺术是一种非常特殊的造型艺术，因为它的展示空间既存在于微观的个人生活领域，也存在于宏观的社会文化之中。

3. 综合艺术

综合艺术是指融合了时间艺术和空间艺术等各种艺术手段塑造艺术形象的艺术种类。典型的综合艺术是电影艺术和戏剧艺术。服装设计和服装表演属于综合艺术，因为最终的造型效果是穿在具有社会属性的活动的人体上所表现出来的一种活体状态。综合艺术兼有空间艺

图4-2　莱辛的雕塑作品《拉奥孔》

术和时间艺术的美学特征，它通过多种艺术手法的综合运用，取得仅通过一种艺术手段所无法达到的艺术效果，并同时诉诸欣赏者的听觉和视觉器官，从而引起综合的审美欣赏。

单独的艺术门类进入综合艺术之后就已经失去其独立性，必须从属于综合艺术的美学原则，并作为其中的一部分在有机组合中发挥美学作用。例如，模特在表演时，只顾自我表现的艺术性发挥，就可能会失去整场表演的艺术水准，这一点是非常重要的。

所以，综合艺术作为多种艺术组成的新的艺术整体，具有更强的艺术概括力和表现力，更能充分展示广阔的社会生活内容。

4. 艺术类型的发展

原始社会，艺术受着图腾崇拜的影响。原始人的文身、住宅和用具上都有图腾艺术，它表现了原始人的审美意识，而且原始人的舞蹈也常常模仿图腾的艺术形态。在古代社会，艺术与生产技术有着密不可分的联系，古代艺术往往是指与天然相对的人工创造。例如，崖洞上的壁画，是人工所为，区别于崖石上的自然花纹。从原始洞穴到茅草屋的发明标志着建筑艺术的萌芽。艺术的发展随着人类社会生产的不断发展，艺术生产从实用技艺中分离出来，成为独立的以精神生产为主的特殊的劳动部门。人类在艺术实践中创造了大量的艺术形式，并在不断地使之深入和延伸。

在现代社会，对艺术的分类方法有很多。如按照艺术的物化结构来分类，把艺术分为时间艺术、空间艺术及时空艺术。还有其他方法的分类，如实用艺术（建筑艺术、实用工艺、书法艺术、装饰艺术等）、表情艺术（音乐艺术、舞蹈艺术等）、造型艺术（绘画艺术、雕塑艺术等）、综合艺术（戏剧艺术、电影艺术等）、语言艺术（诗歌、小说、戏剧、文学、散文等）。

在当今时代，更多的艺术分支被突显出来，如人体艺术、服装艺术、摄影艺术、模特艺术、产品艺术、行为艺术等。因此，艺术分类也是随着时代发展而发展的。

二、艺术的基本属性

艺术掌握世界的方式可以被理解为人类用心灵观照世界整体的方式，同时也是人类进行艺术生产的方式。

1. 服装艺术是实践活动

服装艺术，是设计师借助一定的物质材料和工具，借助一定的审美能力和技巧，在精神与物质材料、心灵与审美对象相互作用、相互结合的情况下，充满激情与活力的创造性实践活动。图4-3所示为利用材料进行设计创造。

艺术是人类按照美的规律创造世界，同时也按照美的规律创造自身的一种实践活动。艺术创造的目的主要是实现它的审美价值，满足人们的心灵渴求和精神上的需要，它要唤醒的是人们超越美学的自创力。艺术更是一种通过塑造具体生动的感性形象，反映社会生活的审美属性，表现作者对生活的审美评价的社会意识形态。

服装艺术是艺术的一种形态，它从属于艺术，它创造的不仅是一种精神产品，同时也创造一种物质产品。服装这种艺术远远超越了纯艺术的范畴。"美是生活"，服装艺术及其实践活动以现实生活为创作源泉。

2. 艺术是精神劳动

服装艺术在本质上属于一种精神劳动，它必须通过一定的物质手段和物质材料来表达。服装设计所使用的物质材料就是服装面料、辅料等，服装表演所使用的物质材料就是模特人体和服装等。没有一定的物质材料的运用，作品就无法获得感性的外观形式，设计师的想象和构思也就无法转化为审美形象，也就没有服装艺术的存在。

艺术家通过艺术手段表达对生活现实的认识和理解，帮助欣赏者从认识美的生活中获得教益。但艺术家必须把审美情感寓于对生活的独特的审美感受之中，把经过自己审美意

图4-3　利用材料进行设计创造

识和审美理想概括、提炼过的生活凝聚在生动可感的艺术形象之中，直接诉诸欣赏者的审美感受，使他们像直接感受现实生活那样展开积极的思维活动和情感体验，使他们在欣赏体验中激发对美丑的爱憎，加深对生活美丑的认识和理解，从而起到潜移默化的教化作用。服装表演就是通过这一独特的艺术形式来提升大众对服装的审美水平的。

3. 塑造鲜明典型的形象

艺术排斥抽象的说教。科技论文与著作，通过对事物的客观分析综合，通过实验或考察，运用判断、推理等抽象的概念，并通过相对固定的格式来表现其内容。而艺术无法离开形象，艺术家要表达的思想内容是从艺术形象中自然显露出来的。

艺术总是具体可感的，它们都有自己特定的形状、色彩、质感、声音等。当我们面对艺术作品时，总有耳闻目睹和身临其境的体验。然而，仅有鲜明生动的艺术形象还是不够的，还必须是高度概括的艺术形象，也就是艺术形象的典型性问题。很多优秀的艺术作品，既有深度，又有广度，既符合生活的规律，又具有普遍的社会意义。

在塑造艺术形象时，各类艺术家都有自己特有的语言方式，如音乐家用音符、建筑师用建筑材料、服装设计师使用纺织品面辅料及配件、作家使用语言和文字等。艺术家通过这些属于自己艺术门类的"语言"，并驾驭"语法"构成，从而传达出特定的"语意"和主题思想。

4. 愉悦性和功效性

人们在欣赏艺术作品时，总是要求它能传达出一种诱人的审美情感，或爱或恨、或快乐或痛苦、或赞许或反对，使人在感情上激起波澜，在思想上接受熏陶。所以，经常阅读和欣赏优秀的艺术作品，能使心灵不断得到美的陶冶。那些积极向上、悦人心目的艺术作品，必然会对人生与社会产生深远的影响。

艺术中的愉悦性与功效性是相辅相成的。人们对艺术美的需求，不仅看它的愉悦性，还要看它的实际功效，看它被人接受的程度。作为工艺美术和实用艺术的服装创作更是如此。正如鲁迅所说："享乐美的时候，虽然几乎并不想到功用，但可由科学的分析而被发现。所以美的享乐的特殊性，即在那直接性的美的根底里，倘不伏着功用，那事物也就不见得美了。"服装艺术的功效性最终还表现在它的实用价值上，如"能不能穿""穿上是否美观""穿着者是否喜欢""能否卖得出去""是否符合流行""利润是否可观"……许多媒体也在批评那些生活在"象牙塔"中的服装设计师，称他们是"白天不知夜的黑"。

5. 设计作品的独创性

独创性是艺术的一种珍贵品质，可以说没有独创就没有艺术的美。独创也被视为服装设计的生命，在纯粹艺术里就更是如此。一幅美术作品、一尊雕塑、一款服装、一篇小说、一首小诗等，都是在独到的创意基础上展示主题的。服装作为生活艺术的一个门类，其艺术方面的独创性必须与其市场功能相协调，这样服装的独创性才能得以最终实现。

在服装设计中，通过借鉴，对优秀作品进行"变造"的现象屡见不鲜。即使是大师级的设计师，在案头上也摆满了优秀的作品图集。有的设计师还专门到市井观象，借鉴新潮着装的款样，开展自己的作品系列的创作。对优秀作品的借鉴与依据市场流行规律的构思，是与刻意模仿绝不相同的。

服装艺术的独创性要有自己具体的内涵。服装艺术的美，是在整个系统工程中表现出来的。从表面上看，设计好像就是东拉西扯地参考资料或依照市场"依葫芦画瓢"。但实质上，成功的设计作品，往往是设计师在设计依据范围内，对系统要素做了重新构成和创造。有时，仅改动一个局部，也会使整个款式的主题，即服装艺术的设计内容产生新的效果，设计作品就可能是上乘之作。在自由创造中，若要完全"克隆"一件作品，还真是非常不容易的事。即使是同一作者处于同一生活环境，从不同的侧面去观察或表现，也会有不同的创作结果。

6. 服装艺术的目的性

服装作品的产生，是设计师创作劳动的结果，是一种有意识的活动，因而带有明显的目的性。服装艺术的社会目的性比其他艺术更强一些。

符合事物发展规律的目的性，就是对"真"的追求。在美学史上，一个进步的艺术家，或是由于他的正确的美学观，或是由于他的思想感情与现实生活密切联系，或是在艺术上发现了某个客观真理，把握了生活中的美与丑等，他就能够被社会所认可。尤其是服装艺术，它应该是一种被他人认可的艺术。它可以引导生活、服务于生活，而无法超越生活、脱离生活，更不能滞后于生活，成为一种腐朽没落的艺术。在进行服装艺术创作之前，就客观地存在着一个"标题"，就像小学生写作文要先有一个作文题一样，这就是服装设计的目的性。

第二节　艺术的本质与特征

一、艺术的本质

1. 艺术的社会本质

艺术来源于社会生活，是社会生活的全面反映。社会意识形态是建立在一定经济基础之上的上层建筑，其产生和发展，归根结底是由经济基础所决定的。而艺术作为社会意识形态中的一种形式，在其发生和发展过程中，同样也是由经济基础最终决定了各个历史阶段的艺术内容和艺术形态。在物质相对匮乏的时代，人们关注更多的是服装实际的防寒保暖功能而非审美功能，而在经济繁荣发展的现代社会，人们不再只关注服装最基本的穿用功能，在此基础上，其审美价值的高低也开始更多地成为人们关注的一个重要方面。如服装的材质，从原始社会相对单一的兽皮到现代社会多种多样的服装面料，从中可以看出艺术与社会经济发展的互动关系。政治、道德、宗教等意识形态与经济基础直接相联系，艺术必须通过中间环节（政治、道德、宗教等）与经济基础相联系，这也是艺术的社会本质的重要特点。

2. 艺术的认识本质

艺术是对世界的一种认识，它以特有的方式掌握世界。在艺术作品中，人们总是可以通过有限的感性形象认识到无限的普遍真理。与哲学等其他社会意识形态不同，艺术可以通过生动可感的形象来认识现实世界，艺术是社会诸方面的最好缩影。

北宋画家张择端的巨型长卷风俗画《清明上河图》（图1-7）就鲜明地体现出艺术的这种认识本质。这幅画卷取材于真实的历史生活，它生动地记录了中国12世纪城市生活的面貌，在5米多长的画卷里，描绘了各色人物、各种牲畜、各式交通工具和宋代各种建筑的特点，观赏者完全可以通过这些具象的表达来认识北宋首都汴京的真实生活。

3. 艺术的审美本质

美是艺术作品的灵魂，审美是艺术的核心本质。艺术作为人类审美活动的最高形式，集中体现出人类的审美意识，凝聚和物化了人和现实世界的审美关系。艺术不仅可以反映现实美（自然美与社会美），而且还能创造艺术美。在审美过程中，艺术美并不是对现实的简单模仿，而是经过艺术家创作、加工后的美。对于观众来说，艺术美能够作用于他们，以满足他们不同的审美需要。审美主、客体间之所以发生联系，一方面是人的本质力量所产生的审美需要，人们会不自觉地鉴别和评判艺术作品的美和丑，另一方面艺术作品又会反过来影响人们对艺术的认识，使其在对艺术逐渐了解的过程中提高或更新自己的审美标准。

二、艺术的特征

1. 形象性

（1）艺术形象是客观与主观的统一。任何艺术作品的形象都是具体的、感性的，体现着一定的思想感情，这是客观因素与主观因素的有机统一。图4-4所示为五代南唐画家顾闳中的作品《韩熙载夜宴图》。画卷中的主要人物韩熙载始终处于沉思之中。这一人物形象的生动性和深刻性，充分显示出画家精湛的绘画才能，也体现出画家将对生活和人生的深刻理解带入到客观的画面中。

图4-4 顾闳中《韩熙载夜宴图》

（2）内容和形式的统一。内容一般表现为作品的主题和内在精神，而形式则体现为用何种方式来表现主题。正如罗丹所说："没有一件艺术作品，单靠线条或者色调的匀称，仅仅为了视觉满足的作品，能够打动人的。"在一件作品中，内容和形式是不可分的，内容不能脱离形式而存在，形式是内容得以具体存在的方式，各类艺术的内容和形式具有自己的特点。

2. 主体性

（1）艺术创作中的主体性。艺术创作是一种创造性的劳动，艺术家作为创作主体对艺术起着决定性的作用。只有作为创作主体的艺术家产生创作冲动并付诸行动的时候，才会产生各种艺术作品，艺术创作的主体性是能动性和独创性的集中体现。

（2）艺术作品中的主体性。艺术作品是艺术家创造性劳动的产物，具有主体性的特点。在中外艺术宝库中，千姿百态的艺术作品凝聚着艺术家对生活的独到发现和深刻理解，渗透着艺术家独特的审美体验和审美情感，饱含着艺术家个人的生活经历与艺术追求，体现着艺术家鲜明的艺术风格和艺术个性。主体性是艺术作品的灵魂，当艺术家面对丰富的生活素材开始创作时，会对这些素材进行选择、提炼、加工和改造，并且将自己的思想、情感、愿望、理想等主观因素物化到作品中去。正是这种主体性，才使得艺术作品具有丰富多彩的面貌。

（3）艺术欣赏中的主体性。"仁者见仁，智者见智"，艺术欣赏中的这种个体差异性，是普遍存在的。鲁迅先生所说在同一部《红楼梦》："经学家看见《易》，道学家看见淫，才子看见缠绵，革命家看见排满，流言家看见宫闱秘事。"在艺术欣赏活动中，欣赏主体和艺术作品之间是一种相互作用的关系。欣赏主体并不是被动地接受，而是根据自己的生活经验、兴趣爱好、思想情感与审美理想，对作品中的艺术形象进行加工改造以及再创造和再评价，从而完成、实现、补充和丰富艺术作品中的审美价值。艺术欣赏具有主体性的特点，艺术欣赏的过程就是一种审美的再创造过程。

3. 审美性

（1）艺术美是人类审美意识的集中体现。任何艺术作品都必然是人所创造的，凝聚着人类劳动和智慧的结晶，但并不是人类一切劳动和智慧的创造都可以称为艺术品。只有那些能够给人以精神上的愉悦和快感并且具有审美价值的创造物，才能称为艺术品。艺术美作为现实的反映形态，是艺术家的创造性产物，它比现实美更加集中和典型，能够更加充分地满足人的审美需要。

（2）艺术美是真、善、美三者的统一。艺术美高于现实美，艺术中的"真"并不等同于生活真实，而是艺术家通过创造性劳动对其进行提炼和加工的，使生活真实升华为艺术真实，也就是化"真"为"美"，并通过艺术形象体现出来。艺术中的"善"，并不是道德说教，同样要通过艺术家的精心创作，将艺术家的人生态度和道德评价渗透到艺术作品之中，也就是化"善"为"美"，体现为生动感人、有血有肉的艺术形象。图4-5所示为新古典主义画家大卫创作的《马拉之死》，这幅作品表现的是马拉遇刺时的场景，艺术家采用新古典主义的艺术处理手法绘制而成。在这幅作品中，艺术家既没有局限于生活真实，也没有流于道德说教，而是通过化"真"为"美"和

图4-5　大卫《马拉之死》

化"善"为"美"的方式，使作品达到了真、善、美的有机融合，鲜明地体现出艺术中真、善、美的统一。

第三节　艺术与构思

一、形象与思维

1. 艺术形象

艺术形象比实际的社会生活原形更高、更强烈、更典型、更带有普遍性。艺术形象是艺术家创作的直接结果。艺术形象在各种艺术门类和不同艺术作品中有着千姿百态的表现形态。时装模特在时装表演时，所走的一字形猫步，就是艺术家从现实生活中提炼出来的美的步态。时装绘画多采用八头比例来绘制，而不采用与真人相同的七头比例来绘制，这就是服装画所特有的绘画形象。

艺术家为了创造具有审美内容的艺术形象，必须调动自己的所有的生活积累和精神能力（感知、情感、联想、想象、意志等），清晰、完整地再现现实生活中的情境，甚至是虚构出生活中未必有却可能有的情境，来表达自己对社会生活的审美感情，表现自己的审美理想。例如，电影《大红灯笼高高挂》中，在深宅大院里，悬挂红灯笼和"封灯"的情境，就不一定能代表中国民间的真实情况，但在电影作品中却顺理成章地描述了中国旧社会所特有的一种家族文化。

2. 形象思维

形象思维，又称为艺术思维，是人类思维发展史上最早出现的一种与直观性、形象性紧密联系的思维方式。人们在日常生活、艺术创作以及科学研究中，都要运用这一思维形式。

（1）形象思维是一种心理活动，是人脑的高级神经活动。形象思维以记忆为基础，以大脑中储存的已有的经验信息为凭借，所以无论形象思维的结果是多么新奇，多么丰富，它仍然是现实生活反映的产物。李白有"白发三千丈，缘愁似个长"的诗句，白发如此之长，是经过了想象的扭曲与变形。

在形象思维中，艺术家首先从生活的形象中，获得独特的感受，然后在形象中比较、筛选能够反映本质的形象，在艺术想象中再现、补充、丰富形象，以组合、夸张、幻想、典型化等手法创造出崭新的形象，最终完成艺术作品的创作。

（2）形象思维中饱含着理性思维。形象思维是与抽象思维相对的，但两者并非相互排斥，它们常常互为补充，相互推动，相辅相成。形象思维离不开想象，抽象思维离不开理性。理性可以指导想象，想象也能够启迪理性。理性可以使想象更为自觉、更为自由，同时理性也制约着想象，使想象不至于误入迷途。例如，在对胖人进行服装设计、创作美化的形象时，设计师会展开想象力的翅膀构思出各种各样的款式，形象思维在构思中大行其道。但是，在一般情况下胖人不适合做"膨胀的设计"和"横向的设计"等，这些原则就是理性思维。

在纯艺术创作中，艺术家可以只去画自己想画的东西，而在服装设计中，有一部分理性认识，设计师既要画自己想要画的东西，也要考虑画"应该画"的内容。形象思维在整个审美过程或创作过程中，都要受到感情的诱导和推动，饱含着欣赏者或创作者强烈的审美感情。

二、服装设计与构思

1. 服装艺术构思

服装艺术构思是指设计师在创作过程中所进行的一系列思维活动的总称，包括题材的选择、主题的确定、形象的安排、结构的布局、表现手法的探索等。

服装作品的艺术构思可分为四个阶段：准备阶段，包括查阅资料、了解艺术动态、了解流行趋势、了解文艺思潮等；构思阶段，是指从产生创作欲望到创作实践开始之前的阶段；深化阶段，指创作过程中的反复推敲、比较修改等；定稿阶段，包括咨询、反馈、修改、会审等。

（1）提炼主题是艺术构思的重要内容。确定主题并深化主题对整个艺术构思起着支配和制约的作用。题材的选择、形象的安排、结构的布局和表现手法的采用等，也都以主题为指导，围绕着表现主题来进行，并随着主题的逐步深化而变化。例如，设计以"典雅大方"为主题的服装款式时，材料的选择、色彩的搭配、局部的装饰、轮廓与结构等，都要围绕主题来进行。色彩缤纷凌乱、款式奇异怪诞、装饰不伦不类、结构迷你超短等，就很难表达出典雅大方的主题。在服装艺术中的提炼主题，就相当于是艺术定位或风格定位。

（2）在服装艺术构思的深化阶段，大量的工作是结构布局。美学中所说的结构不是裁剪结构设计中所说的结构。美学中的所谓结构是艺术创作的一种组织手段，它的主要任务是按照美的规律和尺度，把艺术作品的各个组成要素结合成一个有机、和谐的整体。例如，在进行各种领型、袖型及袋型的组合时，要符合比例、节奏等形式美法则，要多样统一、完整和谐，不能是支离破碎的堆积。

服装设计师能否按照美的规律进行艺术构思，取决于设计师的世界观和审美理想，取决于设计师有没有深厚的生活经验积累、精深的美学修养和丰富的服装艺术创作经验。只有不断学习、不断积累、不断尝试、不断创作，服装艺术构思的水平才能不断升华，服装艺术作品才能达到更高的水平。

2. 艺术灵感

艺术灵感是指艺术家在艺术创作中一种富有创造性的突发性思维现象。当艺术家在创作实践的基础上，由浅入深、由此及彼、由表及里地酝酿构思时，因为有关事物的启发茅塞顿开，从而引起思维活动的质的飞跃，使所探索的问题在主要环节上忽然变得明朗而得到解决，这就是灵感，有人称之为"第六感觉"。

对于艺术家或设计师来说，严肃勤奋的创作态度、对作品负责的精神、丰富的艺术实践经验、深厚的美学修养和专业知识的积累，以及持久而刻苦的钻研与思考，都是获得创作灵感的必要前提条件。激发艺术家创作灵感的途径和方式有很多，可能是听见某人所说的一句话，或是看到某种自然景物，或者是生活中的一件偶发事件。对于服装设计师来说，灵感可能来自大师作品、市井文化、地摊文学、街头景色、自然景物、实用器皿、风光景致、气候现象、各种植物、动物世界、民间庆典、风土人情、艺人工艺、出土文物、异邦文化、市场信息、姐妹艺术等。

灵感得之于顷刻，却积之于平素。灵感具有偶然性和突发性，它的获得与消失都异常迅速，常常是可遇而不可求的，但只要注意培养灵感产生的条件，灵感就会不期而遇。灵感在服装设计创作中具有重要的意义。

3. 艺术与夸张

在艺术创作中，因艺术效果的需要，对事物某些特征进行突出夸大的艺术表现手法就是艺术夸张。艺术家在如实描绘对象不足以抒发自己的感情和显示客观事物的本质形象时，就会借助于夸张的艺术手法，特意放大事物的比例、数量、性质、情状、关系或特征等，使之达到过度甚至极度的程度，从而使形象更为鲜明生动、意显情足，达到特别强烈的艺术效果。

在时装绘画时，设计师根据着装表现的需要，可能将人体画成八头比、九头比或十二头比，就是为了从本质上揭示特定的作品效果。

对生活原型的夸张与变形处理，几乎不同程度地反映在任何艺术作品中，在漫画作品中尤为突出、明显。但夸张自然要以客观事物本身所具有的特征为依据，而不是把原来所没有的特征强加给它。例如，在现代流行形象中，以腿长为美，所以服装效果图常常对腿部作大跨度的拉长处理。又如"燕山雪花大如席"这是艺术夸张，这一夸张更加突出了燕山的雪花之大。但如果说"海南岛雪花大如席"就是不切合实际的，可以说"海南三个蚊子一盘菜"。

在人类的穿着史上，也曾将服装的某些结构夸张到了极点，如曾在欧洲流行的裙撑等，图4-6所示为电影《灰姑娘》剧照。

图4-6　电影《灰姑娘》剧照

第四节 服装艺术主题美

一、艺术风格

1. 美学中的艺术风格

美学中的艺术风格是指从作品的内容到形式的统一，体现出的独特的艺术特色，包括作品的风格和艺术家风格。艺术家的风格既可以是体现在他的一个作品中，也可以体现在他的一系列作品中。艺术家及作品的风格，使他在创作中驾驭主题、处理体裁、描绘形象、安排情节和运用艺术语言等方面所体现出来的艺术特色和创作个性，是艺术家的思想倾向、性格特点、审美情趣和艺术修养在艺术作品中的综合体现。艺术家的风格与作品风格是密不可分的。

美学把艺术风格概括为两大类。第一类是阳刚类风格，属于壮美的范畴，如雄伟、豪放、博大等，如曹操的《龟虽寿》、岳飞的《满江红》、苏轼的《赤壁怀古》。第二类是阴柔类风格，属于优美的范畴，如含蓄、绮丽、飘逸等，如晚唐词人温庭筠的《菩萨蛮》等。也有人把文学艺术分为"风、雅、颂"三种。

2. 服装的艺术风格

服装设计以面料、色彩和人体为设计对象，其作品也必然涉及风格问题，而且同样是作为与"形式"对应的"内容"最终体现在效果中。

服装所涉及的艺术风格通常以下几种情况。

（1）设计师风格：设计师本人在一定时期内所表现出来的一致性的风格。

（2）作品风格：设计师一定时间内在作品中表达出来的风格。

（3）企业品牌风格：企业为了营销定位和便于组织生产所选择的风格路线。

（4）市场需求风格：有社会文化左右的流行风貌。

（5）穿着者着装风格：每一个人都是自己着装的"艺术家"，也必然有自己的风格。

各类"风格"之间存在着相互依存的辩证关系。设计师作品的风格，既要符合企业品牌形象的要求，又要依据流行主题，还要研究目标对象的需求风格等。

二、美学风格

优美与崇高是美的两大形态，也是品评艺术的两大风格。在中国传统美学中，对应于阴柔之美和阳刚之美。这两种不同形态的美，给人们的审美感受也不相同，甚至是截然相反的。

1. 优美

优美的审美对象在形式上表现出来女性化的特征，在表现内容上一般都不呈现激烈的矛盾冲突，而表现为矛盾双方的暂时静止和平衡。就整体而言，优美对象的基本特征表现为内外关系的和谐。

在具体的审美过程中，人们对优美的审美对象的感受，也是在主体与客观对象亲密无间的和谐中进行的，它使我们产生一种平缓、亲切、轻松、随和、舒展、闲适、宁静、愉快和心旷神怡的心境。如古诗中写道："风卷葡萄带，日照石榴裙"，描绘了在风和日丽的日子里，美丽的少女穿着漂亮的裙子，卷曲的飘带被风舞动，漂亮的裙子就像盛开的石榴花。图4-7所示为敦煌壁画飞天图中用线条传达优美的形象。

图4-7　敦煌壁画飞天图

优美的服装风格或效果有三个方面。

（1）含蓄内秀的女性化性格。修长高挑、曲线流畅的身材，娟秀甜美的五官颜面，舒缓婀娜的姿态，这是人体的优美因素。

（2）女性化的款式设计。柔软舒适的面料，柔淡清浅的面料色彩，合体的造型，勾画出来的轮廓曲线，公主线分割的连衣裙，琵琶襟装饰的中式旗袍，圆下摆等曲线分割，及滚边、刺绣、镶条、盘花等工艺手法的运用和娇小玲珑的服饰配件等，这是优美的款式因素。

（3）优美的穿着环境。花前月下，民族风格的舞台演唱和谐的家庭环境，湖光山色中去旅游，都为优美的人、优美的服装增添了优美的氛围，增添了整体优美风格的意境。

2. 壮美

壮美是与优美相对的一种美的表现形态。壮美与优美相比有着特殊的威力，它不仅使人欣赏到特殊形式的美，还提高和扩大人们的精神境界，鼓舞意志和毅力，激发人的潜在能力，使人去和萎靡不振做精神上的斗争。壮美不仅有积极的审美意义，而且有一定的教育意义。

壮美首先是指数学和力学上的崇高，它是数量、体积和力量的无比众多、巨大和有威力的自然现象或人类所创造的伟大的艺术工程，前者如浩渺的太空，博大的森林，一望无际的大海，延绵起伏的群山等；后者如蜿蜒万里的长城，神秘悠久的古塔，横跨天险的大桥，高耸入云的摩天大厦等。

壮美的审美特征属于阳刚之美，它是处于主客体矛盾激化中的一种美，它包含着一种压倒一切的强大力量，有一种难以扼制的强劲气势，能使人们获得一种内在的摄人心魄的感染力量。艺术表现崇高的形式往往具有粗犷、激荡、刚健、博大、壮观。或在造型上表现为结构庞大，线条粗犷，变化剧烈，对比鲜明等。

服装设计中的壮美表现为刚健、宽厚和力量的男性主题。女性职业套装中表现出刚中有柔，柔中带刚，阴阳统一的美。图4-8所示为SIEGO西蔻硬朗风格的男性化女装。

图4-8　SIEGO西蔻硬朗风格的男性化女装

辩证唯物主义美学认为，壮美与优美既相对独立又辩证统一，既有区别又有联系，二者具有不同的具体的审美内容，传达出不同的审美情趣，但它们都与真和善有关，都能引起美感，都是人们不可缺少的审美对象。二者相辅相成，相互结合，构成了丰富多彩的艺术世界。

3. 服装的主题美

"主题""风格"是服装领域的专业用语。

从服装审美的角度看，衣服穿在人体上是为了表达一种主题、一种情调，它概括着当时的流行文化，也体现着穿着者本人的艺术风格。只有当人们看到了文化，体会到了艺术，感觉到了审美，才会体味真正的服装内涵。人们不是为穿衣而穿衣，而是为了文化，具体地说，就是为了表达一种所需的主体情调。它既是穿着的目的，又是设计的目标。

消费者穿衣为的是风格，设计师追求的是风格，企业的产品定位讲风格，老板决策产品方案是风格，营销渠道及终端的品牌也是看风格。设计师通过几年的学习强化去把握风格，店长和企业老板根据经验判断风格。风格人人感觉得到，但并非人人能把握住。了解自己偏爱的风格不困难，而企业要掌控市场目标的风格就不太容易了。在品牌定位策划中，常常用"风标图"，来表达企业产品对整体风格的描述。风格是一把双刃剑，通过罗列形象主题词的方法，可以使我们更容易把握风格。

第五节　美学艺术的流派

在世界新技术革命的推动下，美学与其他科学一起也在飞速发展，出现了各学科相互渗透、相互交叉的新趋势，并成为美学领域飞速发展的一个重要的时代特征。

在各种美学及艺术流派中，对服装专业的学习指导来说，弗洛伊德的精神分析美学和德国的格式塔心理美学最有代表性。前者偏于本能冲动，后者偏于理性分析，阴阳相辅，相互映照。

一、弗洛伊德与精神分析

1. 原创学说

精神分析美学又称心理分析美学，其学派创始人是现代著名的奥地利精神病和心理分析学家西格蒙德·弗洛伊德（Sigmund Freud，1856～1939）。

弗洛伊德最初并不是一位美学家，但他用精神分析的方法阐释美、艺术创作与欣赏的有关问题，对当代西方美学产生了深远的影响，以他和他的学生为代表的心理分析学派已成为心理美学中势力最大的一个流派。弗洛伊德开创的精神分析学说的核心是"无意识"，这也是对美学影响最大的部分。

弗洛伊德认为，人的心理可分为两部分：意识和无意识。意识指个人目前意识到的一切。无意识则指被压抑而不能通过回忆再召唤到意识中的一切，通常是不为社会规范所容的欲望。

无意识和意识是两个对立的概念。意识是直接感知的心理活动，是清醒的、外在的，但却是无力的，它只是日常心理的外壳。无意识通常不被感觉到，显得盲目而不具体，但它却是心灵的内核，它对人类的行为有着深厚的内驱动力。无意识又可分为潜意识和前意识两个部分。潜意识指虽非目前意识到的但可以通过回忆而变为意识内容的一切，潜意识包括人的原始冲动和各种本能。前意识是介于潜意识和意识之间的那部分，是一种可以被回想起来的意识中的无意识。把人的心理比作一个岛屿，意识只是露出水面的那一小部分，而深藏在水平面以下的绝大部分则是无意识。无意识是整个心理活动的基础和主体。

2. 人格的三个部分

弗洛伊德的人格学说，对服装设计创作有着重要的指导作用。弗洛伊德在晚期把人格分为三个部分，即原我、自我和超我，被称为是意识观念上三个层次的心理结构学说。

三个"人格"，可大致对应服装设计的三个层次，即单纯追求学院派风格的服装艺术造型设计、满足和适应社会生活的TPO（Time，Place，Object）原则以及实现特定企业品牌渠道背景下的因设计师工作所产生的经济效益。

（1）"原我"是心理的第一个层次。原我相当于弗洛伊德早期提出的无意识理论，原我处于心灵的最底层，是指人格上最原始的部分，如自我保存欲望、性欲望及攻击欲望等，欲望是生活的原动力。原我层次上的精神活动，通常在潜意识状态下进行，无法直接意识到。有时可以透过梦境、幻想或精神病症状等与原我有密切关系的精神产物，大致推测其真相。原我是动物性的本能冲动的源泉，它无时无刻不在追求着对本能的满足。它不知道善恶、好坏，不顾及道德问题，只按"享乐原则"支配意识。

（2）"自我"是心理的第二个层次，是能为自己所意识到的"我"的一部分。自我的主要机能是处理本体与现实的关系，是一种依据周围环境条件来调节自己行为的意识和遵守"现实原则"的心理活动。自我一方面感受现实，另一方面又接受超我的自我批判，即控制、处理原我的欲望，使之能适应现实生活。在自我中，不得不抑制本能的欲望和冲动。自我的精神活动一部分在潜意识状态下进行，而大部分则在意识状态下进行。

（3）"超我"是指人格中的监督批判机构。超我主要的作用是依据社会规范监督是非善恶意志，将其作为原我欲望的表现和自我行为的准绳。超我类似通常所说的道德良心、客观制约。超我机能的一部分在意识状态下进行，大部分则在潜意识状态下发挥作用。超我遵循的是"至善原则"，"善"就是伦理性、社会性。

弗洛伊德的这三个人格层次，经常处在矛盾斗争之中，它们既统一又对立，时而表现为同一心理过程的并存，时而又表现为尖锐的冲突与对立。通常情况下，自我和超我要对原我施行压制和监督，而自我承上启下、"随心所欲而不越轨"。

3. 审美与性需求

弗洛伊德的"性"，包括性欲、秉性、本性等。他用精神分析法来说明艺术与审美，认为艺术是性欲的升华，是潜意识的象征和表现。弗洛伊德说："精神分析学一再把行为看做是想要缓解不满足的愿望——首先在创造性艺术家本人身上，继而在听众和观众身上。艺术家的动力，与使某些人成为精神病患者和促使社会建立它的制度的动力是同一种冲突。因此，艺术家获得它的创造能力不是一个心理学问题。艺术家的第一个目标是使自己自由，并且靠着把他的作品传达给其他一些有着同样被抑制的愿望的人们，他使这些人得到同样的发泄。"弗洛伊德认为，艺术品创作的动力，与精神病人是基本一致的，二者都是在无意识中蕴藏着必须寻找出路的心理欲望。精神病人的欲望找不到出路时，就转化为精神病。而艺术家则有一种特殊的本领，能在幻想世界中实现欲望得到满足，使自己重返现实，避免精神病的厄运。

艺术家和普通人一样，都在忙于幻想，做白日梦。普通人的幻想大多是枯燥的，而且与社会习俗和道德规范相冲突，所以普通人的幻想耻于告人，并竭力把它隐藏起来。而艺术家则不会隐瞒自己的幻想，而是以生动的艺术形式把它表现出来。

在美学史上，人们认为弗洛伊德的错误在于，他把研究病态心理学说推广于整个人类，把正常人与精神病患者的心理活动混为一谈。他把原我作为支配人类行为的原动力，忽视了人的伟大力量和高贵品质，有人说他是一种"残缺的美学"。尽管如此，他对美学的研究是一种伟大的贡献，并对艺术创作与批评产生了积极而深远的影响。

二、格式塔心理美学

1. 什么是格式塔

在服装设计理论以及人体工程学对视觉的研究中，都大量应用了格式塔的研究成果。

"格式塔"是德文Gestalt的中文音译，意为"形式""完形"，所以格式塔心理美学又被称为完形心理美学。它始创于20世纪初的德国，因其体系较为严格，立论较为精密，在近代西方美学界有着较大的影响。该学派的代表人物之一，是曾经两次被选为美国美学协会主席的德籍美国人鲁道夫·阿恩海姆（Rudolf Arnheim）。他20世纪30年代从事电影理论的研究，由于不满希特勒的统治，在1939年移居美国，此后对审美中的视知觉进行研究。他在1954年完成的《艺术与视知觉》著作中阐述了格式塔心理美学的基本理论和观点，使之成为研究造型艺术的经典著作之一。

格式塔的"形"，是经验中的一种组织或结构，它与视知觉活动密不可分，而绝对不是一种静态的和不变的"形"。格式塔既是一种视知觉的产物，那么不同的格式塔就有着不同的视知觉水平，而这又伴随着不同的感受。格式塔心理学家们发现，有些格式塔给人的感受是愉快的，这是因为在这些特定的条件下，视觉刺激物被组织得好。

有的人在欣赏时装时，首先注意到的不是整体所产生的艺术风格和直观的视觉美感冲击力，而是首先去赞叹它的面料如何昂贵或者色彩如何漂亮，那么他便没有真正进入审美的领域，没有在各个要素的组合中体味到服装艺术的魅力，只是停留在表层的形式美感或带有功利性的快感层面上。

2. "完形"与创作

"完形"是德文Gestalt，原意为形状、图形。完形一词源自研究知觉的德国心理学家们，他们发现，人类对事物的知觉并不是根据此事物的各个分离的片断，而是以一个有意义的整体为单位。因此，把各个部分或各个因素集合成一个具有意义的整体，即为完形。

完形论是格式塔心理学中最基本的观点，其代表人物马克斯·韦特海默（Max Wertheimer，1880～1943）认为，人在视知觉过程中，总有追求事物结构整体性或完形性的特点，即知觉的整体性或完形。在这个过程中，知觉的对象往往是由许多部分组成的，各个部分有不同的特征，但大脑把它们结合成某个整体或完形，并不是孤立地反映这些属性，这里的整体并不是各元素之和，而是由知觉组织从原有构成成分中显现出来的全新整体。

图4-9所示是格式塔心理学用以说明其整体论思想的一个常用图示，人们本能地会把它看成一个白色的三角形覆盖着三个圆形，当我们分解图形时，却发现只有三个缺口的圆形，它们之所以会被看成一个虚幻的三角形，正是因为我们的知觉具有能外推或填补空缺轮廓的

完形性。图4-10所示是一家食品店的标志
形象设计，在这个标志中，人形将苹果一
分为二，影像线的连续性产生了一条富于
动感的弧线。在此，这条线使整体图形破
裂，图形的视觉中心部分产生了大面积的
留白。但由于其线条的连贯性，照样能使
大家看出苹果的完整性和连续性，增强了
视觉元素的有机组合，这就是格式塔原理
中图形的连续性起了作用。图4-11所示是
丹麦格式塔心理学家埃德加·鲁宾（Edgar
Rubin，1886～1951）的面孔/花瓶幻觉。
从这幅图中，你所看到的是一个花瓶还是
两个人的头的侧面像？其实，两种解读都
能看到。但是，在任何时候，你都只能看

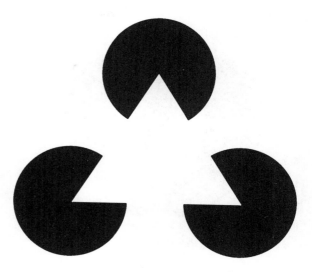

图4-9　格式塔心理学"不存在的三角形"

见面孔或只能看见花瓶。如果你继续看，图形会自己调换以使你在面孔和花瓶之间只能选
择看到一个。这个广为人知的图形经典幻觉图是鲁宾从一张19世纪的智力玩具卡片上获取的
灵感。

　　在日常生活中，这种知觉现象随处可见。例如，在繁华的大街上，有一群服装专业的学
生正在考察市场，寻找服装设计的素材。这时，班上的莉莉听到旁边有两位男同学正在议论
一位在前面行走的姑娘。甲说："刚看到她的背影时，觉得她长得一定非常漂亮。"乙说：
"可她转过脸时，才发现简直是惨不忍睹。"莉莉也不解其意，走过来问老师："为什么他
们只看到别人的局部，就要想象她的全部呢？"老师回答说："这是人的一种心理学现象，
叫作完形心理。当人们去审视一个对象时，虽然他只看到了局部，但他会按照自己已有的审
美经验，对看到的东西加以补充，而形成对整体的印象。"

　　当我们购买服装时，我们觉得这件服装漂亮或那件服装不好看，这些都是衣服给我们的
整体感觉，而这些整体感觉是由单个要素组成的，比如它的颜色、款式、布料等。

　　服装设计的过程也是一个不断完形的过程。当你在画纸上，添加一笔或一个结构时，都
会对半成品有一个完形判断。当欣赏人体的背面时，人们会通过完形心理自然联想到其前面
也是如此完美。图4-12所示为背对观众的模特。

　　总之，格式塔心理美学继承了实验美学的科学性，抛弃了传统的以感性印象去描述经验
的联想主义，大量地引用了数理方面的科学概念，它力图使美学成为一门现代精确科学所做
的尝试，是积极的和有益的。该学派的致命弱点，就是忽略社会实践在艺术创作和欣赏中所
具有的决定性的作用。

　　现代美学与艺术流派有很多，如同"艺术的丛林"，缤纷而杂芜。我们在学习时，尤其
是将其用于指导服装设计实践时，不可一味地死板、教条。艺术与服装艺术的关系是"马与
白马"的关系。服装艺术既服从于艺术的一般规律，也有自身的其他艺术无法替代的特殊规
律。这需要学习时不断总结，以丰富服装美学自身的理论体系。

图4-10 格式塔应用在食品店的标志设计

图4-11 面孔花瓶幻觉

图4-12 背对观众的模特

总结

1. 艺术的三大种类与特点。
2. 艺术创作与灵感。
3. 弗洛伊德与阿恩海姆。
4. 服装艺术主题美。

思考题

1. 获取艺术创作灵感的必要条件有哪些？灵感的产生需要哪些基本条件？
2. 收集表现"性"的时装图片，分析其具体的表现方法。
3. 服装艺术中包含哪些艺术门类的内容？
4. 试用弗洛伊德的"三我"解释服装。
5. 举例说明格式塔原理在服装设计中的应用。

形式元素与形式法则

课题名称：形式元素与形式法则

课题内容：1. 服装与形式美

2. 服装元素：点、线、面

3. 形式美法则

4. 色彩形式与应用

课题时间：2课时

教学目的：认识视觉形式元素对于造型艺术的重要性，从哲学高度了解形式与内容的关系，学习点、线、面及色彩等形式元素的艺术属性，掌握基本的形式法则，熟练掌握服装元素和形式构成的一般规律，为服装设计实践奠定基础。

教学要求：1. 教学方式——课堂讲授，图例分析。

2. 问题互动——造型元素和形式美法则是如何产生的？

3. 课堂练习——着装示例分析。

教学准备：准备时装图片。

第五章 形式元素与形式法则

第一节 服装与形式美

一、形式与形式美

1. 形式美的定义

形式美是指客观事物外观形式的美，是指艺术中各种形式要素及其按照美的规律构成组合所具有的美。在美学上，有人把形式分为外形式和内形式。外形式（或称造型元素）是指客观事物的外形材料的形式因素，如点、线、面、形、体、色、质、光、声、动等，包括这些因素的物理参数，如线的长短、粗细、曲直、虚实等，色彩的明度、纯度与色相等，质感的滑与粗、厚重与轻薄，服装成衣的长短、宽窄，轮廓和局部结构的形状等。内形式是指将上述这些因素按照一定规律组合起来，完美地表现内容的组织结构，如对称、平衡、对比、衬托、点缀、主次、参差、节奏、和谐、多样统一、呼应、配搭、穿着方式等。内形式又称为造型艺术的形式美法则。

2. 形式美的发现

人类在创造美的长期实践活动中，逐步形成了对各种形式因素的敏感与把握。例如，在日常生活中，红色常常使人联想到红红的朝阳、燃烧的火苗、节日的彩灯、红润的笑脸等。久而久之，人们就认为红色象征着热烈、喜庆、青春等，而具有普遍形式美的意义。

形式美的特征并不是凝固不变的，而是随着它的存在条件而变化的，如红色有时也表达警示、危险、暴力、原始和粗俗。唐代元稹在《行宫》中写道："寥落古行宫，宫花寂寞红，白头宫女在，闲坐说玄宗"。诗中的红色变成了寂寞的代名词，而象征纯洁的白色也平添了几分的凄凉和无奈。图5-1所示为华三川绘的唐代元稹《行宫》图。

形式美及其法则，是人们长期以来在艺术实践中总结出来的。但西方一些现代派艺术有意打破传统的形式美法则，他们颠倒艺术中的时空关系，通过混乱的线条、不规则的图形、杂乱无章的色彩和荒诞无稽的寓意，来传达、超越、脱离或背叛现实的审美思想。他们有的流于形式，有的则畸形怪诞表现出颓废的情绪。他们的积极意义在于从纯粹形式的角度出发，探讨具有独立意义的形式美。图5-2所示为蒙德里安的冷抽象，图5-3所示为康定斯基的热抽象。

形式美对服装设计具有重要作用，它在审美欣赏中也有着不可忽视的意义。对形式美的研究与探索，是学习服装设计的重要内容。

图5-1　唐代元稹《行宫》图　华三川绘

图5-2　蒙德里安的冷抽象

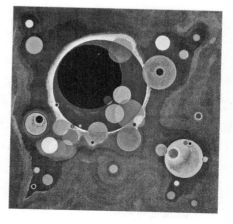

图5-3　康定斯基的热抽象

二、形式与内容的辩证关系

1. 一对双胞胎

艺术形式是指艺术作品中内容诸多要素及组织结构的存在方式，其审美价值是作品艺术性高低的重要标志。艺术形式和艺术内容是一件艺术作品的两个方面，从理论上可以分析，在现实作品中也是结合在一起的。例如，一款服装造型，它必须具有审美主题方面的内涵，或华丽或典雅、或正统或随意等，但它同时又不可能没有色彩等造型亚元素及其组合配搭的方式。

2. 形式是内容的物质外壳

就服装艺术而言，款式、配色、比例就是它的外在形式，主题情调就是服装艺术所表现的内容。形式与内容统一，才能构成完整的服装美。衡量一部艺术作品，不仅要看内容美，还要看其形式美，更要看内容与形式的完美统一。在任何一件艺术作品中，没有不表现内容的形式，也没有缺乏形式的内容。内容决定形式，形式表现内容，同时它们又都有相对的独立性以及自身的继承性和创造性。形式能够反作用于内容，它既可以加强，也可以破坏艺术内容的美。同一种形式可以表现多种内容，同一个内容也可以采用多种形式来表现。艺术作品应该是丰富的主题内容和尽可能完美的艺术形式的统一。

优秀的艺术家善于支配各种艺术要素，创作出具有形式美的艺术品。艺术形式是引起美感的重要方面。例如，色彩对比能使人产生鲜明的印象，人体变化的姿态能产生活泼之感等。

第二节　服装元素：点、线、面

在服装设计与服装审美中，点的美、线条美和块面形状的美，是其形式美的表现形态之一。它们是设计师在长期创作实践中对客观事物外形特征美的一种抽象表达。这种抽象表达积淀了丰富的感情和观念，使点、线、面成为人们在服装上的审美对象。

一、服装上点的美

1. 作为审美对象的"点"

作为形式美的点，与几何学里的点不同。在视觉审美上可视的点，一般是指分割面上相对细小的形象，如服装上的点是相对服装外轮廓而言的。

点在服装中的不同位置及形态以及聚散变化都会引起人的不同视觉感受。通常情况下，位于服装中心位置的点，可产生重量、扩张、集中及紧张感；点在空间的一侧时，具有浮动和不安定感；点在服装的上下左右等距离排列时，具有均衡的平静感；点在服装上向某一方向倾斜排列时，则有线的特点，有方向性和运动感。一定数量的、大小不同的点做有秩序的排列时，可产生节奏感或韵律感；三点按一定的位置排列时，具有三角形面积的联系感；大小不等的点做渐变排列时，具有立体感和空间感。图5-4所示是点状图案。

在服装中小到纽扣、面料的圆点图案，大到装饰品都可视为一个可被感知的点。我们了解了点的一些特性后，在服装设计中恰当地运用点的功能，富有创意地改变点的位置、数量、排列形式、色彩以及材质的特征，就会产生出奇妙的艺术效果。

2. **点的"性格"**

格式塔心理学用张力的概念，对世界中的点做了系统的解释。如大点显得活泼、跳跃，有扩张之感；小点有收缩、文雅、恬静之感。唐朝大诗人柳宗元在诗中写道："千山鸟飞绝，万径人踪灭。孤舟蓑笠翁，独钓寒江雪。"在空旷无迹的背景下，孤舟就是一个小点，它点得万籁寂静，点得世事空灵，点出了一个境界美。

点的构成作用与点的大小、位置、色彩、排列及主观感受有密切的联系。服装上的点可以打破呆板和沉闷，给服装以画龙点睛之妙，也可吸引观众的视线，对视觉审美产生诱导作用。

在服装上，单点可以集中目光具有向心性。例如，一个小口袋、领结或蝴蝶结，一朵绣花或一个图案都能吸引人的目光。两点所产生的视觉效果丰富，两点之间不同的位置表现出对称、平衡、上下、左右、前后间距对称时具有静感。多点给人以系列感、层次感、次序感，横向排列时具有稳定感，斜向排列时具有动感，呈弧线排列时具有圆润感，多点呈有序或无序分散排列时，给人以整齐和活泼的感觉，产生的层次效果也不一样。图5-5所示为点的排列。

图5-4　点状图案

图5-5　点的排列

图5-6　点的有序排列

点的大小不同产生的效果也有很大的区别，大小点有序排列时，可表现出有节奏、有韵律的效果；无序不定排列时，呈现出跃动、随意的效果；大小点呈渐变式并有一定形状排列时，具有立体感，并具有视错的功能。较大面积的点会让人感觉刚硬，面积较小的点让人感觉柔和。在服装设计中，通过对点的大小、疏密、虚实、面积、形状、厚度的改变，再搭配不同材质、不同色彩的变化和反差来提升服装整体的视觉感和造型感。图5-6所示为点的有序排列。

参与构成的点具有轻重感。在色彩方面，红色看上去要比蓝色重得多，如图5-7所示为关山月的绘画作品《江山如此多娇》，远处的点状红日，在画面中起着重要的重量平衡作用。需要说明的是，在艺术造型的构图中，所谓轻重之感，是指心理上的而不是物理上的，是人在欣赏作品时的直觉感受，人们在这种感受中发现其审美价值。

图5-7　《江山如此多娇》

3. 服装上美丽的"点"

点通常被安排在人体的头部或服装领部、肩部、胸部等上半部，容易被视线锁定的重点部位。当然，也有设计点放在腰部、下摆等部位的。无论放在哪个部位都是服装的视觉中心，起到强调服装的焦点。

服饰打扮的审美中存在着大量的点的概念，如各部位的扣子、耳饰、发饰、发卡、打襻、扎结、装饰品、面料的图案、刺绣图案、分割线的交叉点、肩线两端、皮带扣、领角、背带交叉处等。甚至人体上的某些点也参与服饰造型的构成，如嘴唇、颈窝、双乳、关节、臀大肌等，都是在构成上点的运用。图5-8所示为迪奥高定服装的点状花结。

4. 服装上点的形式

点虽然是服装造型设计中最小的元素，但在服装中的应用是比较集中或是在面积上较为凸显的。服装上的点可分为：点类图案印花面料、辅料类、工艺类和服饰品类四大类。

（1）点类图案印花面料。点类图案印花面料，是经过印染或刺绣等工艺形成的有点状纹样的面料，点的造型多样，可以呈现出二维到三维的不同的视觉效果，在服装设计中运用也非常广泛。图5-9所示为波尔卡圆点在服装中的应用，欧普风格的点状排列，更常见的是散点小花形四方连续图案的面料。小点的图案显得朴素，适合于相类色或对比色的色彩搭配。大点的图案有流动、醒目、活泼的感觉，适宜设计下摆宽大、有动感的

图5-8　迪奥高定服装的点状花结　　　　　图5-9　波尔卡圆点在服装中的应用

图5-10 服装上的珠片应用

图5-11 服装上的刺绣

式样。此外，面料中的花卉、人物、动物或风景纹样的装饰也可视为点，面料上凸出的浮雕纹也给人点的印象。

（2）辅料类的点。在服装中主要表现为纽扣、珠片、线迹等。这类点既有功能性又有装饰性。纽扣的形式无论是圆或扁、或长或方、或抽象或生动等，都表现出一种点的状态。服装上使用纽扣、珠片的大小、数目及位置不同，其作为点的效果也不同。与服装材质、色彩、款式相适应的纽扣或珠片，放在服装上适当的位置，就能作为服装的装饰点，可起到突出夸张的作用，成为视觉中心。纽扣按一定方式排列的大量使用，可以增加服装的动感，并表现变化和动态，产生节奏感。图5-10所示为服装上的珠片应用。

（3）工艺类的点。主要表现为服装上通过刺绣、印染、镶嵌、花纹等加工的纹样图案，按一定的规律并通过一定工艺手段与服装相结合，对丰富和加强服装的外观美起着重要的作用。各种抽象或具象的图形都可以作为点形式出现在服装上，商标刺绣是其中的一种形式。通过近似于面料二次处理的工艺手法的点运用在服装上，往往会成为服装设计的重点和特色。图5-11所示为服装上的刺绣。

（4）服饰品类的点。服饰品是和服装一样在人身上穿戴或携带的东西，既为了服装整体搭配的需要，又是服装的附属物，具有实用性和装饰性。服饰品在人的整体着装效果中起着不可替代的作用，它传达佩戴者个人的信息和一个国家或民族的文化特征。服饰品主要包括围巾、头饰、首饰、丝巾扣、胸花、领花、立体花饰、包袋、鞋帽、雨伞、手表、背带、扣子、假发、腰带等。对于服装整体而言，各类饰品都可以理解为点的要素。服饰品的位置、大小、形状、色彩、材质、造型、图案、风格不同，对点的印象和着装效果也不同。服饰品通常运用在颈、肩、胸、腰、袖口等部位，起到画龙点睛的作用。图5-12所示为首饰。

二、服装造型线的美

线的美也称线条美。线条的美是人们在长期的社会实践过程中，尤其是艺术实践活动中形成的基本的美学特征。

1. 服装上的线

线在服装造型设计中，也是很活跃的基本形式之一。从款式的外观轮廓到不同分割面的转折，以及从细长形象中抽象出来的所谓"线条"等，都是服装造型艺术中的重要语汇。服装上存在着大量的线：

基本轮廓线有肩线、领口线、腰围线、衣摆线、侧腰线、袖型线、裤管线、裙摆线等。

服装的局部结构线有前后领的轮廓线、前后育克线、袖山线、大身轮廓线、下摆轮廓线、口袋轮廓线、装饰物轮廓线、克夫轮廓线等。

服装上的装饰线有车缉线（有单缉、双缉、明缉、暗缉等）、腰褶线（有顺褶、对褶、工字褶、阴褶、阳褶、碎褶、缉褶、揽褶等）、破胸线、接缝线、间色线、捆条线、镶边线等。

图5-12　首饰

服装结构线有开刀分割线、接缝缝合线、省缝线等。

在服装结构形态上有直线、折线、曲线（包括几何曲线，如抛物线、圆弧线、双曲线、波浪线等；自由曲线，如荷叶边线、木耳边线等）。从线的方向上分，有垂直分割线、水平分割线、斜向分割线等。

这些线在服装上的运用通常呈现组合状态，如横向折形开刀线等。在设计服装时，巧妙的改变线的长度、粗细、浓淡等比例关系，会产生丰富多彩的构成形态和奇妙无比的效果。

2. 线的"性格"

线又分为直线和曲线两大类，它具有长度、粗细、位置以及方向上的变化。服装上各种各样的线具有不同的"性格"。直线具有单纯、理性的特征，水平线使人感到宽阔、宁静、平稳、静穆、舒展、横向延伸等。垂直线有上升、严肃、高大、苗条、挺拔等性格特征。斜线给人以运动、轻盈、兴奋、骚乱、不稳定的感觉，斜线还给人以危机和空间变化的感觉。另外，较长的直线延伸给人以快速流动的感觉；短而碎的直线能产生力量、阻挡和停顿的感觉；一些短直线的水平排列，能产生急促跳跃的节奏感。曲线是点在空间逐渐变换方向所产生的运动轨迹。

按照一定规律流动的曲线，与直线相比更能体现多样统一的形式美法则，其特征是优雅、流动、柔和、和谐、轻巧、优美、丰满，而自由曲线有活泼、奔放、丰富、自由之感。例如，在商代司母戊大方鼎上可以看到表现刚劲和权贵的直线，在永乐宫壁画中仙女的衣纹上可以看到曲线的柔和与流畅。

美学家们对曲线情有独钟。古希腊人的服装，通过柔软的自由褶裥曲线产生优雅秀美的

图5-13　服装上的线

图5-14　吴道子《八十七神仙图》

分割。中国敦煌壁画上的飞天女，衣褶的曲线若行云流水，传达出美的神奇力量。在服装设计中，也有很多通过柔软而有弹性的面料来传达人体线条的作品，使人体显得修长、优雅、婀娜、苗条。曲线是女装的重要表现手段。图5-13所示为服装上的线。

三、服装的面

1. 面的形成

线呈封闭状态时，就形成了视觉上的面。它可以看作是线的动迹或点的集合，具有一定的面积，形成一定的形状。从设计技巧上看，可以把服装的各个侧面看做是平面和几何曲面的组合，但最后的穿着效果则是由具体的、生动的、复杂的，甚至是在运动中体现出来、难以界定的自由曲面所组成。例如，我国古代的宽衣博带，或吴带当风，或曹衣出水，如图5-14所示为吴道子所画的《八十七神仙图》中人物着装。虽然裁剪结构属于二维的平面裁剪，但着装在人体上却显示了丰富的自由曲面形态。

2. 面在服装上的应用

面所形成的形，在服装上的运用很多。例如，方形的设计在男装中广泛采用，西装、中山装、夹克衫等款式，从外形轮廓到局部结构，多以直线与方形的面组合构成，给人以平稳、庄重、可信赖之感。圆形的面在女装中较多采用，古典式的泡泡袖、裙子的圆下摆、吊钟型裙子轮廓、领口线、衣带与侧缝开衩等，圆形使服装更加强调女性的娇美与柔和。在现代服装设计中，三角形常常受到重视，前卫派的设计大师们，把建筑上的构成特点运用于服装之中，尖锐的角度和强烈的几何拼块，给人以强烈、鲜明的外观印象。

图5-15所示为圆形裙摆。

　　综上所述，在服装的造型设计中点、线、面构成了服装设计的基本造型要素。如何将点、线、面巧妙地搭配，构成完美的服装造型，熟练掌握点线面这三种元素并恰当地运用，使之赋予服装设计作品以完美的视觉审美和永恒的生命力，是每个服装设计师孜孜以求的目标。

第三节　形式美法则

　　服装设计师们在创造服饰美的活动中，不仅熟悉了各种形式要素的特性，并能根据各种形式要素的"性格"因材施用，而且还对各种形式要素之间的构成关系不断探索和研究，从而总结出各种形式因素的构成规律，这些规律被称为形式美法则。所谓"法则"，并不是可以套用的公式，它是人们对元素构成形式的一种总结。

图5-15　圆形裙摆

一、比例

　　比例是体现各事物间长度与面积，部分与部分，部分与整体间的数量比值。在艺术创作和审美活动中，比例实质上是指形式对象内部各要素间的数量关系。服装的比例就是服装各部分尺寸之间的对比关系。例如裙长与整体服装长度的关系；贴袋装饰的面积大小与整件服装大小的对比关系等。例如，上身服装的肩宽为40cm、衣长为60cm，那么，这件服装的长宽比例就为60：40或3：2。处理好服装的整体、局部与各种装饰品的比例关系，对服装整体造型产生和谐、平衡、调和的美感是十分重要的。

　　西方人提出的"黄金比"，又称黄金律。这是一种特殊的比例，即把一个整体一分为二，其中较大部分与较小部分的比等于较大部分与较小部分的和与较大部分的比，用数学公式可以表示为：A：B=（A+B）：A，其计算结果是1：1.618，大约相当于2/3、3/5、5/8等。

　　黄金比的发现对形式美的深入探索和艺术创造与设计非常有价值，对人们掌握形式美和审美活动规律、指导艺术实践有一定的积极意义。但绝对不是在任何情况下，都唯此比例最美。我国古建筑上的花形窗格、建筑及服饰上所描绘的云纹图案，都无不包含着中国古代哲学中的"天圆地方"，即1：1的比例，这种比例虽然其本身有些呆板，但通过其他形式因素的配合，却能显示出朴实、博大、深厚的文化意蕴和精美的艺术风格。在我国古代山水画中，有画论说"丈山、尺树、寸马、分人"，人物姿态绘画所谓的"立七、坐五、盘三半"，也体现了景物和人物绘画中合理的比例安排。图5-16所示为人体各种姿态下的比例。

图5-16　人体各种姿态下的比例

二、对称

对称又称为对等，是形式美法则之一。对称是指事物中相同或相似的形式要素之间，相称的组合关系所构成的绝对平衡。对称是均衡法则的特殊形式。例如，在人体的正中线上，其左右两边人体结构要素，眼、鼻、耳、手、足、乳等，它们在视觉上是绝对平衡的，所以说，人体是左右对称的。图5-17所示为达·芬奇描绘的人体图。

对称首先来自于我们自身的人体，人们在对自然及审美对象的长期关照中，发现了对称中所具有的美。古希腊的美学家们早就指出："人体美确实在于各部分之间的比例对称。"这些对称的生命体形象长期作用于人类的视觉感官，形成了人们对对称的认识和理解。对称使人感到整齐、庄重、安静，对称可以突出中心。文艺复兴时期艺术巨匠达·芬奇的绘画作品《最后的晚餐》中，达·芬奇通过大量的草图比较，最终选定了以对称的方式进行构图，从而突出了耶稣的中心地位。

当人们从天安门广场上的人民英雄纪念碑开始，沿着故宫的中轴线信步行走时，可以看到很多对称的景象，如金水河桥、故宫建筑、庭院布局等，一切都显示了古代帝王的尊严和中国文化的雄厚，中轴线上的建筑也被作为重要的对象被突显出来。

三、均衡

均衡也称为平衡，是指在造型艺术作品的画面上，不同部分和造型因素之间既对立又统一的空间关系。均衡的最大特点是在支点两侧的造型要素不必相等或相同，它富有变化，形式自由。均衡可以看作是对称的变体，对称也可以看作是均衡的特例，均衡和对称都应该属于平衡的概念。均衡的造型方式，彻底打破了对称所产生的呆板之感，而具有活泼、跳跃、运动、丰富的造型意味。均衡的造型手法常用于童装、运动服和休闲服等的设计中，而对称的造型常用于标志服、工装、校服、礼仪服等的设计中。

图5-17　达·芬奇描绘的人体图

在服装上，虽然左右两边的造型要素不对称，但在视觉上却不会产生失去平衡的感觉。这些服装造型要素的力学性质，在服装平面造型时，有着重要的构成意义。在服装平面轮廓中，要在整体上得到轻重平衡的效果，就必须按照力矩平衡原理设定一个平衡支点。对于门襟不对称的款式，门襟上的某一点常常被选作支点。

四、主次

1. 主次即有主有辅

主次是服装设计中重要的形式美法则之一，又被称为"主从"或"宾主"。在一套服装设计的造型或组合中，为了表达突出的艺术主题，通常在色彩、块面及装饰上采用有主有辅的构成方法，例如，一种主色、一个主点、一个主要装饰部位、一种主要质感的面料等。根据造型要素的视觉作用，可以将其分为主要素、辅助要素及点缀要素。如一套红色调的服装配搭中，以大面积的浅粉红为主要色彩，以白色为次面积的辅助色，再以翠绿的小耳坠作补色点缀，就构成了主、辅、点的和谐统一主题。

2. 主次的重要性

一般情况下，如果在一个事物的系统中，没有主次关系，各要素都是对等并列，则整体上会显得杂乱，缺乏章法和明确的主题。主次这一形式美法则，要求在艺术作品中，各部分之间的关系不能平均等同，要素系统中必须有主要部分和次要部分。主要部分在整体上具有一种内在的统领性，它往往会影响次要部分的有无和取舍。用这种方法进行艺术创作时，往往是根据主题的要求，先确定主要素的安排，如主要的色块、面料等，然后再根据主要素的安排，考虑次要素及点缀要素的取舍，从而进一步使作品深化，表现出丰富多样和富于变化的内涵。在服装设计作品中，只有使主次关系恰到好处，才能使欣赏者感受到更完美的艺术表现力。图5-18所示为服装上的主次。

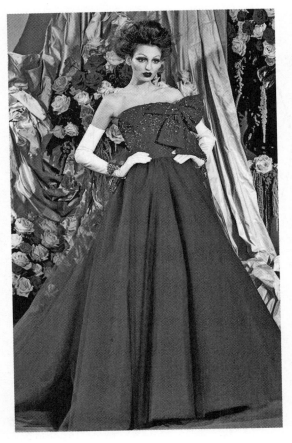

图5-18　服装上的主次

3. 点缀是主次的特例

点缀应该是主次关系的一种特例，在服装服饰配搭中运用得也比较广泛。在点缀的形式构成中，点占据了统领地位，而在数量和面积上占主要优势的部分，却起了辅助的作用。俗话说的"众星捧月""鹤立鸡群""锦上添花"及"画蛇添足"等，都是指主次要素之间的关系。一套平淡无奇的套装，在领口打个蝴蝶结，能使视觉主点引向面部，并使整体增加生气。穿连衣裙时扎上一条腰带，闪亮的皮带扣创造的视觉焦点，有利于强调腰部的婀娜动态，这也是点缀的效果。

五、对比

在服装设计中，对比是指造型要素之间相反属性的一种组合关系。例如，设计休闲服、少女装时经常采用造型对比的方法。服装上的零部件、装饰品都可以适当地与服装整体形成对比，如造型简洁的女装搭配极具夸张的大包作为饰品，庞大的裙摆可配穿紧身裤袜来装饰等，与服装的整体造型形成强烈的对比，既突出了服饰品的运用，也强调了服装的造型。

对比既是任何艺术作品中的一种客观存在，又是古今中外的艺术家们喜欢运用的一种艺术表现手法。在服装造型与表现方面也有内容的对比，如华贵与质朴、典雅与粗俗、文静与匪气、成熟与幼稚、甜美与酷辣、职业与休闲、浪漫与保守、超越与传统等。

对比作为艺术作品的表现手法，它是艺术品审美创造的重要手段，其主要特征是，使具有明显差异、矛盾和对立的双方或多方，在一定条件下共处于一个完整的艺术统一体中，形成相辅相成的构成关系。对比手法的运用，便于显示和突出被表现事物的本质特征，强调艺术效果和艺术感染力。同时，通过对比可以把观赏者的注意力吸引到所要表现的主要部分，并使这个部分成为压倒其他部分的趣味中心。

六、和谐

和谐是指审美对象各组成要素及部分之间处于矛盾统一、相互协调的一种状态。在美学史上，最早提出和谐概念的是古希腊人，毕达哥拉斯学派用数的和谐来解释宇宙的和谐，提出了"美是和谐与比例"的观点。他们认为人体是世界构造的反映，人的灵魂也是数与和谐。毕达哥拉斯学派用大宇宙与小宇宙的内外相应，来解释人天相应所产生的美的本质，对后世产生了深远而重大的影响。亚里士多德把和谐建立在有机整体的概念基础上，他认为，不仅对象中的各部分安排要体现出秩序，形成融洽的整体，而且体积的大小，也要与人的心理相应才能表现出和谐。莱布尼茨把神作为审美的原动力，提出了"预定和谐"的概念。被称为美学之父的德国人鲍姆加通，通过"美在完善"来解释和谐。而德国古典哲学家、美学大师黑格尔则用"对立统一规律"来解释和谐，如整齐等都是构成和谐的重要因素。

　　和谐是人类最早认定的一种审美属性。审美对象中各个部分之间相互协调、相互呼应、相互平衡、相互近似等就会产生一种美感，使人得到审美享受。然而古希腊人把美的概念与和谐的概念等同起来，以和谐来解释美的本质，具有一定的片面性。随着人类社会生活的发展和美学研究的逐步深化，人们发现在崇高、悲剧、喜剧中并不以和谐为主要审美特征，才又进一步丰富了美的内涵。

　　服装的和谐常表现为服饰造型要素的相对统一，如色彩相近、面料的厚薄滑糙相近、结构形状上的相同与相近等。和谐并不意味着不存在对比。也有人认为它是与对比并列的一个概念，对比中有和谐，和谐中也必然存在着对比，它们是同一事物的两个方面。和谐的概念也因时代而变化，过去被认为不和谐的事物，经过一定时期的演变可能会变成新的和谐，穿着时髦华贵大礼服的女郎站在游乐场的木马转盘上，可以理解为新婚蜜月旅游的纪念照。

第四节　色彩形式与应用

　　马克思说过："色彩的感觉在一般美感中是最大众化的形式"。歌德也说过："一切生命都向往色彩"。

一、色彩是一门科学

　　人们一出生就伴随着色彩，生活在色彩的世界里。世界因为有了色彩，才变得如此美丽。红、橙、黄、绿、青、蓝、紫，谁持彩练当空舞？五彩缤纷令人眼花缭乱。但在科学家的眼里，它们却是一个井然有序的大家庭。它们长幼有序、各有性格、各司其职、互为增色。

　　原色是指能组合成所有色彩的基本色。色光的三原色是红、绿、蓝，颜料的三原色是红、黄、蓝。间色是指由任意两种原色组合而成的色，如橙色由红、黄两色相混而成。凡是颜色中含有三种原色时，称为复色，复色最为丰富。通过不同比例的原色组合，形成了现实生活中最为多彩多姿的世界。科学家把所有的色彩排成一个绝妙的大坐标，这就是色立体。原色、间色和复色也被包含其中。色立体的坐标轴分别是色相、明度和纯度。色立体因流派不同而有蒙塞尔色彩体系、奥斯特瓦德色彩体系和日本工业色彩体系等。色立体通常被用来构思服装的配色方案。图5-19所示为利用色立体构思的配色方案。

二、色彩三属性

　　色彩有色相、明度、纯度三种属性。这三种属性是人们认识和描述色彩的基本语汇。

图5-19　色立体配色方案

图5-20　明度配色方案

1. 色相

色相就是指色彩的容貌。除无彩色的黑、白、灰以外，还有人们熟知的红、橙、黄、绿、青、蓝、紫，都是色相的基本称谓。在同一个单色中混入不同量的黑色或白色，则仍属于同一色相，而不同的单色相互混合，则可以得到不同的色相。如单色的蓝与黄混合，则可得到绿色色相等。色相的对比不包括黑、白、灰的组合。不同色相相互间的组合、对比可使人产生不同的心理感觉，如绿与白、黑与青等对比强烈、爽快。许多著名的画家如毕加索、蒙迪利安、马提斯都将对比色相广泛应用于作画中，使色彩丰富而协调。

2. 明度

明度也称亮度，它表现了色彩的明暗程度。浅而亮的颜色明度高，深而暗的颜色明度低。如彩色中黄色明度最高，紫色明度则最低。同种色相中也有不同的明度，如粉红色明度较深红色为高。在各种颜色中可调入不同比例的白色使明度增高，而调入不同比例的黑色则明度降低，如浅蓝→蓝→深蓝的明度变化。色彩的明度对比可影响人们的情感变化，如明度高则表现出活泼、明快、发散的特征，明度低则带有庄重、忧郁的感情色彩，明度居中时则蕴涵着一种浪漫、朦胧、温和的感觉。图5-20所示为明度配色的常用方案。

3. 纯度

纯度就是色彩鲜艳的程度，又称色彩的饱和度。黑、白、灰等无彩色是没有色相的色，其纯度也为零。在同一色相中，该色的纯度最高。若在纯度较高的色相里加入白色，则增加了它们的明度，但降低了纯度，所以说明度与纯度不相同。纯度对比是指浓色与淡色之间的对比。利用逐渐降低纯度的方法可产生迟钝、软弱、柔和、有情感等。如在纯色中加入灰色，随着色量的增加，纯度降低，色相便会产生朦胧中庸的效果。

三、色彩的物理与心理感受

1. 冷色和暖色

根据人们的心理感受，色彩学上把颜色分为暖色调、冷色调和中性色调。人们通过视觉在色彩中感觉冷暖物理温度的变化。其中冷色使人产生寒冷、沉静、稀薄、软弱、缩小、距离之感，常带有消极情感；暖色则与其相反，会使人产生温暖、兴奋、热情、亲密、扩大之感，属于积极的色彩。在色相中，红、橙、黄等属于暖色，朱红色最暖；青、青绿、蓝等属于冷色，其中蓝色最冷。无彩色的黑、白、灰中，白为冷色，黑为暖色，而灰色则为中性色，不寒不暖，带有恬静、安闲的性格。暖色和冷色没有严格的界定，它是颜色与颜色之间对比而言的。例如同是黄色，一种发红的黄看起来是暖颜色，而偏蓝的黄色给人的感觉是冷色。

2. 轻色和重色

色彩可以给人带来"轻与重"的感觉，白色和黄色给人感觉较轻，而红色和黑色给人感觉较重。色彩的明度变化常使人产生轻重之感，如浅淡色感觉轻，深色感觉重；色彩纯度高则轻，纯度低则重；暖色感觉轻，而冷色感觉重等。穿着与搭配服装时，上轻下重能保持安定感，如明色在上、暗色在下的服装搭配；而上重下轻则多有洒脱、不安定的轻快感，如深红色的上装、下配白色裙子，显得青春而富有活力。

3. 兴奋色与沉静色

色纯度和明度都较高的色彩为兴奋色，纯度和明度较低的色彩为沉静色。色彩的兴奋与沉静感取决于刺激视觉的强弱。偏暖的色系容易使人兴奋，如红、橙、黄色系列常给人以兴奋感，多用于童装和运动服。偏冷的色系容易使人沉静，如蓝色和蓝绿色系列则给人以沉静感，多用于校服和男士礼服。而白色、黑色有紧张感，灰色有舒适感等。

兴奋色具有生命力和进取性，沉静的色彩是表现平安、温柔、向往的色彩。据说国外有体育教练为了充分发挥运动员的体力潜能，曾尝试将运动员的休息室、更衣室刷成蓝色，以便创造一种放松的气氛。当运动员进入赛场时，要求先进入红色的房间，以便创造一种强烈的紧张气氛、鼓动士气，使运动员提前进入最佳的竞技状态。

4. 华丽色与朴素色

色彩有使人感到雍容富贵的华丽色和优雅别致的朴素色之分。一般来说，纯度高的、明色、暖色华丽，如红、黄等暖色具有华丽感。纯度低的、暗色、冷色朴素，如青、蓝等冷色和浑浊而灰暗的色彩具有朴素感。而纯度低的色彩，相互配合时会感到朴素。色彩的华丽与朴素感也与色彩组合有关，运用色相对比的配色具有华丽感，其中以补色组合为最华丽。为了增加色彩的华丽感，金色、银色的运用最为常见，所谓穿金戴银，昂贵的金、银装饰是必不可少的。此外，白色、金色和银色中掺入黑色时，可由华丽变为朴素。

5. 前进色与后退色

一般暖色系列的红、橙、黄色是前进色，冷色系列的蓝、紫、绿色是后退色。比如在观看红色和蓝色时，明显地感到红色好像近在面前，产生向前的感觉；而蓝色好像远在其后，产生退缩之感。从明度上来说，明色有前进感，尤其是白色特别具有前进的感觉；暗色有后退感，如黑色使人产生后退的感觉。所以前进色是属于积极、温暖、刺激的颜色；后退色则表现出平息、沉静、消沉的特征。前进色的自我表现欲较强，而后退色的自我保护意识较强。

6. 膨胀色与收缩色

颜色不同的两个相同物体，其面积相等，但所产生的大小感觉不同。例如，法国国旗的图案是红、白、蓝三色条纹，从左至右分别为蓝、白、红三色。蓝、白、红三色的宽度其实并不是相等的。长宽之比为3：2。据说最初设计时，三条色带宽度完全相等，当国旗升空后，人们觉得这三种颜色所占的分量不相等，似乎白色的面积最大，蓝色的最小。为此，设计者们与色彩专家进行分析，发现这与色彩的膨胀感和收缩感有关。当把这三色的真实面积比例调整为蓝：白：红=30：33：37时，看上去反而相等了。

如一件大小相同的服装款式，在同一个人身上穿着时，由于颜色的不同，会使穿着者有胖瘦不同的感觉。一般来说，明色、暖色、前进色都有膨胀感，而暗色、冷色、后退色则有收缩感。所以，瘦体型者宜穿有膨胀感色彩的服装，而胖体型者适宜穿着有收缩感色彩的服装，从而达到瘦者显胖、胖者显瘦的视错效果。

7. 活泼色与忧郁色

色彩的活泼与忧郁感主要与明度与纯度有关，明度较高的鲜艳之色具有活泼感，灰暗浑浊之色具有忧郁感。红、橙、黄色系列的纯色和明色，显得活泼。蓝色、蓝绿色等冷色系列的暗浊色就显得忧郁。无彩色中的白色与其他色组合时，给人以活泼、跳跃之感。而黑色的组合总是显得凝重忧郁。例如，光线充沛的房间有活泼舒适的情调，光线暗淡的房间有苦闷忧郁的气氛。

8. 软色与硬色

任何颜色中调配了白灰色和明浊色都会显得柔软，调配了黑色会显得坚硬。柔软和坚硬与色彩的明度和纯度有关系。明度高而纯度低的色彩感觉柔软，纯度高而暗色调的色彩感觉坚硬。无彩色的白色和黑色是坚硬色，灰色是柔软色。

在服装设计中，可利用色彩的软硬感来创造舒适宜人的色调。一般来说软色调给我们明快、柔和、亲切的感觉，硬色调给人厚重、坚硬、冷漠的感觉。明度越高感觉越软，明度越低感觉越硬。在选择服装颜色时，要根据色彩的物理和心理属性，结合穿着者的具体情况来选择，从而达到满意的效果。

9. 舒适色与疲劳色

色彩的舒适与疲劳感实际上是色彩刺激视觉生理和心理的综合反应。科学家们通过人的脑电波随颜色视觉而有所变化的实验发现，脑电波对红色的反应是警觉，对蓝色是放松。绿色是视觉中最舒适的颜色，因为它能吸收对眼睛刺激性强的紫外线。红色刺激性最大，容易使人产生兴奋，也容易使人产生疲劳，不利于情绪的放松。通常人在感到压抑、失落时，视觉上接触暖色调，例如红、黄、橙色可使人心情舒畅，产生兴奋感。所以一些娱乐场所常用粉红、橙黄色等暖色调，并配以灯光效果，使房间显得活泼、热烈，可帮助人们缓解和释放内心的郁闷。凡是视觉刺激强烈的颜色都容易使人产生疲劳，一般来讲，纯度过强，色相过多，明度反差过大的对比色组容易使人疲劳。

四、色彩的性格

色彩丰富了我们的生活，它能够传达人们的各种感情，具有个性和象征性。要使服装的配色达到恰到好处的效果，关键在于要确定并掌握服装各种色彩的基本性格，然后才能在设计服装的实践中运用自如。

1. 红色

红色象征着生命、健康、热情、欢乐、坚强、朝气、外向、希望、活力、性感、权威、自信等。红色令人兴奋，可以使人联想起太阳、血与火，人们用它来表现火热、生命、活力与危险等信息。在同色相中，大红色的服装，给人以精力充沛、引人注目的感觉；橙红色服装给人以青春、奔放的感觉；深红色的服装给人以温暖含蓄之感；粉红色的着装，给人浪漫清新之感。从红色里派生出来的紫红色，素雅而温情；桃红色的着装则给人一种健康、润美的感觉；朱红色的着装却具有强烈的个性，受到青年人的喜爱。

红色还给人血腥、暴力、忌妒、控制的印象，容易造成心理压力，因此与人谈判或协商时不宜穿红色服装；预期有火爆场面时，也要避免穿着红色服装。红色的色感温暖，性格刚烈而外向，是一种对人刺激性很强的色彩，还是一种容易造成人视觉疲劳的颜色。

2. 橙色

橙色象征着活泼、明朗、兴奋、热烈、华贵、快乐、跳动、生机、成熟，橙色具有繁荣、骄傲、力量、智慧、阳光、活力、朝气的含义，是很受人们欢迎的颜色。橙色具有太阳般的光辉，是欢快活泼的光辉色彩，是暖色系中最温暖的颜色，是以秋季成熟的果实为喻，是一种富足、快乐而幸福的颜色。它的明度比红色亮，故而有愉悦感。亮丽而色泽鲜明。我们一般把橙色调的色彩称为华丽和热闹的色彩，它配褐色系列很相称。但它的独立性弱，只要在橙色中加入一点黑或白色就立刻失去它的特性。由于橙色非常明亮刺眼，有时会使人有负面低俗的意象，这种状况尤其容易发生在服饰的运用上，所以在运用橙色时，要注意选择搭配的色彩和表现方式，才能把橙色明亮活泼具有动感的特性发挥出来。

3. 黄色

在自然界中的黄色是阳光的色彩。黄色象征高雅、辉煌、光明、庄严、富贵、奔放、乐观、权威。黄色在一切色相中明度最高，但独立性弱，是最为娇气的一种颜色，略含别的色素，就会改变原有的性格。黄色适合在快乐的场合穿着，例如生日会、同学会等，也适合在希望引起人们注意时穿着，不适合在任何可能引起冲突的场合如谈判场合穿着。

在黄色中有完全不透明的金黄色，带有金属的效果，象征着财富和权利。黄色常用在宗教绘画的圣者背光中，用来象征高贵、尊敬、辉煌等。在纯度属性方面，纯度高的黄色意味着鲜亮非凡；纯度低的黄色则意味着柔和淡雅。黄色是明度极高的颜色，能刺激大脑中与焦虑有关的区域，可视性强，可以穿雾，具有警告的效果，所以多用于雨衣、雨鞋及儿童上学的书包和帽子上。黄色与绿色相配，显得很有朝气，有活力；黄色与蓝色相配，显得美丽、清新；淡黄色与深黄色相配显得最为高雅。

4. 绿色

绿色是大自然的色彩，称它为生命之色。人们用绿色来表现生长、生命、安全等信息。绿色象征着安全、自然、安详、清新、恬静、成长、希望、积极等。浅绿或淡绿色的着装给人以青春、朝气的感觉，纯度较低的绿色服装给人以安详、沉稳的感觉，纯绿色的服装给人以和平、安全的感觉，青绿色则具有健壮、积极的性格。邮政人员因其服装为橄榄绿色而被称为是绿色的信使。

绿色的负面意义，暗示了隐藏、被动，不小心就会穿出没有创意的感觉，在团体中容易失去参与感，所以在搭配上需要其他色彩来调和。绿色宽容大度的性格，几乎能容纳所有的颜色。绿色的用途也极为广阔，无论是童年、青年、中年、还是老年，都可以使用，决不会失其活泼、大方的特性。

5. 青色

青色是在可见光谱中介于绿色和蓝色之间的颜色，即发蓝的绿色或发绿的蓝色。青色象征着宁静、悠远、辽阔、清冷、朴实、希望、沉着、乐观、柔和、磊落、阴险、沉静、消极、典雅等。在我国古代社会中青色具有极其重要的意义，象征着坚强、希望、古朴和庄重，这也是传统的器物和服饰常常采用青色的原因。

青色使人联想到广阔的天空和蓝色的海洋，它是智慧的象征。青色是个百搭百配的色彩，无论与什么色彩放在一起，都会别有一番风情，青色适合与黑、白、灰、浅褐、浅红色服装配色。纯青色是青年人喜欢穿着的既漂亮又宁静的颜色。深青色则可使人显得文静。由于青色属于冷色，单一使用时，量不宜过多，否则就会给人冰冷无情的感觉，但若与少量的暖色相调配，就会显得鲜明而富个性。

6. 蓝色

蓝色象征着深远、成熟、理智、崇敬、柔和、庄重、青春等。蓝色调给人冷静、宽广、永恒、遥远、幽静、清爽、忧伤之感。纯净的蓝色表现出一种美丽、文静、理智、安详、洁净与广阔。蓝色常给人以明亮清新、平和恬静的轻快感觉，它会使人产生丰富的联想，如联想到宁静的大海、高山流水等。蓝色还是一种在淡化后仍然能保持较强个性的色彩，如果在蓝色中分别加入少量的红、黄、黑、橙、白等色，均不会对蓝色的性格有明显的影响力。在色相方面，浅蓝色给人以明净、柔和、自然的感觉；深蓝色则给人以神秘、高雅、稳重的感觉，较适合东方人着装。蓝色也是服装上使用最多的色彩之一。服装设计中常用蓝色与白色搭配，给人以质朴、清丽、端庄的感觉，如我国民间的蓝印花布。

7. 紫色

紫色象征着神秘、高尚、富贵、情感、优雅、权威、华丽等。古代罗马皇帝所穿的长袍为紫色，英国女王伊丽莎白加冕仪式使用的是紫色。这是把紫色看作是一种威严与高贵的色彩，具有雍容、典雅的风格。浅紫色的服装给人别致、温柔、高贵、神秘、高不可攀的感觉；而深紫色、艳紫色则给人妖媚、华丽、魅力十足、有点狂野又难以探测的浪漫之感。若时间、场合不对，穿着紫色可能会使人产生高傲、矫揉造作、轻佻的错觉。同是一种紫色，它既代表华贵又有点俗气；既有神秘感，又有不安的气质。紫色色相孤傲，较难配搭。紫色由于具有强烈的女性化性格，在商业设计中受到限制，除了和女性有关的商品或企业形象外，其他类的设计不常采用其为主色。

8. 黑色

黑色象征着肃穆、神秘、庄重、沉默、悲哀、权威、高雅、低调、创意、孤独、坚实、绝望等，意味着执着、冷漠、防御。黑色是明度最低的颜色，它带有复杂的性格，能衬托与突出其他颜色，成为所有色彩中用途最广泛的颜色。黑色给人以高雅、严肃、成熟、孤傲的感觉。黑色是一种永远流行的主要颜色，适合和许多色彩搭配。在服饰设计时大多利用黑色来塑造高贵的形象，皮肤白皙者穿上黑色，可把肤色衬得更加娇嫩润白。运用黑色具有收缩的特性，可使穿着者的体积显小，所以黑色是体型肥胖者的首选之色。黑色为大多数主管或白领人士所喜爱，当穿着者需要极度权威、表现专业、展现品味、不想引人注目或想专心处理事情时，可以穿黑色。

9. 白色

白色象征着纯洁、和平、神圣、庄严、高尚、明朗、清爽、洁净、平淡等。白色具有圣洁的不容侵犯性。如果在白色中加入其他任何色，都会影响其纯洁性，使其性格变的含蓄。纯白色会带给人们寒冷、严峻的感觉，通常需和其他色彩搭配使用。在服饰用色上，白色是永远流行的主要色，可以和任何颜色搭配。白色属于无彩色，最能体现高贵气质。在白色衬托下，其他颜色显得更加艳丽，感觉更为明朗。如白衬衫、白餐桌布等给人以清洁感。西方传统的婚礼服用白色象征圣洁。白色适用范围广，较易与其他色彩搭配。白色易产生个性、引人注目的魅力。白色属于膨胀色，体型瘦弱的人穿白色服装会显得胖一些。

10. 灰色

灰色象征着忧郁、随和、沉静、诚恳、考究、平凡、素雅、冷漠、朴素、无个性。灰色易与其他各色调和，能够"团结"大多数，属于城乡居民多用的色彩，能使人们处于和谐的色彩环境中，如法国人经常把他们喜爱的浅色调大面积应用在服装上。灰色作为一种中间色，与任何颜色都可搭配使用，常有沉稳、随和而无个性的特点，适宜不同年龄层次的人在各个季节里穿着使用。如果所选面料色彩太"跳"，配搭灰色则能有效地缓和它，并增加新的韵味。灰色在权威中带着精确，当需要表现智能、成功、权威、诚恳、认真、沉稳等场合时，可穿着灰色衣服。深灰色服装是金融行业人员的首选。

11. 金色、银色

金色和银色象征着雍容、珍贵、优雅、前卫、辉煌、华丽、富有、成熟等。金色、银色应用在服装中时，多能突出个性，产生富贵的效果。金色、银色表现丰富而引人注目，流行性较强。

自古以来，黄金的价值赋予金色诸多的象征意义，在许多国家金色代表着至高无上。在服饰方面，金色的服饰大多运用在庆典时的礼服或晚礼服，使穿着者成为众人注目的焦点。一旦进入常人的生活，容易流于庸俗。在日常生活中，如何穿出金色服饰的高雅，则是一门着装艺术，保险的穿法是金色中配咖啡色、白色，则会显得高雅、动人。

银色象征洞察力、灵感、直觉、神圣、庄严、清秀、俊美、富贵、荣华、信仰、纯洁、光明、生动。银色是沉稳之色，代表高尚、尊贵、纯洁、永恒。银色在西方，常被作为祭祀的象征，也有代表神秘的意义。银色是一种时尚色调，容易搭配。

12. 褐色

褐色象征古朴、自然、温和、谦逊、健康、含蓄、持重、优雅等。褐色会令人想起泥土的芳香、秋天的景色。褐色的服装给人以踏实沉着、含蓄温和的感觉。褐色的配色范围广，实用性强，适宜各种年龄层次的男女老幼穿着。当参加部门会议、午餐汇报、募款、做问卷调查、不想招摇和引人注目时，可以选择穿褐色系的服饰。如果搭配不好的话，会让人感到沉闷、单调、老气、缺乏活力。

通常情况下，不同明度、色相和纯度的色彩，其色彩感情和联想也有一定的规律，如形式构成元素与性格特性、不同色性与心理感觉和不同色性的感情意义。面积比例和配色方法也是非常重要的因素，希望大家在学习中认真体会和实践。

总结

1. 形式与形式美。
2. 点、线、面与艺术形象。
3. 形式美法则。
4. 服装色彩与应用。

思考题

1. 用图例分析服装上的各种比例。
2. 对称与均衡各有什么美的意义？
3. 形式与内容的辩证关系是什么？
4. 试列举点、线、面在服装上的应用。
5. 试述不同色彩的情感联想。

专业深入——

艺术鉴赏与艺术批评

课题名称：艺术鉴赏与艺术批评

课题内容：1. 艺术家与艺术创作

2. 艺术欣赏与鉴赏

3. 艺术批评

课题时间：2课时

教学目的：掌握艺术家的定义，了解艺术创作的基本规律。熟悉艺术创作的基本过程。了解艺术欣赏和艺术鉴赏的区别，熟悉艺术鉴赏的社会影响因素。了解艺术批评的基本内容和基本方法。大致了解数字艺术及批评的未来趋势。

教学要求：1. 教学方式——理论讲解与精美图片相结合，边讲解边讨论。

2. 问题互动——同学可结合已学专业课程的练习作业，分小组汇集对同一问题的见解。

3. 课堂练习——针对临桂县五通镇农民绘画流水线图片，发表各自的意见。或正反方辩论。能够就艺术市场化的问题发表意见。

教学准备：准备"临桂县五通镇农民绘画流水线"图片

第六章　艺术鉴赏与艺术批评

第一节　艺术家与艺术创作

一、艺术家

1. 定义

艺术家，是指具有较高审美能力和娴熟创造技巧，并从事艺术创作劳动，而有一定成就的艺术工作者。具体说，艺术家通常指在写作、绘画、摄影、表演、雕塑、音乐、书法及舞蹈等艺术领域有比较高的成就，具备较高美学修养和造诣的人。艺术家既包括在艺术领域以艺术创作作为专门职业的人，也包括在自己职业之外从事艺术创作的人。艺术家必须具有艺术修养、文化修养和专门的艺术技能，熟悉并掌握某一具体艺术种类的艺术语言和专业技巧。并且具有敏锐的感受、丰富的情感和生动的想象能力，具有卓越的创造能力、创新意识和鲜明的创作个性，真正的艺术家往往具有为艺术而献身的精神和炽热情怀。

2. 艺术家社会环境

社会环境对艺术家的地位与价值有着直接的影响。艺术家生活环境的优劣，直接影响着其地位与价值。艺术家所处的时代或国度这个大环境不同，所创作的艺术作品表现的内容和寓意也有很大的区别，他们需要顺应时代的潮流，创作出具有时代特征的艺术作品。在不同的生活环境所创作的作品就反映出不同的情感、思想或人生观。

艺术与政治必然发生关系，作为国家政权，它必然要对文化艺术制定政策，用以规范社会文化艺术活动，古今中外都一样。不同的国家政权在不同的历史条件下对文化的管理采取的政策都不同。

意大利文艺复兴时期的米开朗琪罗《最后的审判》是为教皇三世所作，达·芬奇《最后的晚餐》是为米兰圣玛利亚教堂所作。图6-1所示为《最后的审判》（局部）。

图6-1　米开朗琪罗《最后的审判》（局部）

3. 艺术家的经济基础

经济基础决定上层建筑，上层建筑要

靠经济基础作为保障。艺术家需要依赖较好的经济基础，才能有实力投入到艺术创作中去，才能有更饱满的热情，创作出高品质的艺术作品。艺术家如果经济拮据，生活没有依靠，连基本的生存条件都不具备，通常情况下很难潜下心来进行艺术创作，更不易创作出高尚的精神产品。《向日葵》的作者凡·高，具有对艺术如醉如痴的执着追求精神，但最终因艺术作品不能变为财富，导致一生穷困潦倒、痛苦不堪，不得已用自杀结束了自己的生命。

艺术家的经济基础好，给艺术创作带来更好的条件，地位与价值也能得到充分的体现。当然，也有一些艺术家无论生活环境和经济条件如何艰苦，毅然初衷不改，在艺术的道路上跋涉前进。我国著名艺术家吴冠中先生，在农村劳动过程中，仍将画具偷偷地藏在农民的草筐里，坚持写生创作。尽管当时不被人们认同，但历史会给他们一个公正的评价。

4. 艺术家的追求

艺术家以良好的天资和优秀的品质为艺术探索创造坚实的基础，运用各种材料和方式创造出具有美学价值和其他社会功能的艺术品，记录下每个时代人们的思想、情感、愿望、理想以及生活方式。艺术作品可以满足人们的精神文化需求，并以潜移默化、寓教于乐的方式对人们的思想感情进行审美教育，对人们的精神世界给予净化和丰富，增强人们的精神力量。艺术家创造出了大量具有较高艺术价值和极富寓意的优秀艺术作品，并不断地激荡着人们的内在心灵，丰富和充实着人类的精神生活。艺术作品对社会发展所起的实际推动作用越大、积极性越高、先进性越强，对人类精神文化活动的贡献越大，艺术家的存在价值和地位也就越重要，这是艺术家们孜孜追求的。

二、艺术创作

1. 艺术创作定义

艺术创作是艺术家运用自己的经验、观念以及审美体验，通过一定的媒介和艺术语言，把特定的内容、形式转化为艺术形象、艺术作品和艺术文本的自由创造性活动。艺术创作是艺术家以一定的世界观、价值观、人生观为指导，运用一定的创作方法，通过对现实生活的观察、体验、研究和分析，并选择、加工、提炼生活素材，塑造艺术形象，创作艺术作品的创造性劳动。艺术创作是人类为自身审美需要而进行的精神生产活动，是一种独立、纯粹、高级形态的审美创造活动。

艺术创作的本质是艺术家把客观世界的视觉表象，进行分析和解体，根据艺术家本人的理解以及修养标准，确定为有意义或无意义的部分，再按照一定的规则，将这些精神领域的"物质"再重新组合、装配，形成给人类带来丰富多彩的艺术作品。艺术家进行艺术创作是以社会生活为源泉，但并不是简单地复制生活现象，而是一种特殊的审美创造。艺术创作是一种把复杂的精神活动，用可视的形象化的形式来进行提炼和升华的制作活动，情感将伴随创作的整个过程，并始终起着重要的作用。

2. 艺术生产的创造者

艺术家是对专门从事艺术生产的创造者的总称。由于艺术种类的多样性和逐渐细化，创作目的和具体使命不同，就有了各类艺术家，如画家、设计家、音乐家、文学家、表演家等。艺术家应当具备艺术的天赋和艺术的才能，熟悉并掌握某一具体艺术种类的艺术语言和专业技巧。具有丰富的情感和艺术的修养，能够通过自己的创造性劳动来满足人们的审美需要。真正的艺术家往往具有为艺术献身的精神。艺术家具有卓越的创造能力和鲜明的创作个性，具有强烈的创新意识。

艺术生产是一种包含着情感、能动、充满活力的创造性劳动，而从事这种创造性活动的艺术家必定是具有丰富情感的人。艺术家的阶级意识、时代印记，民族精神，以及个人情感和审美趣味都会渗透于创作活动中，使创作变得复杂多样。一些作品顺应时代要求，弘扬民族精神，满足审美需要，成为传世之作，如米开朗琪罗的《大卫》、安格尔的《泉》、徐悲鸿的《八骏图》（图6-2）、贝多芬的《第九交响曲》等；而有些作品则被历史淘汰、被人们遗忘。因此，艺术家应该是人类精神产品的积极创造者，他们的崇高使命就是不断创造出新的作品。艺术家应该具有社会层面的正能量。

图6-2　徐悲鸿《八骏图》

三、艺术创作过程

艺术创作过程是人类的高级精神生产，是一种审美创造活动。艺术创作过程可分为艺术体验、艺术构思和艺术传达三个阶段。在具体的创作过程中，这三个阶段又相互交织，融为一体。

1. 艺术体验

艺术体验是指一种活跃的、丰富的、深刻的内心活动，它伴随着强烈的情感情绪，把艺术家长期对于生活的感受、观察和思考，形成艺术创作的基础和前提。艺术体验是艺术创作的准备阶段，也是艺术创作的基础，可以是一个相当长的过程。好的艺术作品不是凭空想象出来的，是经过艺术家对艺术的审美经验积累的，也是通过生活体验引发的。

艺术史上许多事例表明，艺术体验是艺术创作的关键。没有艺术体验就不可能创作出成功的艺术作品。艺术体验是一种审美体验，而不是随意的日常生活经验。艺术体验是艺术家和自然的精神遇合，是生活溶解在心灵里的秘密。它不是对自然和生活表象的简单认识，而是深入自然和生活的深层精神架构，从而获得心灵的沟通与交流，达到精神层次的对话。艺术来源于生活，但又高于生活。

2. 艺术构思

艺术构思是艺术创作的重要部分，是艺术家在艺术体验的基础上，对生活素材进行选择、加工、提炼、组合，并融合艺术家的想象、情感等多种因素，形成主客体统一的审美意象。艺术构思是复杂的精神活动，艺术构思的过程就是艺术形象的形成过程。艺术形象不是生活的陈列和照搬，而是通过提炼与概括，是从生活真实到艺术真实的转化。艺术构思有简化、夸张、变形、综合等方法，鲁迅曾说自己的小说形象是"往往嘴在浙江，脸在北京，衣服在山西，是一个拼凑起来的角色"。现代艺术常运用变形与夸张，突出艺术家对生活的强烈感受。

艺术构思是否巧妙、具有创造性，直接关系到艺术作品的成败。成功的艺术构思相当于艺术创作完成了一半，巧妙的艺术构思常常流传千古。图6-3所示为作家老舍先生以诗句"蛙声十里出山泉"为题，请齐白石创作的画作。齐白石经过几天的认真思考，凭借几十年的艺术修养以及对艺术的真知灼见，经过深思熟虑，画成了《蛙声十里出山泉》。白石老人画了一幅四尺长的立轴，他用焦墨画了两壁山涧，中间是湍湍急流，远方用石青点了几个山头，水中画了六只小蝌蚪自由嬉戏，顺流而下。青蛙妈妈在山的那头呢，蛙声顺着山涧飘出了十里。虽然画面上不见一只青蛙，却使人隐隐如闻远处的蛙声正和着奔腾的泉水声，演奏出一首悦耳的乐章，连成蛙声一片的效果。真是画中有画、画外有画，诗中有画、画中有诗，声情并茂，惜墨如金，使人产生无尽联想！

3. 艺术传达

艺术传达是指艺术家借助一定的物质材料和艺术语言，运用艺术方法和艺术技巧，将构思成熟的艺术形象转化为艺术作品。艺术传达是艺术体验、艺术构思的质的飞跃。艺术传达是艺术创作过程的最后完成阶段，是艺术家实践性的艺术能力的表现。图6-4所示为桂林城市旅游网登载的临桂县五通镇农民绘画流水线。

艺术传达需要艺术技巧。每一种艺术样式都有独

图6-3　齐白石《蛙声十里出山泉》

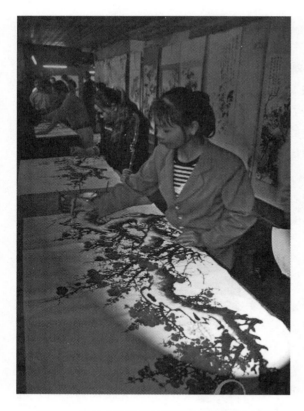

图6-4　桂林市临桂县五通镇农民绘画流水线

特的艺术技巧，只有熟练而准确地使用艺术语言和艺术技巧，才能饱满地完成艺术作品的传达。艺术传达需要艺术家调动自己的联想、想象、情感等多种心理功能，融入创作主体的生命和心灵，寻找到独特的艺术传达方式，才能创造出可以放置于世界艺术宝库的作品来。艺术传达活动离不开精湛熟练的技巧与手法，更离不开艺术家的主题情感和全部心灵。古今中外，许多杰出艺术家为了掌握艺术技巧而发奋学习、终生追求。

四、艺术市场的影响

1. 艺术市场化

艺术的市场化有益于文化的传播和艺术市场的繁荣，改善中国艺术的发展环境，给中国艺术的发展带来新的契机，给艺术家带来一定的经济收益，改善艺术家的生存环境，让艺术家脱贫致富。艺术市场的繁荣，推动了文化与经济的繁荣，对提高国民及整个社会的文化素质起到了不可估量的作用。艺术创作队伍中高端人群逐渐增加，这些艺术家受过良好的教育，拥有较高的艺术造诣、文化水平和学历，他们的艺术行为无形中带动了文化发展。

当代中国经济处于较发达阶段，促使了当代社会文化消费、艺术消费的发展。从近年看，中国艺术品升值的空间与速度是空前的，在当代成为更具投资价值的商品，不少收藏家、企业等把注意力转向艺术品市场，使得艺术市场异常火热，因此艺术品欠理性消费的因素左右了市场。良性的市场化能够促进艺术品的文化价值广泛传播，推动文化的发展与繁荣。过度的市场化将导致艺术家在追求市场价值时降低艺术品的品质与内蕴，导致市场在追求价值时通过不正当手段抬高价格。在市场的遴选下，艺术的文化价值与艺术价值只有保持统一性时才是理想中的市场状态。图6-5所示为嘉德2015年拍卖现场。

西方艺术市场催生了以画廊、拍卖行、博览会为代表的市场制度设计。而国内消费市场在崛起的同时伴随着大量的资本进场和互联网运用。在艺术市场化的过程中，如平价艺术品电商、文化产权交易所等新兴的中间渠道和平台有可能占据重要位置，成为我国艺术市场独有的制度创新，为世界的艺术市场提供经验。

2. 负面影响

马克思在"艺术生产论"中指出，在资本发展时期，一切艺术生产是为资本创造价值，一切艺术品都具有商品的属性。在物质与精神双重利益的引诱下，不是每位艺术家都能"耐得住寂寞、守得住清贫"，不少艺术家为了生存、为了提高名誉和收入等，改变自己以适应

图6-5 嘉德2015年拍卖现场

繁荣的市场，其中一些人甚至完全被市场所操控，失去自我，失去原则。

（1）利益诱惑。利益的诱惑成为一些当代艺术家创作的原动力，这使得一些艺术家失去了潜心研究和艰苦探索的精神，使得艺术创作水平停滞不前。艺术创作与市场经营有着一定的矛盾性，有些艺术家的作品风格一旦被市场认可，艺术家就很难放弃可观的收入与市场的厚爱而主动探索，进一步研究、尝试、保持自己的风格面貌，而是把金钱作为唯一的追逐目标，生产大量低俗、应市性的产品。

（2）高产量缺乏内涵。高度繁荣的艺术市场让不少艺术家的年产量剧增，使艺术创作缺乏真挚的情感寄托与内涵。这种现象主要体现在当代的画家中，这就是当代书画创作极度繁荣却没有经典作品出现的根本原因。

（3）利益驱使迷失自我。艺术品价格定位标准的混乱使得不少当代艺术家迷失自我，通过寻求各种关系与人情，实现价格上涨。艺术市场不规范带来艺术品价格定位标准的紊乱，价格的高低与艺术家的身份、社会职务等存在一定的关系。因此，一些艺术家不是潜心研究艺术，而是终日研究关系网来提升社会地位，达到相应的职务，提高作品的价格，这些都是在市场化利益诱导下出现的乱象。

艺术生产是一种特殊形态的生产，必然受到生产的普遍规律的支配。但是艺术生产作为满足人民群众审美需要的精神生产，又与物质生产有本质的不同。在市场环境下，艺术生产既要适应建设市场经济体制的需要，又要符合精神文明建设和文艺自身发展规律的要求。

3. 艺术生产

当艺术品成为商品，艺术创作就更多地去适应商品生产的一般规律了。现在有些艺术家不断重复地画同一幅作品，甚至聘用一些工人帮助其进行"艺术生产"。此时艺术家的身份已经发生了变化，从艺术家变成了生产者，从社会文化的创造者变成了物质产品的制造者。当然，凭着自己的劳动获取报酬也无可厚非，但艺术创作的目的发生了根本的变化。在艺术品形式中的独创性、美学的个性化、情感的感染性，及其思想的深刻性等都削弱了。

优秀作品的创作是一个艰巨的过程，绝不能像工厂生产产品那样，以追求剩余价值为目的。只有潜心创作，才有可能创作出好作品。习近平总书记在文艺座谈会上曾指出，文艺不能在市场经济大潮中迷失方向，否则艺术就没有生命力。艺术创作有自己的规律性，尊重艺术创作规律，自觉疏离物质主义、拜金主义，以克服艺术品的生产化倾向，让艺术回归到创作的轨道。这是当前艺术界所面临的紧迫而重要的任务。

4. 应对市场化的艺术

面对繁荣的艺术市场，艺术家要集中精力进行艺术创作，尽量回避成为纯粹的商人。

（1）潜心进行艺术创作，暂时忘却市场。艺术市场化带来的经济收益不是艺术家追求的终极目的，艺术家不是单纯地为了利益，而在于精神的愉悦与享受。如果艺术家不能暂时忘却市场，创作的时候心里惦记着市场带来的回报，就不可能保持平稳的心态，也不可能静下心来、潜心苦练，更不可能创作出优秀的作品。潜心创作要加强自身文化和素质的修养，提高艺术水平，才能使创作进一步提升。

（2）找准时机进入市场。当艺术家的艺术创作逐渐成熟、风格形成，水平得到不断提高时就需要进入艺术市场。艺术市场让艺术家的劳动得到价值回报，改善艺术家的物质生活条件，给艺术家提供更加优越的创作环境。这是艺术家对社会贡献的重要方式，它推动了文化艺术水平的发展，丰富了人们的精神生活，同时也确立了艺术家的社会认可度。

（3）塑造良好的市场形象。艺术家进入市场后，必须了解市场，把握艺术市场运行的规律，在艺术市场中树立起良好的形象与品格。艺术家必须要注重艺术作品的质量，当代著名画家吴冠中先生曾多次提醒画家"不要在卖画过程中将人格也卖掉"。艺术家要有独立的艺术发展方向，继承传统优秀的绘画技法技巧，突破传统艺术形式与风格的束缚，勇于创新，保持鲜明、个性的艺术风格和时代气息，这样才能创作出既源于传统，又有鲜明时代风格的优秀作品。

面对艺术市场的繁荣带给艺术创作的负面影响，艺术家应加强自身的修养与素质，端正心态，勤学钻研，尽心创作出优秀的艺术作品。另外，艺术市场应建立规范的艺术作品价值评测机构与体系，以促进市场的理性发展，为文化的发展与繁荣铺设良性轨道。

第二节　艺术欣赏与鉴赏

一、艺术欣赏

1. 艺术欣赏的定义

艺术欣赏是人们以艺术形象为对象的审美活动，是人们的感官接触到艺术作品所产生的审美愉悦，是人类精神生活的重要内容，是实现艺术的美育社会功能的必要环节。艺术欣赏是一种审美活动，是在审美需要和审美意识的驱动下，调动审美感知、想象、情感、理解等多种心理功能，遵循的是一种情感逻辑，更突出情感和理解。

　　艺术欣赏，是以艺术形象为对象的、通过艺术作品获得精神满足和情感愉悦的审美活动，其中既有感性的直观体验，又有理性的逻辑思维。据报道：美国国家艺术慈善基金会曾做了一项艺术对人脑血液流量影响的调查，通过对大脑进行扫描，每隔10秒给他们展示一系列绘画作品，然后再测量并记录大脑某个部分的血流量变化。结果发现：当人们看到自认为最美的一些作品时，他们大脑某个部位的血流量上升10%。相反，当他们欣赏到自认为最丑作品时，受调查者产生了最小的血液上升量。这种现象就像人们看到喜欢的人一样，顿时热血澎湃，所以，科学家认为艺术能诱发一种指向大脑的良好感知。

　　在艺术欣赏过程中，欣赏者的欣赏能力和知识素养直接影响到欣赏活动的质量，而掌握艺术理论知识能有效地提高欣赏质量。艺术欣赏既是对艺术作品中的美的一种发现，又是欣赏者的一种再创造。

2. 对美的发现

　　艺术欣赏是运用感知、经验对艺术作品进行感受、体验、联想、分析和判断，获得审美享受，并理解艺术作品与艺术现象的活动。艺术欣赏是对艺术家所创造的美的发现，艺术本身的美不仅包含了生活美、自然美的精粹，而且凝聚着艺术家的心灵美和精湛的技艺。欣赏者面对一件精美艺术品时拍案叫绝，既是对艺术家创造性劳动的肯定，也是对欣赏者自身审美能力的肯定。对艺术作品的欣赏将人们带入艺术的殿堂，感受艺术家眼中不一样的世界。在现实生活中到处可以感受到艺术的气息，广告海报、商店橱窗陈列的衣服等，这些随处可见。人们有了对美的欣赏眼光，对生活粗略的观察也会变得细心起来。艺术欣赏的过程就是感受美的过程，是让人们从不了解艺术，到懂得欣赏艺术，从无视美的存在，到学会发现美。

3. 欣赏者的再创造

　　欣赏者在艺术外在形象的基础上，通过结合自身的生活经验，深入感受、体验、领悟，进而注入自己独特的想象，对艺术形象展开"再创造"，从而丰富艺术形象的精神内涵。欣赏者总是以自己的兴趣和爱好去感受艺术形象，理解作品的含义，而不遵循艺术形象规定的感觉、想象、体验、理解等认识活动的基本倾向和范围。艺术欣赏不仅是一种创造的接受，也是艺术创造的延续和扩展，它使艺术家个人创造的艺术品产生普遍的社会效应，成为社会的精神财富。欣赏者在艺术形象的诱导下，结合自身的生活经验去展开想象，深化情感体验，使艺术形象的生命在欣赏过程中更加丰富多彩，好像欣赏者与艺术家共同创造的。因此，我们认为艺术欣赏本身也是一种创造。图6-6所示为法国画家雅姆·蒂索（Joseph Tissot 1836~1902）的画作《寡妇》，蒂索以奇妙、复杂和折中的手法，描绘了寡妇的一家。年轻美丽的寡妇生活优裕，却因孤独而显露出病态的苍白。她身后是年迈的母亲与可爱的小女儿，远处是繁茂的花园与山峦丘陵。这种写实手法的描绘，显示出典型的学院派绘画风格，同时又有着印象派的些许影响。在这幅画中，画家以沉稳的黑色、墨绿色为主，少许亮丽的颜色起到了画龙点睛的作用，营造了画面豪华富丽的效果。

　　在艺术欣赏的活动中，欣赏者所产生的审美愉悦来自对艺术家所创造的意义的发现，对艺术形象的再创造。聪明的艺术家以艺术形象为诱导，为欣赏者的再创造提供广阔的空间。

图6-6 雅姆·蒂索的画作《寡妇》

艺术欣赏不仅仅停留在发现美的阶段，而是进入再创造的新天地。由于欣赏者的想象各不相同，在再创造的过程中比作品更具有广阔的社会内容，甚至可以用艺术的审美眼光去观察自然、观察生活和体验人生。

人类审美文化的发展从来就不是各地区、各民族间独自封闭进行的，而是在相互交流中发展的，并随着这种交流的扩大而不断深入。长期的文化交往使得各民族的文化和心理相互交融、消化、理解，并且不断积淀在民族共同心理素质和思想意识上，为不同民族间产生共同美感提供了条件和基础。如波斯锦的花纹中常饰以飞天、翔凤、翼狮等神兽和人物形象，而这些形象在我国隋唐时期的敦煌壁画中早已比比皆是，这说明这些艺术形象早已成为了多民族共同的审美欣赏对象。历史上一切优秀的艺术形象、艺术作品不仅能为本民族人民所喜爱，通过交流还能为世界各民族人民所欣赏。

二、艺术欣赏的作用

1. 提高审美能力

审美能力是艺术修养的重要因素之一。审美能力的提高和艺术作品格调的高低有很大的联系。高雅的艺术作品具有很高的审美价值，而低俗的作品则会给人带来不良的影响。因此在欣赏时，除了要多听多看多比较之外，还需注意质量，要欣赏优秀的艺术作品。欣赏能力的提高不是靠欣赏中等作品，而是要欣赏高品质的艺术作品。如果整天沉浸在普通的服装设计作品中，欣赏水平是很难提高的，更谈不上服装艺术修养的提高。在艺术作品中包含的客观因素，已不同于自然形态的生活原型，它集中了生活形象中的精粹，越是优秀的作品其艺术形象的审美特征越鲜明。因此欣赏优秀的艺术作品有助于审美能力的快速提高。

2. 提高审美趣味

审美趣味是在人的实践经验、思维能力、艺术素养的基础上形成和发展，是以主观爱好的形式表现出来的对客观的美的认识和评价。既有个性特征，又具社会性、时代性和民族性。审美趣味是个体在审美活动中表现出来的一种偏爱，它直接体现为欣赏者的审美选择和评价。欣赏者的审美趣味虽然表现为直感的个别的选择方式，却包含着某些审美观念的因素，它是欣赏者自发审美需要和自觉审美意识的结合。

审美趣味是以欣赏者的主观爱好的形式表现对事物的客观评价和认识。提高审美趣味的最有效的方式，就是利用能引起审美愉快的艺术欣赏。不同时期艺术风格的变化，最为集中地反映着各个不同时期审美趣味的变化。而反映在艺术作品中的这种变化，通过艺术欣赏活动而作用于欣赏者的审美趣味的变化，促进着文艺作品中审美趣味的变化。当人们欣赏艺术作品时感到愉快，提高了自己的思想感情以及审美能力和审美趣味。

3. 提高艺术修养

艺术修养是指一个人对艺术的感知、体验、理解、想象、评价和创造的能力。艺术修养是人们素质的重要体现，它会对人的情操、品格、气质以及审美眼光产生重大影响。艺术修养的培养和提高，我们可以通过阅读、聆听、观看艺术作品或直接参与各种艺术实践，加深对艺术的认知和理解，培养审美能力和生活情趣。可以说，个人素质与艺术修养之间存在着一定的正比关系，在政治信念、思想意识、品德修养、工作作风、生活情趣等方面所反映的综合素养，直接或间接地影响着人们的精神面貌与道德风范。

通过欣赏优秀的艺术作品，可以给人带来美的享受，培养艺术精神，了解相关的艺术知识，从而提高自身的艺术修养水平。从艺术作品对人生的影响来看，欣赏高尚的艺术作品能对人潜移默化，养成健全的人格。欣赏优秀的艺术作品，能够净化心灵，培养人们对崇高理想的追求。要培养和提高艺术修养，不是一朝一夕的事情。不仅要认识艺术，还要体会到艺术美给人带来的享受。学会欣赏艺术，才有可能进行艺术创造活动，才能使艺术修养得到深层次的提高。

三、艺术鉴赏

1. 艺术鉴赏的定义

欣赏与鉴赏的最大区别，在于专业性。鉴赏能够更为理性的从艺术形式判断来进行更充分的欣赏。鉴赏一定包含欣赏，而欣赏通常是非专业型的，不一定有更多的鉴赏元素。

艺术鉴赏是指人们凭借艺术作品而展开的一种积极的、主动的审美再创造活动。艺术鉴赏是人们在欣赏艺术作品时的一种认识活动和精神活动，是人们在接触艺术作品过程中，产生的审美评价和审美享受活动，也是人们通过艺术形象去认识客观世界的一种思维活动。在艺术鉴赏过程中，感觉、知觉、表象、思维、情感、联想和想象等心理因素都异常活跃。

狭义的鉴赏，是指人们在鉴赏艺术作品的过程中，通过情感、想象和理解等各种心理因素的复杂作用进行艺术再创造，并获得审美享受的精神活动。

广义的鉴赏，是指人们在多种心理因素的综合作用下，接受、理解并把握艺术作品的内涵，并从思想上得到某种启迪和艺术上的享受。艺术鉴赏以具有美的属性的艺术作品为对象，并伴随着复杂的情感活动，实际上是人类一种高级、特殊的审美活动。

2. 艺术鉴赏的特点

艺术鉴赏是感性认识与理性认识、教育与娱乐、享受与判断、制约性与能动性、共同性与差异性、审美经验与再创造等元素的统一，是欣赏基础上的更高层次。在艺术鉴赏中，鉴赏者从自身的生活阅历、人生经验、世界观及艺术修养等出发，能动、积极地调动自己的思想认识、生活经验、艺术修养，通过联想、想象和理解，去补充和丰富艺术形象，从而对艺术形象和艺术作品进行再创造，对形象和作品的意义进行再评价。艺术鉴赏活动是人们对艺术作品做出创造性的感悟和理解，在欣赏过程中得到一次对话、倾吐和升华。艺术鉴赏的过程是由浅入深的，大致上经历感官的审美愉悦、情感的审美体验到理性的审美超越这些层次。

3. 艺术鉴赏的条件和地位

艺术鉴赏是艺术创作乃至艺术传播的最终目的。绝大多数艺术作品的产生，最终目的都是为了供人观赏和寻求思想情感的交流。只有通过这种观赏和交流，艺术作品的潜在价值才能实现，完成其社会化进程。艺术鉴赏者需要具备对艺术作品感受能力和理解能力的艺术素养，这种艺术素养是后天大量艺术实践活动中有意识训练和培养出来的，并在艺术活动中不断地丰富和提高。艺术鉴赏者需要具备一定的文化修养，只有了解艺术品当中所蕴含的丰富的时代精神和文化内涵，才能对作品创作的意图有所了解与体会，也就不会导致对作品的创作意图不明白乃至形成误解和偏见。任何艺术品都是在一定的时代氛围中产生的，完全不了解作者的时代和精神世界就会导致对作品的认识不明确。艺术品必须要有艺术上的魅力和审美上的内涵，审美价值越高的艺术品就越能唤起欣赏者的美感和兴趣。艺术创作是艺术活动的起点，艺术鉴赏是艺术活动的终点。艺术创作是艺术鉴赏的动力。艺术生产创造了艺术鉴赏的对象，规定了艺术消费的方式。以艺术鉴赏为代表的艺术消费实现了艺术生产的目的，表现了艺术生产的价值，最终完成了艺术生产的任务。

四、艺术鉴赏的心理现象

艺术鉴赏是人类一种高级、复杂的审美再创造活动，艺术鉴赏中蕴藏着奥妙的心理现象和心理规律。

1. 多样性与一致性

（1）多样性。艺术鉴赏中的多样性是客观存在的。艺术鉴赏的多样性是一种审美再创造活动，鉴赏者根据自己的年龄、文化、职业、环境、兴趣、爱好等因素选择艺术题材、艺术层次和艺术风格等。艺术包括文学、戏剧、电影、音乐、舞蹈、美术等门类，每一个艺术门类中，又有许多不同的体裁和样式。艺术作品的多样性，正是为了满足艺术鉴赏多样性的需要。

（2）一致性。艺术世界是多姿多彩的，人们的鉴赏需要和审美趣味也是多种多样的。同一时代、同一民族的鉴赏者，常表现出某种共同的或一致的审美倾向。从艺术鉴赏时代性来看，由于各个时代在社会实践、物质文化与精神文化等方面具有自己的特征，从而使得这个时期的艺术风尚产生某种共同性或一致性。

2. 保守性与变异性

艺术鉴赏中的保守性和变异性都是客观存在的现象，表现为鉴赏主体审美经验定向期待与创新期待的对立统一。要求艺术家既要具有探索创新的精神，又要尊重广大群众的欣赏习惯和接受水平，使艺术创作真正满足鉴赏的需要，并在艺术鉴赏的推动下不断发展。

（1）保守性。艺术鉴赏心理的保守性，是指人们的鉴赏趣味习惯于按照某种传统的趋向进行，具体表现为鉴赏活动中，人们的种种偏好与选择，以及各种不同的欣赏方式与欣赏习惯，常常具有某种定势或趋向。这些不同的倾向和方式往往与观众的文化层次和美学修养有关，也经常带有时代与民族的共同特色。

（2）变异性。艺术鉴赏心理的变异性是指随着时代的前进和社会生活的变化，科学技术日新月异的高速发展，国际文化频繁的交流交融和大众审美水平的提高，人们的欣赏习惯与审美情趣等都随之发生变化。事实上，追求多样性和变化性是人类最基本的心理趋向之一。鉴赏者的好奇心和求知欲催发了审美心理的变异，而各种艺术思潮的快速更迭变化和社会生活的飞速发展，不断改变着人们的审美态度和审美理想。

第三节　艺术批评

随着艺术生产的发展，人们为了探究艺术作品的成败得失，总结艺术创作的经验教训，提高艺术鉴赏的能力水平，便形成和发展了艺术批评。

一、艺术批评的定义

1. 什么是艺术批评

艺术批评是指艺术批评家在艺术欣赏的基础上，运用一定的理论观点和批评标准，对艺术现象所做的科学分析和评价。艺术批评是艺术活动的一种重要形式，艺术批评家根据一定的思想立场和美学原则，以艺术理论为指导，运用一定的批评方法，并依据一定的批评标准对艺术现象特别是艺术作品所做的理论上的鉴别、分析和评判活动。艺术批评涉及所有的艺术门类，包括文学、戏剧、舞蹈、音乐、绘画、摄影、雕塑、建筑、电影、录像和新媒体艺术等。艺术批评的对象包括一切艺术现象，如艺术作品、艺术运动、艺术思潮、艺术流派、艺术风格、艺术家的创作以及艺术批评本身等，其核心是艺术作品。

2. 艺术批评特点

艺术批评是以理性活动为特征的科学分析、论断活动。艺术批评是"百花齐放，百家争鸣"方针在艺术活动中的具体体现，是艺术界的主要互动方法之一。由于艺术批评者总是根据一定的世界观、审美观和艺术观对艺术现象做出分析和评价，因而带有很强的主观意识成分。因此，开展正确的艺术批评，可以帮助艺术家总结创作经验，提高创作水平；可以帮助艺术鉴赏者提高鉴赏能力，正确地鉴赏艺术作品；还可以使各种艺术思想、创作主张、艺术流派、艺术风格相互交流和争论。

3. 艺术批评与评论

批评在汉语中有评论、评判的意思，是以质疑、否定、批判为核心主体，其目的在于矫枉纠偏，做出梳理。评论则是一种阐释、肯定的主体模式，也是一种常见的传统批评，目的在于品鉴和普及审美。

现代艺术批评是从传统的文艺评论发展而来，广义上隶属于评论范畴，批评是一种特殊形态的评论。艺术发展对理论学术的要求越来越高，使批评必须永无止境地处于自我完善进行时，成为艺术学理论体系中不可缺少的重要一环。艺术批评与常规的艺术评论以及史论研究，它们之间在经验知识上具有普遍共性，只是批评通过否定、质疑、批判作

为功能模式，同时对阐释性评论加以批判性论证。其中批判最为极端，其主体是抨击性
谴责。

批评的要义不在于表达出个人对某个作品和视觉艺术现象的某种个人化体验或感悟，
而是在于通过体验揭示出引发这种体验的深层次的东西，比如构成要素、相关生发机制等，
这常常与审美联系在一起。真正的艺术批评具有独立思考、有判断评价的一种写作活动，主
观大于客观，体现了强烈的个性和态度。艺术评论则重在体验情感状态的描绘，是诗化的，
或随笔性的。艺术评论具有"感性认识、理性分析"的特点。艺术批评应尽可能运用正确的
立场、观点和方法，遵循实事求是的原则，对艺术现象做出合乎实际、恰如其分的分析和阐
释，从而推动艺术的更健康发展。

二、艺术批评的作用

1. 提高艺术素质

艺术批评可以帮助人们更好地鉴赏艺术作品，不断提高鉴赏群体的艺术素质和鉴赏能力。

艺术作品深刻的思想内涵和真正的艺术魅力，常常不是一下子就能领悟和把握到的，这
就需要艺术批评来发现和评价优秀的艺术作品，指导和帮助广大群众进行艺术鉴赏。艺术批
评的功能是对艺术作品能够做出深入的分析和判断，指出其艺术特色，揭示其审美意义，评
价其审美价值，使其审美潜能得以充分释放。

2. 艺术创作的反馈

艺术创作是一种复杂的精神生产，艺术家需要广大读者、观众、听众和批评家的帮助，
才能深刻地认识自己，不断地提高自己。通过对艺术作品的评价，形成对艺术创作的反馈。

艺术批评有助于充分发挥在艺术生产流通过程中的信息反馈和正向调节作用。对于艺
术创作，艺术批评能够通过有效的信息反馈，予以积极的推进。艺术批评是艺术传播信息反
馈的重要途径之一。艺术批评能够通过对艺术作品的理性分析评价，帮助艺术家更深刻地认
识艺术规律和深刻地认识自己。艺术批评可以实现对艺术作品的深层透视，将人们难以达到
的审美层面挖掘出来。艺术批评的理性深度可为人们的鉴赏活动带来宝贵的启示和实际的
帮助。

3. 丰富发展艺术理论

艺术批评的主要任务是对艺术作品的分析和评价，同时也包括对于各种艺术现象的考察
和探讨。艺术批评的理论价值，存在于批评的理论建构和精深的内涵之中。艺术批评以其鲜
明的理论建树和旗帜显现其独特的价值。艺术批评的理论价值在于能够根据艺术史和文化史
来探索艺术活动的规律，检视艺术创作原理或方法论的形成，对艺术创作等艺术活动各个环
节具有指导性意义。艺术批评必须以一定的艺术理论为指导，利用艺术史研究提供的成果。
艺术批评总是通过分析新作品，评论新作家，发现新问题，总结新经验，从而不断丰富和发
展艺术理论和艺术史的研究成果，使艺术理论和艺术史从现实的艺术实践中不断获取新的资
料和素材，推动艺术科学的繁荣发展。艺术批评逐渐确立了自身的理论体系，在人文学科中
具有独特的学科意义，综合了人文科学与社会科学部分领域的知识体系，形成了综合性与交
叉性的理论体系特征。

三、艺术批评的特征

1. 艺术批评的科学性

艺术批评家需要在艺术鉴赏的基础上，运用一定的哲学、美学和艺术学理论，对艺术作品和艺术现象进行分析与研究，并且做出判断与评价，为人们提供具有理论性和系统性的知识。随着现代科学的不断发展，艺术批评从心理学、语言学、社会学、文化人类学、民俗学等诸多学科中吸取观点、理论和方法，形成了多种多样的批评方法和流派。其中影响较大的包括心理批评、原型批评、社会批判、语义学派、结构主义、现象学批评、分解主义、阐释学等。各种各样的批评方法与流派，呈现多元化和综合化，使艺术批评成为独立的学科。

艺术批评是以理性活动为特征的科学分析、论断活动，运用正确的立场、观点和方法，遵循实事求是的原则，对艺术现象做出合乎实际、恰如其分的分析和阐释，以推动社会主义艺术的繁荣和发展。

2. 艺术批评的艺术性

艺术批评的艺术性是指艺术作品在艺术构思、艺术语言、艺术表现手法等方面所达到的水平，从整体上达到完美的艺术境界，具有独创的艺术风格。凡是优秀的艺术作品，都要达到思想与艺术、内容与形式的完美统一，艺术批评也应当从这种统一的角度去评价艺术作品。

艺术批评作为一门特殊的科学，与其他的科学不同，艺术批评家既需要冷静的头脑，也需要强烈的感情，既离不开理性的分析，更离不开艺术的感受。优秀的批评家具有敏锐的感知力、丰富的想象力和强烈的情感体验，才能真正认识和把握作品的雅俗高下。艺术批评也是一种艺术体裁，艺术批评的文章应具有艺术的感染力，才能真正打动读者，发挥批评的作用。优秀的艺术批评文章不仅应当逻辑清晰、论证严谨，而且应当文字优美、生动感人，给人们一种特殊的美感享受。

艺术批评作为艺术鉴赏的深化和发展，在艺术生产中发挥着重要的作用。

3. 艺术批评的要素

艺术批评在形式上具有描述、分析、解释和判断的基本要素。

（1）描述。是指在作品中发现的各种细节尽可能给出详细的讲解。描述的对象是艺术特性和审美特性，欣赏者可以直接感觉到的因素都可以成为描述的对象。在复制技术尚不发达的时代，人们很难借助复制品来直接感受作品，描述就成了批评的重要组成部分。今天人们很容易获得作品的复制品，可以看到语言文字无法描述的各种细节，任何关于艺术作品的描述似乎都是多余的。但是，描述不能直接与作品的在场等同起来，描述的对象不完全是作品客观的物质形态，也包含了描述者对作品的感受、思考和解释。

（2）分析。分析是根据形式美的规律来分析作品的结构，把描述的因素组织起来，让它们看上去显得合理。有关作品形式因素的分析，可以合并到描述或解释之中。描述和分析也可以涉及作品的题材和主题，但它们通常被归入解释的领域。

（3）解释。艺术批评的目的是要提供关于作品的意义的解释。为了做出更丰富、更精彩的解释，应该集中在作品的分析上，抛弃作者的意图。批评家在解释艺术作品的意义时都会采用美学、心理学、社会学等领域的理论，或者将艺术作品放在更复杂的历史语境中去解释。

（4）判断。艺术批评不仅要有关于艺术作品信息的描述，关于作品的意义的解释，还要有关于艺术作品价值的评判。从20世纪下半叶以来，对艺术作品不从审美价值、认识价值和道德价值的角度来评价，而是从艺术作品的艺术价值角度来评价，这种艺术批评方式成为较受推崇的一种新趋势。

描述、分析、解释和判断只是艺术批评的基本要素。在实际的艺术批评中，不仅有不同的侧重、交叉重叠、次序颠倒，而且在内容上会更加丰富。艺术批评不只是美术批评，也包括文学批评、音乐批评、舞蹈批评、戏剧批评、电影批评等在内，无论是哪个门类的艺术作品的批评都应具备这些要素。

四、数字艺术与批评

1. 数字艺术

数字艺术是指以数字科技的发展和全新的传媒技术为基础，将人类理性思维和艺术感觉巧妙融合一体的艺术。数字艺术是运用数字技术和计算机程序等手段对图片、影音文件进行的分析、编辑等应用，最终得到完美的升级作品。数字艺术作品在实现过程中全部或部分使用了数字技术。数字艺术是艺术和科技高度融合的多学科的交叉领域，涵盖了艺术、科技、文化、教育、现代经营管理等多方面的内容。数字艺术作品主要包括录像及互动装置、虚拟现实、多媒体、电子游戏、卡通动漫、网络游戏、网络艺术、数字设计、电脑插画、电脑动画、3D动画、数字特效、数字摄影、数字音乐以及音乐影像等，一切由电脑技术制作的媒体文化，都可归属于数字艺术的范畴。图6-7所示为数字式艺术绘画。

数字艺术是纯粹由计算机生成、既可通过互联网传播又可在实体空间展示、能够无限复制并具有互动功能的虚拟影像和实体艺术，广泛应用于平面设计、三维技术的教学和商业设计等用途，并随科技进步被大众接受和认可，受到越来越多从业人员的喜爱。

2. 数字艺术的批评

数字艺术与传统艺术的不同在于，艺术作品已不再需要借助传统的媒介和中间环节来传播，而是数字技术本身就能够形成有效和广泛的传播，并且能够不断地生成新的更加丰富的视觉图像。这种技术、媒体与艺术的三位一体，突破了以往艺术在创作、传播和接受方面各自的屏障，实现了艺术自媒体的全新存在方式。

数字技术所开掘的艺术表现的领域有待艺术批评和理论研究的更多关注，数字技术似乎正在改变媒介变革中的特权，成为普罗大众的工具。数字艺术批评包括对数字技术创作的作品的批评，对数字技术作为传播媒介对艺术创作的影响的批评，对数字技术传播并生成的艺术作品的批评，这就对传统的艺术批评提出了全新的文化逻辑。

3. 数字艺术批评的特点

数字艺术是建立在计算机科学技术基础上的，评论家在评判时需要具有一定的数学和计算机知识。艺术评论家不一定要掌握程序设计，也可以不知道计算机术语的意义，但如果不具备基本的知识，缺乏一般的计算机使用技能，对数字艺术只可能是"知其然不知其所以

图6-7　数字式艺术绘画

然"，也将无从对数字艺术进行批评。

　　针对数字影像艺术的时间性、空间性和多觉感受性的特点，对它的评判必须是在现场进行体验和感受，而不能只通过图片进行看图说话式的解读，也就是"在场"是评判数字艺术的前提条件。

　　数字艺术作品之间存在着技术上的优劣、高下，并不是所有使用了数字技术的艺术创作都比非数字艺术作品优良。无论是什么艺术作品，技术和手段只是艺术价值构成要素的次要部分，评价艺术的最终标准是作品所表达内涵的深度和高度以及对社会和人类的影响。

　　数字艺术在我国已经迅猛发展，各大院校艺术专业纷纷成立相关教学机构，政府也大力支持将数字艺术作为重要文化产业，"互联网+"在艺术领域的应用和推广异常迅速，我国的数字艺术及产业化将具有广阔的发展前景。

总结

1. 艺术家，是指具有较高审美能力和娴熟创造技巧并从事艺术创作劳动而有一定成就的艺术工作者。

2. 欣赏与鉴赏的最大区别，在于其专业性。

3. 艺术批评具有不可估量的社会价值。

思考题

1. 艺术家是一群什么样的工作者？

2. 举例说明艺术欣赏与艺术鉴赏的区别。

3. 艺术批评的基本内容是什么？

服装与社会文化——

服装与社会文化

课题名称： 服装与社会文化

课题内容： 1. 服装的文化内涵

2. 服装与性别

3. 服装三属性

课题时间： 2课时

教学目的： 认识服装与社会文化的关系，了解服装文化的内涵，熟悉服装与人体及性别的关联。熟悉服装三属性及其应用。

教学要求： 1. 教学方式——讲解为主，课堂讨论为辅。

2. 问题互动——服装作为社会文化的物质载体具有哪些特征？

3. 课堂练习——时尚服装评析及相关的文化背景介绍。

教学准备： 阅读关于社会文化方面的书籍及资料。

第七章　服装与社会文化

第一节　服装的文化内涵

一、服装与文化

1. 文化的本质

一百多年前，英国人类学家泰勒说："文化是一个复合的整体，其中包括知识、信仰、艺术、道德、法律、风俗以及人作为社会成员而获得的任何其他的能力和习惯。"泰勒虽然没有对文化的特质进行提升，但他列举了文化的内容。

20世纪60年代，美国学者克鲁克洪提出："文化是历史上所创造的生存式样的系统，既包含显性式样又包含隐性式样。它具有为整个群体共享的倾向，或是在一定时期中为群体的特定部分所共享。"这个概念强调了文化是一个历史的范畴，它是一定时期个体与社会共有的生存样式，是物质与精神的统一。

文化形态通常被划分为器物文化、行为文化和观念文化。器物文化是物质层面的，它是人类在物质生产实践中创造的；行为文化是制度层面的，它反映了人与人的社会关系以及社会的生产、生活方式；观念文化是精神层面的，它是价值体系整体，存在于社会文化心理及历史传统中。

文化是一个不断整合的过程，人类社会是在不断进步的，物质生产方式和精神生产方式都在不断发生着改变。文化在历史的积淀过程中变得更加深厚，在全球化的发展过程中变得更加广博，不同的文化形态相互影响、相互渗透，由此带来了文化体系的重新整合。

文化几乎是一个被滥用了的词汇，随时、随地、随意，甚至人们在呼吸中都能感受到文化的温度和气氛。文化几乎无处不在，它存在于我们的生活方式、行为习性、心理惯式、思维特征、情感表达、价值定位、审美情趣等诸多方面，并打上自己的烙印。

2. 文化的心理结构

人既是自然的存在，也是社会的存在，处于地理、政治、经济、历史、风俗、宗教、科学、伦理、道德等自然要素和文化要素形成的特定生活情境中。随着文化的不断发展，特定的情境也跟着不断变化。当这种历史进程在人的心里凝结、积淀下来，便形成了人的文化心理结构。每个人的文化心理结构都由其生活的特定环境所决定，扩展至一个地域、一个民族、一个国家，它们也都有其相对固定的文化心理结构。个体的文化心理结构是由生理上的自然禀赋及通过学习和实践"习得"的文化性经验两大因素构成，形成一个动态结构。个体的认知方式、思维方式、情感倾向、理想建构等意识活动都是由文化心理结构所决定。

特定时代背景下产生、流行的价值标准、审美趣味、道德观念等会通过选择机制，或抑制，或调动和改造人的先天自然倾向。与人本能的知觉倾向、能力、个性等直接有关的东西，一旦进入特定的社会文化氛围中，便会立即按照这种社会文化的特殊需要做出适应性变化。这种可塑性不是无限自由的，由于它是在主体的心理中完成，所以必须合乎心理活动的一般规律，如平衡、节奏、重复、多样统一等。人类的造物活动虽然受制于社会文化，但可升华到另一个境界，即可以突破日常言论和行为的普遍模式，创造出合乎内在心理规律的、想象的境界，即一个审美的领域。真正决定某一事物趣味和审美因素的，既是设计师个人，也是接受者以及他们所共有的社会文化心理结构。

3. 服装与文化的相互作用

日常生活中的行为和事物往往看起来非常简单、普通，并无深意，但从文化的角度对之进行深入的分析和批评，往往就是意义的展现和表达。美国的乔治·巴萨拉曾说："一件人造物并非仅仅是一件仓促赶制出来以满足需求的无生命物，它是一种构想出来的人类心灵的、活的遗留物。"英国著名学者约翰·汤林森在《文化帝国主义》中指出：所谓文化，就是在特定的"语境"中，从人们的种种行动和经验中汲取种种意义的创造性过程。这个过程是发现、阐明、理解和创造意义的展开。

服装是承载、诠释、创造文化的符号体系，它的这一特性使它与文化所包蕴的族群政治、阶级象征、身份角色等诸多社会问题产生了日益密切的内在关系，它也越来越成为人们寻求自我理解、获得族群认同、进行身份诉求、表达社会情感的一种最为感性和直接的途径。服装是一种感性的、形象化的文化载体，通过对这一文化现象的解释和评价，我们可以进一步探讨人的本性及其存在方式的具体样态。可以看出，人、服装、文化是一种相互生成的关系。服装是与人类丰富的精神世界、特定历史时期和地域的社会生活的风尚、民俗、政治和经济制度形成密切相关的一个整体。

二、服装的文化语言

服装是一种物化的符号，以遮蔽的形式敞开身体自身存在的意义。

1. 被物化的符号

服装标志着人类文明进化的程度，表明了人类已经脱离原始的、自然的蒙昧状态，并是对已经实现了的"自然的人化"这一重要自我本质力量的确认。人的着装形象的风格及其流变，就是人的文化身份的形成。除了具有实用功能与美化功能，服装还具有更为深刻的符号功能，与人的存在方式密切相关，如罗兰·巴特所言："符号是能指和所指、服装和世事、服装和流行的统一。"从服装的起源看，文化一开始就意味着与自然状态的分离。作为文化形态之一的服装同样标志着人自身与自然状态的区分，并逐步将其提升到审美的状态。人的身体与人自身不仅是自然的，更是文化的，人是在自然与文化的互动中生成并始终在这两者的张力中生存着。从符号学的角度看，服装的解释、象征和创造意义的功能与实用和美化功能具有同样重要的意义。服装不再只是以表面的实体性的方式存在，它在符号中被文本化。

服装不仅选择、改造着人的身体，而且也在文化心理层面上改造着人们的意识观念。人们相信，包装与修饰身体的服装是他们个性与理念的释放与表达。服装与人、文化的交互性表明了彼此之间的相互渗透与相互生成，它们之间相互吸收、相互转换，在差异中形成各自的价值。

2. 编码与解码

服装作为符号，它不仅关联到服装的制作者、设计者，还与着装者和欣赏者密切相关。因此，对服装文化的理解，必然涉及符号的编码与解码。编码是把要传播的信息转变为合乎逻辑的信号，而解码是将收到的信号重新转变为有意义的内容，以便理解信息的内涵。因此，服装的编码与解码主要涉及服装与其意义之间的关系，是一个有着丰富美学和社会学意义的系统。服装的设计与制作过程就是将身体的信息转换为服装的信号，将身体在服装中符号化。与编码活动相反，服装对信息以及其象征意味的传达即解码，从根本上来说是非言语的物化活动，如学生的校服、警察的制服与医生的白大褂等，不同的衣着表明了不同的身份角色。服装的编码与解码并不一定具有先后顺序，它们也可能是同时发生并相互生成的。

3. 服装意义的生成

服装是一种语言，可以呈现一种或多种意义。日常生活中的服装从表面上看只是实用的、可消耗的用品，但从服装的历史或者服装表演的T台秀看，我们又会由衷地感受到服装所承载的多种意义。服装包含了设计师的精神面貌、审美意识、艺术素养，包含了一定时代的民族、阶级和群体的思想感情和审美理想，甚至包含了全社会范围的意识形态。服装的用途、色彩、款式、廓型以及搭配的外部形式和技术的变迁，都可以作为一种文化显现出来。

三、服装文化的社会视角

1. 服装的社会背景

通过对服装起源的探究，可以了解服装的功能及其本质特征。

（1）环境适应说。人类为了适应气候环境设计出了服装，保温御寒成了服装主要的功能，这是基于人类的生理需要。

（2）保护身体说。在同外部自然界交往的劳动实践中，人类学会了直立行走，原本藏在身体下面的性器官暴露出来。为了防止昆虫或外界其他事物伤害性器官，原始人用树叶、树皮、兽皮、羽毛做成条带围在腰部起到保护作用，这是最早的服装。如果将服装的保护功能深化，它还有另一层防止道德危险的功能，如修女的服装就是内在抵抗力的一种象征符号，穿戴者品格坚定、纯洁，道德标准严峻。随着社会的发展，服装保护的意义也变得越来越多元化，如武士的盔甲、足球运动员的护膝和护垫、剑客佩戴的防护面罩、消防队员的特制服装等。图7-1所示为服装保护身体。

（3）遮羞说。异性相吸是自古以来就存在的现象，两性差异导致人们需要用穿服装来遮盖身体。羞耻在原始社会是不存在的，只有人类学会穿衣之后，再脱掉衣服才会感到羞耻，因此服装起源于遮羞说有些牵强。

（4）护符说。原始社会生产力低下，人们总想借助精神的力量来对付强大的自然界，因此就会产生灵魂和肉体分离的想象。原始人不了解自己身体的生理结构，分不清梦境和现实，持有一种神秘的泛神观念，这种万物有灵的信仰改变了原始人的知觉。为了取得善灵的保佑，他们佩戴足蹄、尖角、贝壳、羽毛等用来辟邪。他们相信佩戴这些护符，就会拥有肉眼看不见的超自然力量，有了这种力量就能得到保护。这些护符发展到最后就成为人类佩戴在身体上的装饰品。因此，服装一开始并非带有装饰的目的，而是为了辟邪在巫术活动中使

图7-1　服装保护身体

用的道具。

（5）审美说。服装起源于一种美化自我的愿望，是人类追求情感的表现。人们透过外观的装饰及自我吸引力的表现以达到自我肯定的目的。就服装的样式而言，其装饰性能更加突出，例如增加人的高度，扩大或缩小人体体积，利用圆形装饰引起对身体线条的注意或对某一部分的注意，存在"纵向扩张"和"横向扩张"的手法变化等，形式美的要素在服装中似乎是天生存在的。

（6）象征说。原始人用兽皮等饰物象征自己的英武，现代军人将勋章挂在制服上向人们展示功绩。我国自古以来崇尚服装制度，借助服装的型制、色彩、服章等以区别阶级、维系伦常。服装是社会发展的产物，是人类文明和文化进步的标志。

上述关于服装起源的说法涉及考古学、自然人类学、文化人类学、心理学、美学、哲学等多个领域。美的着装和主张个性的心理要素使得服装越来越向着多样化方向发展。无论在何种情况下，对于服装的思考都离不开人的社会化的日常生活情境。

2. 大众文化与时尚

服装虽被归入通俗的、流行的大众文化范畴中，但是它也开始扮演表达高雅艺术趣味、显现社会深层结构的角色，并且这种发展趋势越来越明显。服装在大众文化的领域中具有显著的特征。

（1）服装具有最广泛和最普遍的受众，随时可买，人人可穿，并且每个人都是自己的着装专家。

（2）服装逐渐按照商业机制的要求来制作，具备了现代文化的一般特征。如大规模的批量化、机械化生产，从技术和设计角度根本影响了服装的样态。

（3）服装如同一套标签语言，对着装者的阶层、性别、种族、地域等身份进行了深入的说明，具有强烈的意识形态色彩。

（4）服装是设计师和普通受众的审美情趣和观念的交汇，这一交汇取消了传统艺术领域中高雅和通俗的划分，主要呈现出消费品的特色，帮助商家最大限度地获取商业利益。

（5）服装追求非和谐的审美风尚，是后现代主义文化反整体和谐原则的体现。

（6）借助现代传媒创造服装品牌，衍生与服装相关的时尚产品，影响、干涉并塑造公众的审美情趣和观念。

（7）服装具有模式化、类型化和流行化的特点。借助现代传媒和新技术，服装迅速吸收了高雅文化或民间文化的特点，并创造出新的模式，通过批量生产得到复制，继而成为流行。

（8）服装的公共特性。服装不仅是一种艺术形式，出现于艺术学院、高级服装定制发布会、沙龙甚至博物馆，更重要的是它从开始就是一种社会性的存在。从根本上来说，服装不是在象牙塔中沉思得到的产物，而是十字街头孕育的波普艺术。借助服装可对民族性和地域性的文化进行一系列深入的探讨，这也是服装公共特性的深层内涵。

（9）流行与时尚。服装的流行包括款式、色彩、质地、图案、装饰或穿着方式等。流行受社会、政治、经济、文化的影响。在如今的商品化社会里，更多的流行不是偶然的，而是一种精心预设的结果。服装企业、影视娱乐传媒、平面广告、模特T台秀、服装评论等各种力量成为流行的推动力。对流行的追慕在服装中表现得最普遍，服装的文化价值在流行中也体现得最为充分。

3. 全球化视野

服装设计及品牌如何在全球商业一体化的潮流中保持自身的特色，是服装发展的趋向性问题。

影响服装艺术发生和发展的关键因素包括了服装的民族性和地域性特征，如黑格尔所言"真正不朽的艺术品是一切时代和民族所共赏的"。旗袍是中国传统服装艺术的重要代表，同时也受到其他国家和民族人们的赞赏。"少数民族风貌"曾在20世纪60年代的西方盛行，服装的民族性特征并不会在全球化的浪潮中淹没和消失。

商业化是服装艺术的生存需要。陈列于繁华商业街雅致橱窗中明码标价的服装与展示于艺术博物馆中的服装艺术品，它们之间唯一的不同在于前者拥有更广泛或更普通的受众，表达和传递着更快捷的生活信息，折射出更真实的普通人的生活方式和生存境遇，而后者却是曲高和寡的文化产物，在高端市场辗转的奢侈品。现代社会的商业化资本运作推动了成衣的机械化批量生产，以标准尺码满足了最广泛的大众需求，分工日益细化也使得服装设计被独立出来，服装不仅是实用的，而且也越来越具备美和文化的特性。

四、服装文化与审美

1. 服装文化的构成原理

服装设计作为产品设计的一个分支，是人类有目的、有意识的实践活动，它本身从属于器物文化。但是服装设计又不仅仅只是单纯的器物文化的创造活动，它受到设计观念的指引，以一定价值观基础上的观念文化为导向，并且最终通过物质化的服装设计产品反过来影响人们的生活方式。

服装设计是推动服装文化发展的重要力量。进入工业时代以后，服装设计师取代了裁缝，成为掌控人类衣着形态的主要力量，服装开始向时装化发展，进入到形态快速更新、流行风格不断变化的现代服装文化发展进程中。从西方过去一百年精彩纷呈的女性时装变化中可以看到，从最初保罗·布瓦列特的身体解放口号、香奈儿的女性叛逆之风，到迪奥的温柔典雅，再到玛丽·奎恩特的波普风潮、卡斯特巴捷克的反时装风格、汤姆·福特的时尚奢华，服装文化因设计理念的推陈出新而不断发展。

作为一种文化构成活动，服装设计是一个知识整合的过程，它的最终目标是要满足人的多层次的物质和精神需要，这就要求运用综合知识来实现结构设计和造型的一体化以及服装设计与市场营销的统一。服装设计是感性和理性思维的融合过程。设计师的概括能力来自严密的逻辑思维、抽象思维，是科学的判断和推理过程，而他们的创新能力则在很大程度上是借助直觉、灵感、想象、情感等形象思维和感性思维的力量。这两种思维的融合是设计师的创新思维的基本特征。图7-2所示为哈特·马克斯（Hart Schaffner Marx）设计的男装，它是美国历史最为悠久的男装品牌之一，其风格特征就表现出了设计师的创新思维。服装设计对不同时代、不同民族的设计元素的灵活运用，实现了不同文化形态的相互交融，推动了新型服装文化的发展。

图7-2　哈特·马克斯设计的男装

2. 内在推动力

服装设计在当前的市场运作模式主要是创建品牌，以品牌的力量来引领时尚。早在20世纪初西方人就意识到，在批量生产和大规模消费的工业时代背景下，不需要每一件服装都与众不同，只需要创建品牌，通过品牌来推动流行。一旦某一件服装设计作品成为流行，变成人们争相追逐的时髦，那么它就可以批量生产，带来利润。市场运营模式的转变使服装设计作为一种文化构成活动，站在时尚的最前方，是社会流行风尚的背后操控者和领导者。

审美情趣的引导是服装设计能够影响社会流行倾向的关键原因。徐恒醇在《设计美学》中写道："某一时尚往往是通过一定形式的审美激发作用而兴起的，它具有一定的新异性和趋时性，适应于人们的某种潜在的需求。时尚的流行，说明它具有一种社会的普遍性，成为众多人群的一种自发性的追求。作为一种社会的流行事物，它有一个从产生到发展和消退的过程。一种习俗的产生往往由某些始作俑者的带头和示范，他们的某种衣着、爱好、生活方式引起他人的模仿和效法，形成一种链式正反应而在社会上扩散开来。如某一电影或电视中女主角的服饰或发型，表现出一种鲜明的性格或形象特征，给人一种强烈的审美感受，就会引起许多观众的仿效。一种新产品投放市场引起良好的反应，接着会有许多类似的产品出现，这也是时尚作用的结果。"时装流行的特征具有明显的周期性，它在不断的变化中维持新鲜感和吸引力。

审美情趣的引导推动了社会审美心理的形成，它依赖于对人们生活方式的时代性理解。国际上知名的设计师都是立足于对当下生活方式的综合判断和理解，提出超前的设计理念，从而获得设计上的成功。图7-3所示为三宅一生设计的2016春季系列服装，褶皱的韵律、雕塑感的造型以及对身体的隐藏，表达出东方人的审美心理特征，吸引了世界的目光，成为引领国际审美时尚的时装。

图7-3　三宅一生的设计

3. 服装审美的价值

服装设计与其他设计一样，依赖于市场，它在整合时代新型文化的过程中，直接创造出具有经济价值的时装。服装美的属性对于它在市场上的流通和交换也起到了重要的作用。

罗兰巴特在对时装流行杂志的语言结构分析中提醒人们，流行杂志为什么要使用很多花哨的词来描述服装，把一种纯属想象的内容强加在服装之上。他说，"原因当然是经济上的。精于计算的工业社会必须孕育出不懂得计算的消费者。如果消费者和服装生产者具有了同样的意识，衣服将只能在其损耗率极低的情况下购买（及生产）。流行时装和所有流行事物一样，靠的就是这两种意识的落差。为了钝化购买者的计算意识，必须给事物罩上一层面纱——意象的、理性的并且有意义的面纱，要精心炮制出一种中介物质。总之，要创造出一种真实物体的虚像，来代替穿着消费的缓慢周期"。他对流行时装的分析说明，服装的商品美是目前推动服装市场的关键，它可以增加消费者对服装商品的需求，企业的品牌特色和市场竞争力也可以由此形成。当品牌优势形成后，就可以在同类商品中形成审美价值的垄断，带来更多的资本和利润。

服装不仅利用审美的感性思维弥补抽象思维和理性思维形成知识体系的整合、文化形态的交融，它还通过对大众审美心理的影响作用于当代人的生活方式，并且最终将文化的整合置于市场的大环境之上，实现服装商品的审美价值。

第二节 服装与性别

一、人体与服装审美

1. 人体美的文化内涵

身体是人类自古以来最经久不衰的审美对象。对人体的欣赏是人类的一种自我欣赏。车尔尼雪夫斯基说："人体是地球上最美的。"古希腊人对自己身体的美深信不疑，妩媚的优美和壮硕的健美都可以在一尊裸体的石雕中显现出来。米隆的《掷铁饼者》是最为著名的关于男运动员的石雕，古希腊艺术家将注重数学和比例的毕达哥拉斯学派的美学观运用到人体艺术上，获得了无与伦比的完美。人的身体包括身材、相貌、肤色、姿态、气质等一系列的自然形式要素，蕴含着智慧、力量、情感、意志、技能等丰富的内涵。柏拉图认为身体的优美与心灵的优美和谐一致是最美的境界。爱神维纳斯的雕塑尽管一丝不挂，但面对它时也只会产生一种纯洁、自然的美感。半个多世纪前，研究人体构造的绘画技巧和艺术手段在西欧已经很普遍，但在当时的中国社会，裸体模特却是见所未见、闻所未闻的，它的出现让当时很多人都认为这有辱我国五千多年的礼仪之邦的形象。时至今日，我国人民已经能够正确看待和欣赏人体美，这是文明的进步。图7-4所示为2009年第十届CCTV模特大赛泳装展示。

图7-4 泳装模特比赛

2. 人体与服装

服装与身体的性别和社会阶层息息相关，服装是设计师围绕人的身体展开的。对人体的美好的展露和修饰，是服装艺术作品的重要内容。无论是以人体为核心的雕塑风，还是将人和周边环境要素放在一起整体考虑的建筑风，服装均依附于人体而使其外部物质形态受到人体体型的限制。穿着者和服装一起组成了审美对象，着装表明了服装是一种主客体合一的生活艺术化的实践方式。

服装与着装者的身体，无论是在心理暗示还是行为表现上都存在着相互生成的关系。身体始终是服装所要涉及的，服装的面料、款式和色彩与着装人所处的情境是相互映射和生成的。服装通过新奇与时尚的样式，引起人们对穿着者及其身体的关注，在不同的服装文化环境中，身体以不同的方式显现自身。人的身体兼具自然性和社会性，它有自身的、自足的存在意义。表面上，服装不断地重新划定着装的规范，事实上它对身体也在不断地重新规定。人体具有黄金分割比例，符合黄金分割比例的形体是最美的，但人体的这一规则并不能忽视不同文化中的艺术及其独特的表达。在服装审美中，审美的人否定了理性的人，彻底成了感性的人。尽管各种文化包含着不同的时装技术，但身体时装化是所有文化的特点。

3. 裙与裤的文化差异

裙与裤的差异并非表面看起来那样微不足道，这种差异深刻和全面地影响了人的思想和身体行为。裙装限制或规定了女性的身体，虽然现代女性穿裤装的频率和人数已远超过从前，但女性在就座时仍会下意识地双腿相对并拢、手臂交叉于身前。在简单地站立和倚靠的时候，男性两脚分开的距离往往比女性大，女性则习惯性地保持手臂紧挨或遮蔽身体。在步态和步幅方面，女性也不像男性那样喜欢舒展身体，典型的、有男子气概的男性行走方式是以舒展和松散的方式甩动手臂，步伐上下有节奏。这些身体及行为差异的根源就是裙与裤的差异，服装是一种实体化了的文化规范，无孔不入、坚不可摧。

二、服装的性别文化

1. 源于女性的感性特征

男性积极、紧张、专注、强壮，偏重逻辑，善于抽象；女性消极、服从、软弱和松弛，偏于感性，重于具象。这种差别在雅克·路易·大卫的著名油画《贺拉斯兄弟之誓》（图7-5）中充分展现，女性和感性审美的关联较之男性更为普遍和突出。著名的法兰克福学派哲学家马尔库塞将审美的解放与性别联系起来思考，将女性的感性存在上升到人类自由和解放的高度，认为那是一场真正的、无声的对男性化理性专制的革命。服装最充分地体现出女性感性的审美诉求，设计者正是从性别意识切入到服装的主题、风格、观念等文化层面，在服装的每一个细节中我们都可以感受到性别的活跃气息。

从服装性别出发，同时将人的生理、心理、情感、政治倾向、地域和种族等文化因素视为一个有机的整体，这就形成了一种开放和多元的理论格局。我们可以将服装视为性别意识的物化产物，任何社会和阶层的服装和其功能都被贴上了性别的标签。

2. 服装对人体的表达

从服装的发展历史上看，性的表达由来已久。法国艺术史家丹纳在《艺术哲学》中描

图7-5　雅克·路易·大卫《贺拉斯兄弟之誓》

述了古希腊人的着装："所有这些衣服一举手就可以脱掉，绝对不裹紧在身体上，但是能刻画出大概的轮廓，在衣服飘动的时候或者接缝中间，随时会暴露肉体。在练身场上，在跑道上，在好些庄严的舞蹈中，他们干脆脱掉衣服……衣服对于他们只是一条松松散散的附属品，不拘束身体。"中世纪基督教强调禁欲，修女用服装把自己的身体围裹、隐藏起来，不能显现出身体自身的曲线。伊斯兰教的信徒们严格遵循着《古兰经》的教诲，女子必须全身裹着长袍、头戴面纱，避免裸露肌肤。现代服装在西方的发展日益表明了它是为人的身体服务的，它的作用在于充分显示人体的美感、弥补人体的缺陷，用服装突出个性，用服装来表示对自我价值的肯定与重视。

　　3. 性与服装的表现

　　自服装产生以来，"性"与服装的表现就结下了难舍难分的不解之缘。有人认为"性是美的母体"。性使服装的艺术主题具有了更深厚的物质基础，或者说它是服装艺术不可或缺的组成部分。经过数千年的演绎和变化，"性"在服装上的表现已跨越了原始的朦胧阶段，成为当今服装设计大师们乐意表现的最重要的艺术主题之一，同时也被越来越多的时尚青年所接受。在国际时装舞台上，服装表现的性主题几乎成了永恒的保留节目。服装是一种生活艺术，这种艺术与人的生理特征密切相关。从服装的流行与穿着来看，毫无疑问在人的一生中，对服装审美感觉最为敏感的时期，也正是性成熟与性旺盛阶段（20～30岁）。大自然中有许多动物在青春期的时候，羽毛也会变得更加漂亮，这种不自觉的行为，也正说明了人类性本能与爱美之间的天然联系。

人类性别的差异首先是从外表直观显现出来，服装设计师在构思作品时常常有意夸张两性的区别，追求视觉形象的强烈反差。美国设计师哈利霍德曾为世界级影星玛丽莲·梦露设计了极具性感风格的服装，紧胸、包臀、低开领等。这一装束曾使梦露在时装潮流的引领方面红极一时。据说迪奥十分讨厌这种性感装束，他企图把垫胸从流行中消除，但即使是他也未能力挽狂澜。因为古人早就说过"食色，性也"，性是服装美的组成部分。

4. 设计中的"性"主题

服装将式样表达、工业结构、材质面料、色彩亮度等因素进行有效的选择与重组，通过暗示或强调人体的某一部位，如颈、肩、胸、腰、臀、腹、踝等，有意或无意地突出两

图7-6　亚历山大·麦克奎恩
设计的服装

性区别，造成形象强烈的对比与视觉冲击，加上穿着者肢体、情态的渲染，从而唤起人们对人体特征的性想象。在父权社会中，男尊女卑的观念占据了主导地位，男女社会地位的悬殊使得服装成为强调男女生理特征、拉大性别差距、定义性别角色的工具。男性的阳刚美、女性的阴柔美成了服装追求的旨趣。一般来说，男装趋向简洁、整肃、风度、阳刚和力量，女装则被赋予母性、感性。20世纪60年代以前，用来显示女子丰胸、细腰、肥臀的紧身胸衣和裙撑是一种时尚，60年代以后，女装设计更关注女性身体的美，性感多表现于"透"和"露"的设计处理上。服装的性别差异也并非一成不变，会受到大的社会环境的影响。20世纪60年代"孔雀革命"之后，男装开始变得花哨。70年代流行中性风貌，女装设计中借用男装设计因素的趋势十分明显。20世纪以前，中性或异性穿戴是一种意趣化的身份游戏，并非要刻意隐瞒自己本身的性别身份，无论是中国唐代的男扮女装，还是西方巴洛克时期追求类似女性形态矫饰的男装均是如此。20世纪以后，随着科学进步和要求妇女解放的政治女权主义的兴起，服装的中性化与女性对男性服装的模仿相伴相生，这反映了女性追求自身解放的要求，这种要求在社会分工的趋同导致的男女差异弱化的历史条件下逐渐得到了一定程度的实现。图7-6所示为亚历山大·麦克奎恩设计的服装。

借助服装的表意和象征性，对人体性特征的注意和迷恋转变为对美与魅力的追求。服装设计往往是对身体性别信息该如何遮蔽或显现的一种选择和强调，服装中的性主题反映了一种社会普遍认可的对男女两性差异表现的期望。

三、自由与个性

1. 特立独行的"红衣少女"

20世纪80年代，导演陆小雅根据作家铁凝的中篇小说《没有纽扣的红衬衫》改编并执导了电影《红衣少女》，在影坛掀起一阵风波。红衬衫成为那个时代社会复杂的、深层次的思想冲突的象征。影片中16岁的女孩儿安然喜欢踢足球，喜欢吹口哨，喜欢佐罗的下巴，喜欢自由地穿一件自己喜欢的红衬衫，这些对于当今的孩

图7-7　电影《红衣少女》剧照

子算不上个性独立，但在当时，能在课堂上当众指出老师读音上的错误、揭穿班长的虚伪，这些都是个性的表现，至今仍值得深思。图7-7所示为《红衣少女》剧照。

着装风格的方式的确有效地缓解了个体自我确认在现代理性压力下的焦虑感，在很多场合成为有效的补足方式。现代文化在着装风格的个性表达上，呈现出高度的个人主义特点，使自己"成为""看起来"是与众不同的人。着装风格不仅是自我表达的工具，还是摆脱理性化规范压力的方法。

2. 个体与群体的适度原则

与众不同在现代社会依然是有限度的，着装风格还面临着适度的问题。风格不仅关乎个人特质，也关乎一般性，关乎与某个风格相关的特定类型群体中的人们共同分享。对于追求着装风格的人来说，那些需要完全和独立创造自我的工作已经由一个商业化包装的群体做到了。要想成为哥特摇滚乐人中的一员，只需要购买现成的、个性化的相应行头就行了。极端地说，根本不存在未被商业化及商品化浸染的个性。可以将刻意追求的着装风格视为多样化的文化小环境或者亚文化，人们不必完全依赖自己去创造个性，一种确定的、已经构建好的个性以商品的形式陈列在橱窗里，人们只需通过购买去选择就行了。着装风格的选择既使我们"看上去"与众不同，又能使我们从群体成员身上获得某种归属的安全感。

第三节　服装三属性

自服装产生以来，就被染上了美的色彩，美变成了服装的一个重要属性。服装具有美的属性和特点，但服装的美不同于纯粹艺术的美。服装的美融会贯穿在其"三属性"之中。全部的服装美学概念，也应该是传统美学三大课题与服装三属性的交织。

一、文化艺术装饰性

服装除了满足人们实用的需要之外，其装饰美化作用越来越受到人们的重视。

1. 美化人体的艺术

衣服本身的物质美，能折射人体的光辉。

据有关专家统计，世界上有5%的人无须刻意打扮，就拥有天然的靓丽美；有5%的人无论如何打扮，也难以给人美感；而90%的人都并非十全十美，或多或少有一些生理上的遗憾，这部分人通过不同程度的打扮，体现着不同的服饰文化修养。追求完美是人类可贵的品质。当服装穿着者对自己的体型、比例、肤色等不甚满意时，就可以通过服装或多或少进行弥补。

2. 人生舞台的道具

就人体本身而言，具有自然和社会双重性。身高、体型、脸型、三围、肤色等是人的自然属性；而人们的职业、地位、身份、爱好与气质等则是在社会中打下的烙印。人们会通过服装去渲染和美化这些社会属性，例如法国作家莫泊桑（1850～1893）于1884年所著小说《项链》中，不幸的玛蒂尔德为了一条项链付出了高昂的代价，似乎一条装饰性的项链就使她有资格参加上流社会的舞会，这其实是人对美的期盼超越了极限。除了对档次的追求，追逐流行也是表现社会属性的一个方面。新潮一族的身上总会被投射一束羡慕的眼光，时髦的装扮者自然是美在其中。

3. 丰富文化生活

人们的生活离不开文化，在文化活动领域也离不开服装，服装为各种艺术形象增光添彩，例如，在电影、电视、音乐表演、舞蹈、杂技、戏剧、曲艺等文化活动中，演员们的着装都是经过专业人员精心设计的，这不仅能增加艺术的感染力，还能提高观众的欣赏情趣。对于服装爱好者来说，欣赏一款时装作品，就如同在听服装设计师讲课，其中的乐趣妙不可言。

4. 审美价值观

在实用价值向审美价值的过渡中，人类的观念形态起着中介作用。例如，我国苗族的银饰，在民族服饰中占有重要的地位。据说它曾是避邪和保平安的象征，后来变成了富贵与美的标志，银饰越多，就代表越富越美，有的重达8千克，种类繁多，图案精美。头上的羽毛装饰被赋予了勇敢的含意，使"勇敢"这一观念在服饰美中起了重要作用。原始的图腾崇拜本来没有美的意思，由于宗教迷信而成为本民族强大的象征，进而具有了装饰作用，并逐步发展成为具有独立审美意义的形象。例如，中国龙的形象，图7-8所示为用龙的形象作为设计元素的头饰。

图7-8 用龙的形象作为设计元素的头饰

二、科研技术功能性

1. 服装起源于实用

服装的美首先取决于它的实用性。在远古时期，因为气候因素和生存环境的需要而产生了服装。服装保护人体不被蚊虫叮咬，不被荆棘刺伤，夏天可以抵御高温对人体的损害，冬天可以用来保暖御寒。这些都是早期的实用服装。

现代中国美学认为，人类首先用自己的劳动创造了实用价值，而后才创造了美，事物的实用价值先于审美价值。在原始社会，人们的劳动首先是为了解决对物质生活的迫切需要，这是人类生存的基础。《墨子》中说："食必常饱，然后求美；衣必常暖，然后求丽。"恩格斯曾说："人们首先必须吃、喝、住、穿，然后才能从事政治、科学、艺术、宗教等等。"他从历史唯物主义的高度指出物质生活需要与精神生活需要（包括审美需要）的关系。我国学者认为服装是在劳动和对物质需要的基础上产生的，西方"亚当与夏娃"的故事则说明遮体物（服装的萌芽）是由羞耻心理产生的。

2. 服装的基本功能

除了保护人体、调节体温、防御外界伤害之外，服装的实用性还表现在其他很多方面。例如，服装穿着与年龄、职业、体型及季节相符合的要求；与穿着场合和民族习惯相符合的要求。例如，由于儿童的生理特点，服装要求面料柔软、穿脱方便，以便适应其活泼好动和生长发育的特点。老年人的服装则宜款式宽松，并随气候变化，方便穿脱、随时增减。工矿企业工作者所穿着的职业服，则要求在特殊劳动环境下，能够防护身体、活动自如，便于提高劳动效率。从地区来看，北方大部分地区的外衣设计，要考虑因季节变化方便在里面增减衣服的问题；而南方人的穿着层数相对较少。从季节上讲，夏天的服装款式，面料选择上要求透气性好、吸湿性强、凉爽适体，款式以开门领和短袖为主。此外，白色的自行车披肩对骑车上班族来说也是一种实用设计。

3. 实用是穿着的需要

从企业经营角度看，服装设计应以满足消费者的实用需要为基本原则，充分考虑产品消费群的活动方便，例如，休闲服、运动服、老年服装等要有足够的放松量、袖山设计不能太高、袖肥不能太小、裤子的立裆不能太大或太小。总之，设计服装的规格尺寸时要充分考虑穿着的实用性。图7-9所示为漫画：从审美到实用。

4. 科学与技术的参与

服装必须经过裁剪、缝纫等加工生产。面料、设备、技术、管理等共同生产了美的服装。例如制作精良、工艺高档、袖山饱满圆顺、袋盖窝势内扣、缉线平整、针码均实等都能表达出着装的艺术美。

当看到"3D打印""激光切割"等词时，很多人都无法和"时尚"两个字联系起来，但就是这些带着强烈工业感的技术正在改变着时装工艺。"3D数码印花"解决了在毛料、呢料或皮革等厚重面料上进行打印，该技术让面料变得更加深不可测，赋予立体视觉效果，随廓型而变幻，随着穿着者行走的自然摆动而变幻。图7-10所示为伊里斯·凡·赫本3D打印的时装。

从2013春夏的秀场开始，时装与高科技完美结合的激光切割皮革被大面积运用，让厚重硬朗的皮革呈现出轻盈面料的质感，使其在数码印花以外找到了另一种制作纹样的可能性。

图7-9　漫画：从审美到实用

激光切割最特别的地方在于有着无法预知的细腻度，伦敦的几位新生代设计师贾尔斯·迪肯（Giles Deacon）和约翰森·桑德斯（Jonathan Saunders）等使用激光切割技术，表达了镂空技艺的繁复与精巧之时，同时赋予了皮革新的生命意义。图7-11所示为是贾尔斯·迪肯的服装作品。

图7-10　伊里斯·凡·赫本3D打印的时装

三、经济价值商业性

服装不是纯粹的艺术品，实现服装的实用价值依赖于它的经济性。服装作为消费品与社会经济的发展、人们的生活水平密切相关。

1. 物美价廉的消费

服装的"档次"概念，就包含了经济的意思。

人们在购买衣服时，不会忽视价格因素。所谓高档、低档等都是服装的经济要素，人们在追求美和实用的同时，会根据自己的经济条件，认真组织自己的衣柜。理性消费占有一定的主导地位，讲究物美价廉、经济实惠是一种朴实的社会风尚。

经济消费是一个相对概念，在价值工程中，"价值=功能÷价格"。有时虽然价格较贵，但物有所值，虽贵尤廉。例如，男士购买高级西服套装、女士购买裘皮大衣或结婚礼服，虽然价格较高，实用场合也较少，但因"千年等一回"而慷慨解囊。另外，对于某些人来说较贵的商品，对另一些经济条件较好的消费者来说可能价格一般。

2. 生产的经济性

服装作为商品，首先是被生产出来的。要

图7-11　贾尔斯·迪肯的服装作品

经过市场调研、开店办厂、设计造型、加工生产、企业管理、广告投放、运输销售等环节，每一个环节都需要经济作为后盾和基本条件，因此尽量降低成本、提高设计水平是服装企业管理的首要任务之一。例如，设计师在选择面料时，要考虑消费者可接受的价位，款式造型要方便生产加工；开店办厂时考虑投入与产生的比例及投资回报；在商店销售产品时，要考虑装修与广告的投入，要精心研究定价技巧和降低成本的策略等。经济性原则是企业运作的基本原则。图7-12所示为漫画，讽刺了生产企业过分强调利润的行为。

图7-12　商业漫画

3. 品牌定位原则

服装品牌的定位要显示竞争优势。无论是服装风格的别致、款式的新颖、色彩的协调、面料的独特，还是企业独有的品牌文化和品牌营销等，都有可能形成优势，而这些优势就是该品牌占领市场的取胜法宝。

通常加工型企业的产品线相对较窄，受设备条件的限制，品牌定位也相对容易。对于销售型企业，产品线一般较宽，可以经销多家生产企业的产品。这时，就要考虑经营的品种和风格问题，注意既要满足特定市场的需要，又要考虑效益最大化的问题。服装品牌的定位设计要以服装产品的优点为基础，这是企业能力所反映出来的真正品牌力量。服装产品是品牌的依托，是品牌的竞争优势。

总结

1. 服装与社会文化内涵。
2. 服装文化构成的审美。
3. 服装是性别的载体。
4. 服装具有三属性。

思考题

1. 如何理解"服装是文化的物质载体"？
2. 举例说明服装在社会层面的起源。
3. 举例说明服装与人的身体以及性别的关联。
4. 举例阐述服装三属性。

服装审美教育

> **课题名称：** 服装审美教育
>
> **课题内容：** 1. 什么是审美教育
>   2. 服饰审美教育
>
> **课题时间：** 2课时
>
> **教学目的：** 服饰审美教育是以服装为媒介对大众进行教育的活动。在日常生活审美化的今天，服饰审美教育是审美教育的重要组成部分，同时也是全面推进素质教育的重要内容。本章内容主要包括什么是审美教育和服饰审美教育两个部分。服饰审美教育不仅是对人们日常着装审美实践的具体指导，也是审美教育在服装领域中的一次有益探讨。
>
> **教学要求：** 1. 教学方式——以服饰艺术设计图片为例的示范讲解为主。
>
>   2. 问题互动——举例说明服饰审美教育的功能是什么？
>
>   3. 课堂练习——结合实际谈谈服饰审美的教育功能有哪些。
>
> **教学准备：** 准备具有设计感的时装图片。

第八章　服装审美教育

目前，我国学校教育的规模在不断地扩大。从学前到大学，其规模、设备、教学质量等都在以惊人的速度增长和提升。随着中国基础教育的基本普及，识文断字基本成为社会生活的必备技能。而如何培养具有健全人格又富有创新精神的综合型人才，是当今学校的首要任务。服装审美教育是其中的一个重要方面，更亟待加强和落实。

第一节　什么是审美教育

审美教育简称为美育，是以艺术和各种美好的形态作为媒介手段，作用于受教育者的情感世界，潜移默化地塑造完美人性的一种有组织、有目的的定向教育方式。在学校，审美教育的实质，就是以自然之美滋润学生自然成长，以艺术之美促进学生自由成长，以生活之美启迪学生自我成长，以崇高之美引领学生自觉成长。

一、审美教育的内涵与功能

1. 审美教育的内涵

审美教育主要包括审美主体、审美客体和审美对象三个部分。通过审美实践活动，运用审美形象的感染作用，培养大众正确的审美观念、健康的审美趣味和稳固的审美情操，并激发其丰富的审美创造力，目的是实现人的全面发展。

在我国历史上，最早重视审美教育的记载见于《论语》中："兴于诗，立于礼，成于乐。"其中诗、礼、乐都属于审美教育的范畴。审美教育的内涵有狭义与广义之分。我国著名美学家李泽厚先生认为：狭义的审美教育主要是指艺术教育。而广义的审美教育是指一个人在追求人生境界中所达到的最高水准，也就是关系到每个人怎样去追求和建立自己的人生观，不仅追求灵魂的完美，而且是超越这种完美的"天人合一"，因此，我们有必要把它和艺术教育区分开来。

审美教育的主要形式是艺术教育，但它并不等同于艺术教育。审美教育和艺术教育是两个不同的概念，两者虽有十分密切的联系，但又有明显的区别，既不能把它们割裂、对立，也不能将其混淆。在美的世界中，美的事物多种多样，美的形态多姿多彩，审美内容极其丰富，审美领域无限广阔。不同形态的美具有不同的审美特征，同时会产生不同的审美教育效果。即使在同一艺术领域内部，它们也是各具特色，各有其独特的审美特征和审美教育功能。所以，艺术作为人类审美活动的最高形式虽然是美的集中体现，但它并不是审美教育的全部内容。如果把审美教育仅仅看成是艺术教育，又把艺术教育局限于音乐、美术的范畴，这样势必会缩小审美教育的范围，减少审美教育的内容，削弱审美教育的功能，限制审美教育的发展。

审美教育不仅仅是艺术知识和技能的简单传授，而是作为一种多元化的终身教育的理念贯穿于整个教育过程，是渗透于人一生的教育。正如蔡元培在《以美育代宗教》一文中所说："我所以不用美术而用审美教育者，因范围不同，欧洲人所设之美术学校往往只有建筑、雕刻、图画等科，而音乐、文学亦未列入；而所谓审美教育，则自上列五种之外，美术馆的设置，剧场与影戏院的管理，园林的点缀，公墓的经营，市乡的布置，个人的谈话与举止，社会的组织与演进，凡有美化的程度者，均在所包；而自然之美，尤供利用，都不是美术二字所能包举的；二因作用不同，凡年龄的长幼，习惯的差别，受教育程度的深浅，都令人审美观念互不相同。"（原载《现代学生》第1卷第3期，1930年12月出版）

2. 审美教育的功能

随着改革开放的深入，我国教育观念和教育体制也发生了重大的变化，人们逐渐意识到审美教育在整个国民教育中的重要地位和作用。特别是在素质教育的全面推进过程中，相比较德育、智育和体育而言，审美教育因其具有生动可感的形象、寓教于乐的方式、丰富多彩的内容，所以更易于为不同文化层次和不同行业领域的人们所理解和接受，从而达到陶冶和教育人的目的。

（1）健康人格的完善。审美教育是实现人的全面发展，以审美的方式实现人格自我完善的重要途径。美的形象往往包含着丰富的人格教育信息，通过生动、具体、感人的形象，激发和净化人的感情，以美导真，以美导善，潜移默化地影响着人们健康人格的完善。在健康人格的建构过程中，审美教育具有两个特点。一是审美教育具有完整性与和谐性的特点，它的这种综合、协调作用对于陶冶性情和培育完整的现代人格至关重要。审美教育是一种作用于知、情、意的能力教育，其关注的重点是人的有机协调发展，而非某方面能力的单一性提高。从这方面看，如果缺少审美教育就不能实现人的自由和谐发展和综合素质的全面提高。二是审美教育具有情感与理智相融的特点。审美作为一种精神活动，虽然不等于认知活动和道德意志活动，却往往包含着对真理与道德的评价。通过感性、直观的形式，体会其中蕴涵的意味，进而将其融入自身的价值取向、意志抉择和行为动机的取舍之中，这是人格完善过程中从感性通往理性所不可或缺的桥梁。西方近代审美教育思想先驱席勒早就指出："要使感性的人成为理性的人，除了首先使他成为审美的人，没有其他途径。"

（2）审美能力的培养。审美能力是指在审美活动中个体对美的审美感知力、审美理解力和审美想象力，以及在这个基础上产生的审美创造力。简单说来，审美能力就是个体以审美的方式把握世界的能力。个体间的审美能力是有差异的，但审美教育可以使人的审美能力得到提高。增强审美感知力，是为了培养受教育者在把握审美对象的色彩、造型、比例等外在形式方面所具有的敏锐选择力和认同力。培养审美理解力不是指培养简单的认识，而是培养一种审美的认知能力，是使受教育者突破抽象思维习惯的束缚，运用形象思维对审美对象的整体及其内涵的领悟和把握能力。培养审美想象力，是指在既有的审美经验基础上，审美主体通过发挥联想等心理活动的作用，丰富和提高原有的审美感知力和审美理解力。培养审美创造力，表现为增强审美主体按照美的规律驾驭和创造物质美和精神美的能力，这是一种更为重要、更为高级的能力。

（3）审美理想的建构。审美理想是指审美活动中对于完美的审美价值的想象。审美教育总是在一定的审美理想前提下展开的，它也是确立并构建审美理想的关键方式。所以，确立良好的审美理想，对各种类型的美好形象进行审美解读，这对于培养人们良好的审美趣味、提高其审美判断力和鉴赏力有着重要的意义。这一点对于青少年群体尤为重要，他们由于生活阅历浅、审美经验不足，正处于人生观、价值观的形成时期，尚未形成完整而准确的审美判断力，心理不成熟，容易产生浪漫化、理想化和形式化的情结。青少年总是盲目追求时尚潮流，但流行文化有良莠之分，庸俗、肤浅的欣赏趣味以及即时性消费中以修身养性为主旨的审美欣赏变为了以消遣、解闷、寻求刺激为主的消费享乐，这些反复强调的世俗观念通过狂轰滥炸的信息，严重误导了青少年对美的认知。如果对此不加以正确的引导，会使青少年极易走向不顾艺术文化的内涵和思想价值、盲目追求感官享受和刺激的极端。

（4）创造性智力的开发。H.里德曾说："人的个体意识，尤其是智力和判断力是以审美教育——各种感受力的教育为基础的。"审美教育开启了由抽象思维能力走向直觉思维能力、由认识真理走向创造发明的道路和渠道。审美教育有助于创造性智力的开发，它能够激发人们无意识的创造冲动。在审美过程中，审美的想象并不拘泥于日常生活的经验，而是思维具有广阔性、灵活性和飞跃性的特点。同样，对事物进行审美的理解和创造，也绝非是在日常经验的基础上进行，而是既符合常识，又要违背或者超越它，呈现出一种创造性的智慧。审美教育特别是其中的艺术教育，是开发、培养儿童和青少年创造性能力的最佳教育形态。艺术教育的绝大部分都是通过动手实践来实现的，作画、设计的过程本身就是一个创造性的过程，一个点、一条线有无数的画法，不同的画法又给人以不同的想象，同时还有不同的组合方式。在这个过程中，学生完全摒弃了条条框框，自由发挥，大胆想象，这不能不说是一种开发人的创造力的极佳方式。

（5）丰富生命体验。生命体验是审美教育的起点。生命是审美的本源，审美来源于人的生命活动，来源于人的实际生活中的感受、体会和领悟。艺术来源于生活，然而生活本身并不能自发上升为艺术，生命体验作为中间部分连接着审美和艺术。审美主体需要发挥主观能动性去体验去感悟生命，而不能灌输和强迫。

课堂上，教师不能用自身或教科书的主人翁的经历和体验来代替学生的生命体验和感悟，要引导学生了解如何获得美的途径和方法，由学生自己去体验。美的传递过程也是生命体验的过程，生命体验贯穿审美教育的整个过程，能够推动审美教育走向超越和提升人的精神境界，审美教育也能唤醒和提升个体的生命体验。

3. 审美教育的特点

审美教育是一种情感教育，它的任务是要塑造和形成人们优美、高尚、丰富的感情、趣味、心灵和精神境界。审美教育的这种职能需要人们持久的关注。审美教育具有以下特点：

（1）形象性。形象性是审美教育的显著特点。审美教育是从观赏美的形象开始，并且始终离不开美的形象，让受教育者通过美的形象来领悟美的内蕴。无论是自然美、艺术美，还是社会美，它们首要的特征是形象性。审美教育的形象性是和智育的抽象性相对而言，也是由美的形象性所决定。美是直接的感知，是对那种浮现在眼前的形象的直觉把握。例如，大自然中的高山流水、苍松翠柏，文学中的唐诗宋词，绘画中徐悲鸿的万马奔腾、齐白石的虾、达·芬奇的蒙娜丽莎，米洛斯的维纳斯等都是以生动、多姿多彩美的形象，唤起人们的审美情感，使人们获得审美愉悦和审美享受，从而实现审美教育的目的。

（2）情感性。审美教育的情感性也是以审美形象传递到人的感官，从而激起人的情感体验与感悟，以陶冶情操和涵养，从而完成健全人格的构建，提升人生境界。审美教育的形象性以情感的形象化来表现与体悟。审美对象在本质上是情感生命的形式，它直接作用于人们的审美创造力和欣赏力。

（3）娱乐性。娱乐性是审美教育的鲜明特点。早在古罗马时期，诗人贺拉斯（Horatius，前65～前8）就提出了"寓教于乐"的主张，强调通过艺术欣赏活动，不仅可以使人们满足精神上的审美需要，身心得到积极的休息，而且还可以从中受到教育和启迪。

（4）精神性。在审美教育中，虽然以审美形象诉诸人的感官，以情感体验感染激发人的心灵，但是审美教育的最终目的却是人的精神世界，而不是停留在感官享受上，更不是引向物质欲望追求，当人们面对让人沉醉的美时，人们感受到的是精神的震撼，得到的是灵魂的陶冶与净化。审美教育从感性出发，而大于理性，从形象感知开始，而终于精神自由，正是其超越性和精神性的体验。

（5）自由性。自由性是审美教育的重要特点。一般来讲，智育、德育等教育方式，都或多或少要采用灌输的方式来进行。智育、德育基本上是在课堂上进行，大多采用老师讲授和学生听讲的形式。而审美教育的特点，恰恰是采取自觉自愿的自由方式进行。

（6）趣味性。审美教育的趣味性是指审美教育的进程对受教育者应具有的吸引力，使他们始终对审美的创作与欣赏保持浓厚的兴趣。审美教育的趣味性来源于美对于个性差异的充分尊重，满足每一个受教育者的个性情感生活需要，鼓励他们个性和独创性的充分发展。审美教育的趣味性来自审美教育的感性、形象性，审美教育进程始终伴随着生动可感的形象，始终伴随着对生动形象的体验。

（7）普遍性。美是无时不在，无处不在的。美的普遍性，决定了审美教育的普遍性。尤其是随着科学技术的发展和人民物质文化水平的提高，审美教育在人类生活中占据着越来越重要的位置，它不只是在学校的课堂或校园中进行，而是进入到人类生活的各个领域，包括自然美、社会美、艺术美，以及日常生活中的美容美发、形象设计、服饰打扮、家居装饰等，都离不开审美和审美教育。在当今社会的生活化趋势，使得人们在日常生活中也随时可以受到美的熏陶和教育，审美教育正在成为一种生活教育或整个人生的教育。

（8）全面性。审美教育的全面性并不是指审美教育可以独立承担起促进人们个性全面发展的任务，而是指在促进个性审美的发展过程中，对人们的心理功能与意识的全面开发，并使它们处于相互协调平衡的状态。其实审美本身就是一种高度复杂而综合的活动，它包括了生理和心理领域。席勒提出审美教育的全面性，认为在审美教育的过程中，个性、人格的分裂可以消除，以恢复到人性整体的心境。因此审美教育充分体现了促进个体全面发展的素质教育理想。

二、培养审美心理

审美心理过程是多种心理要素和谐运动的过程，美感是审美感知、审美想象、审美情感和审美理解多种心理要素综合在一起的矛盾统一体，它们既有自己独特的心理功能，又彼此依赖、相互诱发、相互渗透。

1. 审美感知的熏陶

对于审美反应的完整过程而言，审美感知是美感的出发点和归宿。审美感知是审美感觉和审美知觉的统称。审美感受和其他形式的认识活动一样，必须以审美对象的感知为基础，只有通过对审美对象各种属性和外在特征的感知，才能由感觉进入知觉，进一步感受审美客体内部所蕴含的情感、气质和灵魂。这反映了美感运动的初步深入和发展。正如黑格尔所说："遇到一件艺术作品，我们首先见到的是它直接呈现给我们的东西，然后再追究它的意蕴或内容。"

审美感知不仅具有一般的感觉和知觉的共性，又有自己独特的个性。

（1）审美感知具有整体性的特点。与美关系最密切的感官是视觉和听觉。虽然视听器官具有比较广阔的感知领域，但在实际感受中，耳、眼、鼻、舌等各感官绝非孤立地工作，人们总是发挥各器官的协调作用，将对象作为整体来知觉的。在感知过程中，知觉并不是对事物个别属性的感知，也不是各种感觉要素的机械相加，而是融进了特定的想法和情绪，包含了审美主体已有的经验、知识、情感、兴趣和态度。

（2）审美感知具有敏锐的选择力。审美主体的选择和审美主体内在的心理结构有关，当主体专注于某一对象时，审美主体能够凭借敏锐的选择力，迅速捕捉到其中的微妙变化。在感知过程中，这种选择通常带有专业倾向，表现为专业的敏感。另外，必要的生活经验也是影响审美主体进行选择的重要因素，正如鲁迅先生所言："看别人的作品，也很有难处，就是经验不同，即不能心心相印。所以常有极要紧、极精彩处，而读者不能感到，后来自己经验了类似的事，这才了然起来。"在我国流传了两千多年的"曲高和寡"的典故，也说明了这个道理。

2. 审美想象的启发

审美想象是按审美需要、审美理想展开的想象，它是一种创造性的心理形式。在具体的审美活动中，审美想象是在多种心理因素（欲望、感觉、想象、理解等）的综合作用下产生的一种特殊的意识行为，是审美活动顺利开展并实现主体审美理想的必要条件。审美想象是艺术创造的源泉，在审美过程中，审美想象既是审美需要和审美感知的延伸，同时也是审美创造和审美理想实现的途径和基础。通过审美想象，人类的思想可以超越时空，自由翱翔，不但可以从一个事物推想到另一个事物，也可将多种相距遥远的事物和概念甚至看似毫无关系的要素相互联结起来，在这些要素的偶遇、交合、撞击中人类会产生灵感，生发出创意并创造出新的形象。但是，不同于理性的科学想象，审美想象的动力是审美情感。除此之外，审美想象还受到审美客体特征和审美主体各方面情况的制约：一方面，审美对象的特征，诱导着审美想象的方向和范围；另一方面，具有不同主观条件的审美主体，对同一个审美对象所展开的想象也不尽相同。

3. 审美情感的浸染

审美情感是审美需要、审美理想的满足，给人一种精神上的愉悦。审美情感在审美活动中有着突出的地位，离开情感，审美活动就无法进行。在审美心理过程中，审美情感首先是以审美客体的存在为基础的，一个不美的对象很难激发起我们的情感。审美活动又是一种再创造的活动，在审美活动中，审美主体虽以审美对象作为基础，受它的限制和制约，但并非被动地适应，而是向其渗透着审美主体的情感体验。同时，审美情感作为人的一种高级的情感活动，与一般意义上的快感又有很大的区别：它是以人的审美认识判断为基础，其中包含了审美主体对审美对象的评价，蕴涵了丰富的理性内容。

情感作为其他心理因素的诱因，也是审美过程中最活跃的因素。《列夫·托尔斯泰文集》中表明："作者所体验过的感情感染了观众和听众，这就是艺术。在自己心里唤起曾经一度体验过的感情，在唤起这种感情之后，用动作、线条、色彩、声音以及言词所表达的形象来传达这种感情，使别人也能体验到这同样的感情——这就是艺术活动。"一方面，审美情感是人进行审美实践活动的内在动力，是艺术创作的过程，本质上也是艺术家审美情感的物态化过程。另一方面，审美情感又是审美鉴赏的动力因素。正是因为情感的参与，才使我们的情感体验有了无限丰富的内容。正所谓艺术家"情动而辞发"，审美接受者则是"披文以入情"。艺术家凝聚在作品中的审美情感与接受者的情感融为一体时，便会产生强烈的共鸣。这样，作品中情感的作用才能发挥出来，艺术创造才算真正的完成。以美的形象作用于人的情感、净化人的情感、洁净人的心灵，以潜移默化而不是说教的情感方式感染受教育者，这才是审美情感体验的完整过程。

4. 审美理解的升华

不同于一般意义的理解，审美理解除了具有理解的共性特征之外，还具有独自的审美特征。对于服装艺术的审美理解而言，首先必须要有明确的观赏态度，在承认服装具有基本的穿用功能的基础上对服装的审美功能进行必要的确认，这是进行服装审美的前提。其次，要有与审美对象相关的必要知识储备，包括对服装的造型方式、制作工艺、熨烫技巧等专业知识的了解，这是进行服装审美的基础。最后，审美主体要有较高的文化素养和丰富的艺术经验积累。欣赏同一件服装作品，具有丰富的服装艺术知识和较高文化修养的人，会比一般人产生更为丰富的联想和想象，这一点对于领悟审美对象的深层生命意蕴至关重要。

第二节　服饰审美教育

一、服饰的审美形态

服饰美是一个综合性的整体概念，它是许多要素协调、配合所构成的一种统一美。服饰美蕴藏着美与文化，是功能与装饰、物质与精神、形式与内容的统一。它通过功能美、视觉美、工艺美以及象征美这些元素，塑造出服装美的整体形象，表现出服装特有的审美特征，为人们带来了精神和物质的双重享受。

1. 功能美

服装的功能美是指服装产品因其功能上的特征和优势而创造出的审美价值。功能美是服装美学的基本形态之一，也是设计之美区别于一般艺术之美的重要标志。服装功能美的基本表现在于，服装具有保护肌体、舒适保健、方便活动的功能。功能美主要展现的是服装的内在美，它是服装产生、存在和发展的重要基础。为了满足日常生活中人体活动的各种需要，服装有着对应于各自目的的特定形态、结构及功能。从山顶洞人发明骨针、缝制兽皮以御严寒开始，服装就具备了最基本、最原始的使用功能，尽管那时所采用的工艺简单而陋拙，但御寒、护体的实用性远远超过了它的装饰性。随着社会的进步，在服装企业的现代化生产中，科学技术有力地推动了服装功能美的实现。采用新技术并运用高科技手段对服装产品的结构、材质和性能进行了更为合理的选择和优化，这一点在工作服、运动服、登山服、潜水服、宇航服等功能性服装上的表现极为明显。图8-1所示为登山服，它所具有防水、防紫外线、耐磨损的功能性特点。另外，服装的功能美不仅能够解决社会生活的需要，而且还是产品畅销的有力保障。

图8-1　登山服

2. 视觉美

（1）造型美。造型美是服装视觉美的主要表现方式。服装的造型包括服装本身的造型和穿在人身上之后的综合造型两个方面。在服装的设计和穿用过程中，服装的造型美主要是通过对服装内、外廓型的设计以及对附件、配件等局部细节的造型表现出来的。服装造型有自己的特点，它属于立体造型，同时，结合人体的形态还具有动态变换的特点。服装造型的过程实质上是运用剪裁、拼接等整形方法，将设计意图物化表现的过程。在服装面料有机地转化为服装成品的过程中，完美的服装造型是服装功能性与装饰性的有机结合。观察香奈儿（Chanel）、迪奥（Dior）、纪梵希（Givenchy）等世界著名品牌的经典造型设计，我们可以看到服装造型美的设计不仅要结合服装的实际穿用目的，而且还要运用形式美的基本法则，把对比、统一、调和、变化、平衡、比例、节奏等内容作合理安排，只有这样才能创造出或简约或奢华的造型美。图8-2所示为奥黛莉·赫本身穿纪梵希为其设计的小黑

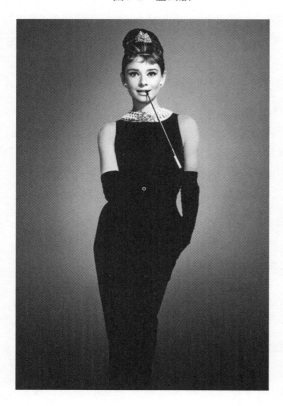

图8-2　奥黛莉·赫本身穿纪梵希设计的小黑裙

裙，造型简约又不失高雅。

（2）色彩美。色彩在服装设计中占据着重要地位，它是服装生命与灵性的体现，也是一件服装成功与否的关键因素之一。皮尔·卡丹曾说："我创作时最重视色彩。"服装的色彩美往往能给人们的视觉带来最为直观的审美愉悦，使服装产生立竿见影的审美效果。好的色彩搭配不但可以给服装作品增添美的活力、强化人们的审美快感，同时也可以修饰人的体型、衬托人的肤色、体现人的气质并弥补其形象中的不足或缺陷。早在茹毛饮血的年代，人们为了某种目的就开始用色彩来装饰自己的身体，他们用赭石粉和花汁涂抹身体，甚至不惜刺破皮肤嵌入朱砂、青、白等颜色。进入奴隶社会、封建社会以后，服装色彩更是以其实用功能和审美功能的发挥而引起了人们的重视，并且成为区分贵贱的标志。服装色彩是服装设计师设计理念的表达，是服装设计风格的体现，同时也是众多服装品牌在残酷的市场竞争中取胜的关键所在。意大利品牌贝纳通（Benetton）就是凭借其全色彩的设计理念，成为服装界"以色取胜"的典范，其广告语"全色彩的贝纳通（United Colors of Benetton）"就标示着这个特点。图8-3所示为鲜艳的贝纳通服装。

图8-3　鲜艳的贝纳通服装

（3）材质美。服装材料作为服饰美的物质载体，主要由服装材料的外观风格和内在性能两部分组成。前者是通过材料的质感来反映的，后者主要是通过服装材料在吸湿、透气、防水、防风等内在功能方面的特点反映出来的。由于所选材质的不同和织造工艺的差异，衣料表面会产生各种不同的纹理变化，给人以不同的视觉和触觉感受，例如柔姿纱的轻盈之美、水洗牛仔布的粗犷之美、真丝面料的糯滑之美以及棉麻面料的透气之美等。另外，同样款式的服装，由于使用面料的不同，还会给人带来截然不同的视觉与心理感受。真丝面料给人飘逸华丽之感，呢绒面料给人富贵高雅之感，棉麻面料给人朴素庄重之感。衣料材质的不同会直接影响到服饰美的艺术效果。图8-4所示为普拉达（Prada）秋冬系列，其服装的面料质地呈现出厚重感；图8-5所示为华伦天奴（Valentino）2016年春夏系列，裙装的面料是呈半透明状的薄纱，质地轻盈飘逸；图8-6所示为亚历山大·麦克奎恩（Alexander McQueen）2010年巴黎时装周春夏系列，其服装面料呈现出光泽感。

图8-4　普拉达秋冬系列

3. 工艺美

服装品质的展现除了通过选用华丽、精致的面料外，更多的是通过剪裁工艺的精巧、缝纫和熨烫工艺的巧夺天工来实现的。服装的工艺美主要指服饰制作中的传统手工艺美和机械化现代技法美两个方面。按照服装制作的步骤和过程，服装的工艺美主要包括剪裁之美、缝纫之美、熨烫之美和包装之美四个环节。服装技术的美观程度会直接影响服装整体美的实现。如果没有合理的剪裁技术和精湛的缝纫技术，服装创意将永远都只是脑海中的想象或图纸上的描绘。加强工艺美的设计是服装品质升级的必由之路。在选择好服装面料之后，服装韵味的表现很大程度上依赖于天衣无缝的制作工艺，这一点在高级定制女装上的表现尤为突

图8-5 华伦天奴2016春夏服装

图8-6 亚历山大·麦克奎恩2010春夏服装

出，优雅的造型加上精湛的工艺常令人惊叹不已，图8-7所示为迪奥的高级定制女装，图8-8所示为范思哲2014年秋冬系列中的高级定制女装。另外，服装的工艺美，不仅是体现设计创意的技术保证，而且还是服装品质升级的必经之路。

图8-7 迪奥高级定制女装

图8-8 范思哲2014秋冬高级定制女装

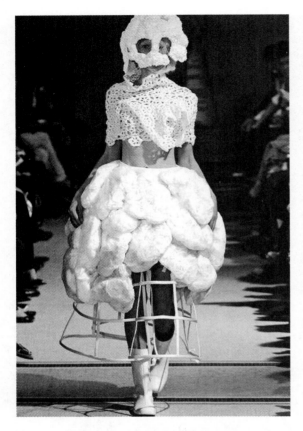

图8-9　川久保龄2012春夏时装

4. 象征美

服装的象征美，一方面体现为设计师运用美感元素对服装各种隐含意味的表现，另一方面体现为欣赏者发挥主观能动性，根据社会习俗和自身的审美体验对其隐含意味的解读和联想。服装可以是个人身份和地位的象征，例如，我国古代服饰往往通过服装的色彩、纹样、品类标志着人们的身份和地位。另外，它也可以是特定环境下隐喻和暗示功能的反映。在川久保龄（Rei kawakubo）2012年的春夏时装秀现场（图8-9），设计师将该场秀概括为"白色戏剧"：出生，结婚，死亡，涅槃。依照传统，不同的仪式赋予了白色不同的意义，川久保龄的纯白色解构系列就是设计师对服装在色彩和造型方面富有象征意味的审美解读，是川久保龄对日本地震这一大灾难做出的艺术回应。

二、服饰审美教育的途径

1. 家庭审美教育

家庭中的服饰审美教育是服饰审美教育的起点。社会是由家庭组成的，家庭是社会的细胞，家庭是人生的起点，父母是孩子最早的老师。一个人最早接受审美教育，是从家庭开始的。研究结果表明，受家庭审美教育影响最大的是学龄前儿童即婴幼儿，婴幼儿时期的审美教育十分重要，因为他们所受到的教育几乎全部来自家庭。从这个角度讲，家庭中的服装审美教育开始的最早、持续的时间最长、对人的影响最深。但是由于受年龄的制约，婴幼儿对于服装美的理解还处在一个相对朦胧模糊的状态，所以该时期的服装审美教育主要在于一种"美好观念"的传达与渗透。例如，可以通过家庭环境的美化布置、家庭和谐氛围的营造以及家庭成员恰当的穿衣打扮和言谈举止等，在孩子心中建立一个初步的美的概念。

在家庭的服饰审美教育中，父母发挥着重要作用。他们不仅是孩子们着装的启蒙老师，同时还扮演了人生各阶段自发的着装监管员的角色。父母自身日常的着装风格和审美观念，会在无形之中对孩子的服装审美观念产生极大的影响。鉴于此，父母应通过日常有关服装主题的交谈、购买一些与服装相关的图书或者欣赏一些经典的服装影视作品等多样化的方式，引导孩子认识服装美，产生服装选择与搭配的审美意识，帮助孩子建立正确的着装观念，进而辅助孩子形成良好的审美观。

2. 学校审美教育

学校是实施教育的最重要的主体，学校审美教育具有明确的目的性和周密的计划性，学校中的服饰审美教育是服饰审美教育的关键环节。学校是从家庭到社会的中间环节，它对学生施行有计划、有组织的系统教育，因此，与家庭和社会中的服饰审美教育相比，学校中的服装审美教育时间更有保证、条件更加优越、教育更加系统、效果更加明显。2002年教育部颁发的我国第一部《学校艺术教育工作规程》明确规定："艺术教育是学校实施审美教育的重要途径和内容，是素质教育的有机组成部分。"不少学校将服饰审美教育列入教学计划，纳入学校的素质教育之中。

学校中服饰审美教育的受众是学生群体。在当今信息爆炸的时代，身处象牙塔中的学生们不再是消息闭塞、传统呆板的书呆子，而是最容易接触并接受新事物、新理念的群体。然而，各种各样的服装样式和着装方式却令他们眼花缭乱，不知所措。他们热衷于追逐时尚，他们的服装看似时髦且极具个性，但实际上却是失去了社会文化、审美价值和学生身份特征的盲目模仿。与遍布街头巷尾的服装类期刊相比，教师在配套专业教材的指导下，对学生进行服饰审美教育，无疑更具有权威性、科学性。学校系统性、针对性的服装审美教育，不仅可以使学生了解穿衣的智慧，培养学生对美的感受力、鉴赏力和创造力，同时也可以帮助学生树立正确的审美观念，抵制不良文化的影响。

学校服饰审美教育的途径主要有课堂教学和课外活动两种。课堂教学中的服装审美教育应当是学校中服饰审美教育的核心，因为学校教育主要是通过教学活动来完成的，课堂教学自然也是学校服饰审美教育的主要方式。课外活动中的服饰审美教育是课堂教学的补充，同时也是校园文化生活的重要组成部分。学校可以定期举办服饰专题讲座，也可组织服装社团、模特表演队等，让学生根据各自的兴趣爱好自由参加，丰富学生的课外生活，增强学生对服饰美的认知与判断。

课堂教学中的服饰审美教育主要包括两个方面：一方面是针对非服装专业学生开设的公共欣赏类普及性课程，如《服装色彩鉴赏》《中西服饰艺术欣赏》《服装艺术风格鉴赏》等；另一方面是针对服装专业学生开设的《服装概论》《中外服装史》等专业理论课程，以及《服装制板》《服装剪裁》《服装生产工艺与设备》等专业应用性课程。由于欣赏性教学和专业性教学针对的接受群体不同，所以在课堂教学内容的安排和选择上会形成明显的差别。教学方式既可以是教师根据讲义内容来授课，也可以是在教师的鼓励下，由学生主动地表达自己的理解和认识，或者是采用讨论的形式，就一个特定主题进行自由讨论来组织教学。

运用多媒体、投影仪等现代教学手段，图文并茂地介绍服装方面的相关知识，仍是现代服装课堂教学的一个重要方面。服装是一种视觉艺术，每件服装、每套配饰都是精美的图像。在课堂教学中，以印刷品、电子演示等形式，提供大量高质量的服装图片，可以帮助学生对服装形成清晰、直观、形象的认识，从而对学习效果产生有益的帮助。但是，如果只使用单纯的图片，其说明效果是不完善的，还须与文字相配合，这样才能达到最优的教学效果。

3. 社会审美教育

社会审美教育是审美教育的大课堂。与家庭和学校中的服饰审美教育相比，社会中的服饰审美教育具有更加广阔的范围和更加多样化的形式。社会审美教育中的服饰审美教育具有广泛性的特点，它的目标群体的范围更大，是以全体社会成员为对象。尤其是当代社会中，随着广大人民群众物质生活水平的提高，人们对服饰美也提出了越来越高的要求。社会中服

图8-10　外文版*VOGUE*杂志

图8-11　《世界时装之苑》杂志

饰审美教育的方式主要是指发挥博物馆、展览馆、影剧院和文化宫等由国家和社会建立起来的一些专门的审美教育机构的作用，利用期刊、报纸、广播、影视及网络等大众传播媒介，结合日常生活中的观察、交谈和考察，多渠道地获取服饰方面的相关知识。

在生活中，个体的服饰形象千差万别，不同行业的服饰形象也迥然相异。观察对象的服饰特点，思考服饰形象背后的民族、文化和职业背景，这无疑是获得服饰审美教育机会的最为便利的方式。另外，由于服装艺术是不同时期社会、文化和艺术的最好缩影，它们往往能够体现不同时期的具有代表性的服装艺术风格或者体现服装史中著名服装设计师的某种设计理念，所以各个时代的典型服装往往成为许多博物馆收藏和展示的重要对象。通过对这些馆藏服装作品的欣赏或设计师个人服装风格的展示，我们不仅可以获得最为直观的审美享受，同时也可以弥补二维服装图片的不足，和因摄影技术、印刷质量给服装本来形象造成的扭曲。所以，将图片与生活中的日常观察或者到博物馆、展览馆参观的体验结合起来，这必定会使我们得到更为深刻的服饰审美教育。

随着当今社会信息传递的增快，人们也可以利用杂志、报刊、广播、影视、网络等大众传播媒介，获取有关服饰文化、服饰流行、服饰制作等多方面的相关信息。图8-10、8-11所示分别为*VOGUE*、《世界时装之苑》杂志，这些时尚杂志经常会介绍一些世界著名服装设计师，并刊出他们的代表作品。另外，通过欣赏影片，结合剧情了解片中人物服饰风格的特点，也可以使我们在享受视觉盛宴的同时获得服饰方面的大量知识。图8-12所示为电影《绝代艳后》的剧照，这部电影因其美轮美奂的服装造型获得了第79届奥斯卡最佳服装设计奖。此外，通过电视、网络等媒体，观看服装设计师每季时装秀中的作品展示，也可帮助我们了解服装的设计风格，把握时尚流行的讯息。图8-13所示为香奈儿2012年春夏高级定制发布秀。总之，社会中的服饰审美教育方式多种多样，可以是实地的参观，也可以是间接的欣赏，还可以是日常的口语交谈，只要留心，你总会或多或少地受到一定的服饰审美教育。

图8-12　电影《绝代艳后》剧照

三、服饰审美教育的功能

讲求服饰美，是人的天性所致，也是健康人格的表现。人类通过服饰表现自我、美化自我，这种意识不仅促进了服饰的艺术创作，而且推动了整个服饰文化的发展。服饰美具有一般艺术形式无法替代的独特魅力，它具有大众化的特征，是一种有普遍影响力的审美形式，也是人人都可以参与的审美形式。人们既是高级定制发布秀审美的主体，也是审美的客体，每个人都可以成为服饰美的创造者、使用者和观察者，因此，服饰美具有广泛的社会影响力和重要的审美教育功能。

1. 树立正确的服饰审美观

（1）具有包容性的审美态度。服装艺术风格多种多样，它是作品成熟的标志，同时也是服装设计师之间相区别的独创特征。在当前这个信息化、多元化的社会中，社会宽容度加大，各种设计风格都可以自由传播，可以是克里斯汀·迪奥作品中带有古典主义意味的高雅，也可以是让娜·郎万（Jeanne Lanvin）作品中带有浪漫主义色彩的华贵，还可以是亚历山大·麦克奎恩作品中超现实主义想象的离奇。面对众多的服装艺术风格，我们需要进行冷静的分析，不能盲目地加以评价。艺术本来就是

图8-13　香奈儿2012春夏高级定制发布秀

多元化的，每种风格背后都有特定的文化与艺术内涵。事实上，艺术的魅力正是源于它的不拘一格，犹如百花齐放般的灿烂。在不同时期，可以有主流与非主流之分、前卫与传统之分，但绝不会有对与错之分。艺术是多元的、丰富多彩的，既要宽容大度，又要学会用科学理论去加以分析，既要客观公正，保持冷眼旁观的从容，又要抱有一种激情。

（2）具有高雅、健康的审美品位。在日常生活审美化的今天，审美让位于消费，精神

让位于肉体，理性让位于感性，大众的着装审美也开始转到如何满足眼睛、耳朵和身体的愉悦与舒适上面，更多关注的是着装形式的外观美化，而忽略了其内在精神的传达。实际上，着装作为文化、价值观和信仰的形象化表述，它的含义绝非美观、舒适、愉悦这么简单。那些教人们如何穿衣打扮的时尚杂志、媒体所进行的服饰审美教育，大都缺失对人进行着装精神教育的内容。它把人穿衣服的问题，简单抽象成人体的外在形式美与服装形式之间的匹配问题，忽略了人的内心、人格、审美价值观、审美能力、社会文化等内容与着装外在形式之间的互动关系。从这个意义上说，要想了解服饰审美教育的内涵，必须进入到着装审美价值的深层认识中去，从着装审美心理学、着装社会学、着装文化的跨学科研究视角出发，构建健康、高雅的着装审美观。

2. **提高服饰艺术审美能力**

（1）正确认识服装的主题。服装的主题作为服装设计的中心思想，是服装作品整体结构的内在框架。服装主题对服装形式美要素有着内在的规定性影响，根据主题内容的差异，设计师可以有选择性地把握服装在造型、色彩、质地等方面的艺术处理。另外，由于设计师会对某种主题风格特别偏爱，服装主题还会影响服装风格的形成，所以要想了解服装作品的整体艺术风格可以通过对服装主题的理解来把握。

（2）正确认识服饰美的形式要素。在服装的发展变化中，服装作为一种人造物，虽然它的穿用功能一直以来并没有发生太大的改变，但是围绕着服装的穿用功能所展开的服装外在形式的研究却在不断地变化。从某种意义上说，服装史也是服装形式变化的历史。所以，正确认识服装作品中的色彩、造型、质地等形式要素，并理解各要素在对比、节奏、变化、统一等方面的形式组合方法就显得十分必要。

3. **重塑着装形象**

在服饰审美教育的功能中，服装还具有提高人的服饰搭配水平和着装品位的功能。日常生活中，大多数人凭感觉来选择着装方式，或者靠模仿来获得自身的着装经验，或者靠同事亲友的评价来调整自己的服装行为，或者像市面上所谓介绍着装的刊物一样，简单地说"什么人适合穿冷色""什么人适合穿横条纹衫""什么人只适合穿短裙"那样肤浅的指导，这些不免会显得过于草率，有比较大的随意性。真正的帮助和指导，应该是教会大家一种规律。所以下面将按照由局部到整体的顺序，从"服"与"装"的关系，到"服装"与"人"的关系、再到"服装"与"自然环境"的关系，层层深入地介绍怎样形成自觉的服装行为观念，这对于准确地认识个人形象特点，正确地把握服装审美潮流，从而更加恰当地选择主体的着装风格有着非常重要的指导性意义。

（1）正确认识"服"与"装"的关系。服装并不是简单的上衣和下裳，而是由"服"和"装"两部分组成："服"即衣服，这是服装的主体，例如上衣、裤子、裙子等；"装"即装饰，包括帽子、领带、鞋子、手表、提包、扇子等配合衣服的附件装饰，以及化妆、发饰、文身等对人的身体直接进行改造的装饰。服装美的产生不是单一某方面作用的发挥，而是要依靠上述诸多因素的配合，是"装"与"饰"的内在统一。一个人的发式、妆容如果与服装的款式、色彩不统一，主体形象的整体性就会受到影响，从而使人的整体形象大打折扣。

（2）正确认识"服装"与"人"的关系。服装的美并不是靠服装的经济价值来体现的，也不是由服装的稀有度所决定的，关键是要适合自己的性格、生理、职业等方面的特点。着装既关乎身体，又指向他人，具有物质与精神的双重属性。正是因为有了人的穿戴，服装才有了生命和灵魂。随着生活品位的不断提高，人们在追求服装款式、色彩、质地、配饰之间搭配的同时，还要认识到服装与个人形象、气质的和谐统一。服饰美的实现不在于它的感性形式，而在于人，体现为它与着装者结合后的整体效果，结合得好，美感就强，结合得不好，美感就弱。所以，在服饰选择的过程中，只有以人为本，结合自身体态、职业、性格、修养等各方面的状况，才能突出穿着者的外在优势，赢得周围人的喜爱。

（3）正确认识"服装"与"自然环境"的关系。服装美在于其与环境配合的和谐自然，服装不仅要适应自然环境中的季节变化，还要适应自然环境中的空间位置变化。也正因如此，服装才有了春装、夏装、秋装和冬装的区别，形成了职业装、晚礼服、演出服、睡衣等适用于各种场合的多样化面貌。服装讲究与自然环境的搭配，大冬天穿一件夏款的薄纱裙，参加宴会时穿一件睡袍，显然是不合时宜的。只有将服装的款式、色彩有机地融入环境，形成与自然环境的和谐统一，才能使人的整体美得到更有力的烘托。

总结

1. 什么是审美教育。
2. 服饰审美教育的途径和功能。

思考题

1. 审美教育与艺术教育相比有哪些特点？
2. 试述服装的审美形态。
3. 服饰艺术的审美教育功能是什么？

专业拓展——

近现代中外服装的演变

课题名称： 近现代中外服装的演变

课题内容： 1. 中国近代的服装

2. 近代欧洲服装的发展

3. 世界服装百年秀

课题时间： 2课时

教学目的： 了解中国近代的服装演变的基本脉络，关注服装与政治、文化、经济、教育密切的关系。熟悉近代欧洲服装的发展对现代时尚及服装使用功能改进的巨大影响。面对丰富多彩的服装世界，能够想象未来的多元化发展趋势。

教学要求： 1. 教学方式——课堂讲解与图例分析相结合。

2. 问题互动——举例鉴赏中西方服装设计作品。

3. 课堂练习——结合图片讨论中西方服饰审美的差异性。

教学准备： 准备与史论有关的服装图片。

第九章　近现代中外服装的演变

第一节　中国近代的服装

中华文化上下五千年，服饰艺术更是璀璨夺目，为世界服饰文化艺术做出了巨大贡献。从先秦到民国，几千年的历史，几千年的沧桑变换，演绎出中国服饰文化一曲壮丽的旋律。

一、风起云涌的清王朝

中国古代服装到了清代有了重大的改易，几千年世代相传的服制，随着八旗铁蹄的进关而遭破坏，取而代之的是汉人陌生的异族服饰。

清朝入主中原，一改明代服装，推行满族流行的马蹄箭袖衣、紧袜、深筒靴。官服在长袍外加短褂，前后补子继承明代旧制。清代服饰虽然废除了前朝服制，但也有许多方面沿用前代，最为典型的是官服的补子，纹样较明代的小，款式上最为明显的变化是把传统的宽衣大袖改为紧身窄袖，更有实际效用。马蹄袖是清代服装的一大特色，纽扣的使用也更为普遍。

清朝服制规定：冠有朝冠、吉服冠、行冠、再冠。衣有衮服、朝服、补服、公服、龙袍、蟒袍、常服袍、行袍、行裳、罩、行褂、马褂、常服褂、衣、裳。军人士兵有甲胄、军服、军帽。学生有操衣、操帽以及平时的便服便帽等。命妇的冠服与男子类似，有朝冠、朝褂、吉服褂、朝袍朝裙、龙褂龙袍、蟒褂蟒袍及前代的披风，平时为常袍、长背心、短马甲、衣、裤、裙等。图9-1所示为清朝皇帝皇后服饰。

清官服的品级判别主要区别在冠上的顶子与花翎以及补子上所绣的禽鸟兽类图案。清代的军服，是在袍上直接贴防护泡钉、护镜。或在外罩镶满防护泡钉的马褂上加防护盔甲似的垫肩，头部用布带缠裹，或遮盖较为严实的防护帽盔。图9-2所示为清朝官服。

清代满族女服以旗袍款式为主，长袍套褂与坎肩为套服，袖款肥瘦并行，比较注重

图9-1　清朝皇帝皇后服饰

图案搭配及边缘的镶补。清代旗袍经过不断的工效再造，终于形成了体现女性丰满和线条美的民族女装，并在世界女服之林中，占有一席之位。

随着辛亥革命的爆发，先进的思想以不可阻挡之势结束了中国封建社会，服饰的发展也进入了一个全新的时期。

二、天翻地覆的民国时期

1840年，鸦片战争拉开中国近代史的序幕，西方文化的影响日益扩大，衣冠服饰的风格也随之发生巨变。1911年的辛亥革命和1919年的"五四运动"，对改变中国的社会面貌，变革封建服制有着极为深刻的影响。

在1900年以前的一段时期，服装仍然沿袭传统的长袍马褂，之后开始受外国服饰的

图9-2 清朝官服

影响，出现了中西杂服的现象，直到辛亥革命爆发，才有了最根本的变革。这场变革也预示了清王朝的覆灭和一个新时代的开始。孙中山率先引进西式军服，告令男人们剪掉发辫，南京临时政府的官员，无论官位的大小皆穿同样的制服。从此，结束了几千年等级森严的冠冕服制及礼仪规范。

新兴资产阶级引进国外先进的科学技术、裁剪技术、纺织生产设备及经营管理手段，使服装业有了突飞猛进的发展，尤其是电力的广泛使用，电熨斗的应用及电影业的产生，大大改善了落后的中国传统服装业。外国资本家的投资办厂，宣传媒体的兴起，把流行和时尚带进了国门，交谊舞、网球、骑马及时装表演，使封闭而保守的中国注入了新的空气。

"五四运动"对近代女服的发展影响是深远的，这不仅是款式上的变化，也是传统服饰观念的重大改变，在20世纪30年代前后，中国近代女服空前繁荣，中西合璧，交相辉映，彻底打破了封建社会的服装格局，也为中国服装的发展，开辟了前进的道路。光绪年间，康有为等人发起"不缠足会"，到了民国初年，身为临时大总统的孙中山下令禁止缠足，结束了"小脚一双，眼泪一缸"的悲剧。由于受日本女装的影响，除旗袍外，许多青年女子穿着窄而修长的高领衫，下配不加刺绣的黑长裙，素雅淡妆，时称"文明新装"。巴黎时装也传入了中国的上层社会。男子普遍开始穿中山装、西装、学生装，但长袍、马褂仍被用作礼服在特定场合穿着。夏天头戴白色丝葛做成的礼帽，冬天戴獭皮、直贡呢、比绒做的圆顶宽檐瓜皮帽。

总之，民国时期因连年战乱不息，国力衰弱、生灵呼号、民不聊生，服装的发展仅有局部的一时之盛，总体上却是曲折而迟缓的。只有结束战乱、发展经济才能安泰民安，生活的富裕才是中国服装真正的春天。

图9-3　旗袍

三、中国时装花絮

1. 旗袍：东方女性的象征

旗袍是我国独特的、浓郁的、富有民族风格的传统女装，在现代国际时装舞台上也声名显赫，成为东方女性服饰的象征。旗袍是由清代旗人装束演变而来的，现多与西方裙装融合，是中西合璧的典型产物。

旗袍是20世纪20～40年代中国城市女性的正式装束。旗袍的式样趋向于无袖，缩短衣长，减低领高，几乎又回到三百年前的长背心时代，所不同的是样式演变成流线型更加轻便适体。旗袍多为一块布料裁剪而成，斜襟式样居多。旗袍虽然也围绕女性曲线细腰丰臀，但没有开胸样式，从领口以下都是封合的。30年代后期旗袍在形式上有了高领、低领、无领等多种变化，并且袖子出现了长袖、短袖、无袖，旗袍的开衩有了高低之分，严谨之处终于流露出了动人的风情。图9-3所示为旗袍。

新中国成立后，旗袍仍延续了一段时间，20世纪50年代后逐渐为人民装所代替，"文化大革命"中，更被视为"奇装异服"而遭殃，

离中国女性越来越远。但在国际上旗袍作为代表神秘东方色彩的衣着，而日益为时装设计师们所重视，"中国风"的设计理念迅速风行，旗袍在其中有着十分重要的地位。

旗袍在改革开放以后又重新崭露头角，但日常穿着旗袍的女性很少，旗袍大多停留在T型台上或成为婚礼服装。现在旗袍作为中式礼服出现在越来越多的社交场合，大多成为宾馆及娱乐场所礼仪小姐与女性服务员的制服。

2. 中山装：中国政治的象征

中山装是由革命先行者孙中山先生首倡的一种男式装束，上衣四个带盖口袋，中式封口立领，下装是西裤。

中山装是中国近代史上服装艺术精品的佳作。它应用现代翻领的制作结构，保持中国传统立领的对称格局，扁平严谨的小立领，剔去锐角，给人以庄严、恢宏的感觉，四个方中寓圆的口袋，构成一个稳定有序的造型。这些形状大小不同的方形，已没有远古神秘的色彩，以简练、朴素的形式出现，被有机地统一在一个完美的造型之中，和谐统一而富于强弱的变化，使人感觉到一种宽厚、深邃的韵味。

中山装代表了近代中国的强国梦想和自立精神。当时孙先生认为一个新的中国应该有一个全新的现代姿态面对世界，但又要保留中国的特色。于是他借鉴了印度服装的优点，再与西装融合，形成了以他名字命名的"中山装"。中山装自问世到如今，不仅是一个穿着的时

尚，它涵盖了太多的内容。在国民党接受美式装备之前，国民党和共产党的部队军装都是仿照中山装样式。而国共两党的高官们的衣着除去少见的西装外，大多是中山装。新中国成立后，中山装更是一统党政干部的穿着。

改革开放以后，我国的各级干部官员已是西装革履了，只有少数特定的场合和特定的人身上才可能看到中山装。例如，曾举起民族软件大旗的求伯君为了抵御软件巨擘微软等公司对中国软件市场的大举占领，卖掉了别墅，穿起了中山装，开发出WPS97，然后又换上西装开始推广号称多项性能指标优于微软OFFICE 2000的WPS软件，看来中山装有时更像是一个"道具"。

3. 绿军装："文化大革命"的产物

绿军装是20世纪60年代几亿中国年轻人曾经最为时髦的装扮，多以脱掉领章的绿色发黄的解放军制服为代表。

1966年"文化大革命"骤然爆发，同年6月，清华附中红卫兵的一身军装出现在全国人民面前，注定了席卷全中国的一场衣着时尚革命的到来。这种衣着时尚是短缺经济和狂热政治的产物。这场时尚革命延续了20多年，在现在的中老人身上打下了深深的烙印。

穿着军装并不认定为思想简单化。实际上，很多人从这身十几年不变的军装上穿出了自己的潇洒，那种整齐划一的装束代表了一代人昂扬向上的革命热情和追求。

4. 露脐装：彻底解放了中国人

露脐装，顾名思义，就是露出肚脐的上衣。在20世纪50年代，露脐装（Bare Midriff）是一种在国际上可称经典的款式，尽管人们曾多次预言它将出现，在中国却一直没有机会亮相。

在1996年的中国，露脐装的流行就像一个梦，几个月内从无到有，到满街流行，来势之凶猛令人吃惊。露脐装令人猝不及防突然出现在街头时，从新闻媒体到大众都不约而同地把目光转向了街头旁若无人身着露脐装的女孩们。

穿露脐装不但要有细腰，还需要一个平坦结实的腹部，有了细腰平腹还不够，露脐装是强调青春的服装，只有非常年轻的一族才具有资格选择。保守的女士把它视作异端，其实讨厌露脐装的人不必大动肝火，更不必杞人忧天。露脐装虽然来也匆匆去也匆匆，但它绝不会消失得无影无踪，因为那是青春的一个亮点。

5. 吊带裙：东方新文化的复兴

吊带裙（Slip Dress）意为不小心就会滑落的裙子，由此可以看出这种裙子的高危特征。

1960年，伊夫·圣·罗兰（YSL）最早推出了吊带裙，但最终没有成为时尚。然而在1998年的夏季，吊带裙就如同慢慢生成然后突如其来的热带风暴席卷了全球。这种原本是衬裙式样的属于鸡尾酒会和晚礼服的袒肩露背的裙子，却吊在了每个属于20世纪90年代妙龄的女性身上。据说，吊带裙的风行使无带式胸罩和透明吊带胸罩俏销一时。大概这也是受内衣外穿这一时代大潮流的影响。

然而，东方女性毕竟是含蓄的、意味深长的。细细的吊带和较深的开胸太让人惊心动魄，并且惧怕异性躲躲闪闪有意无意的俯视眼光。于是中国女性变通的穿着吊带裙，在吊带裙外加一件半透明的短衫，不但避免了别人偷窥，还可以若隐若现洋溢无穷魅力。

第二节　近代欧洲服装的发展

图9-4　洛可可式服装

随着国际化趋势的迅速发展，各国服饰文化的相互融合已成为必然。世界经济一体化，带来了文化的相互影响。西方文化的发展历史，主要是欧洲的发展历史。欧洲服饰文化对世界曾经有着巨大的影响，特别是近百年来欧洲发展的简史，更是我们学习的重要内容。

一、18世纪的欧洲服装

1. 洛可可服饰特点

18世纪是洛可可文化达到顶峰的时代。洛可可（Rococo）原义为"贝壳形"，源于法语Rocaille（意为精巧）。洛可可风格不但富有蜿蜒优雅的曲线美及温和滋润的色光美，充满着清新大胆的自然感，而且还富有生命力，体现着人对自然和自由生活的追求。洛可可艺术风格的形成，曾受到中国清代工艺美术的深刻影响。图9-4所示为洛可可式服装。

洛可可时代，紧身胸衣和裙撑再次流行并达到极盛时代。18世纪中期以后的洛可可女服更加华丽，注重额外的装饰，以无数花边、缎带花结、花状饰物和烦琐复杂的褶裥缀满全身，整个服装上下如花似锦，充分体现了洛可可艺术风格的特色，这是21世纪的审美观所推崇的理想女性形象。

2. 洛可可服饰的兴衰

17世纪末期，带有腰垫的服装式样很快销声匿迹，而把新式的骨圈（环箍或鲸骨框）运用在裙子上，于是裙子逐渐形成了膨胀起来的圆形式样。袖子是短袖，袖口装饰着花边，外出时在裙子外边穿上长大衣，是这个时期服装的特点之一。到了18世纪中期，环箍的横宽变得越来越宽，又叫作"横环箍时代"，并产生了有史以来完全由人工装饰的服装造型。在内衣的腰节系上横宽的骨圈，再在外面穿上服装。为了夸张服装的横宽，多采用横着断开的装饰方法。如果是扇面很大的裙子，用鼓花缎子、金辫子、丝带和花卉等组成的较规整的图案进行装饰。礼服有前面裙子敞开和不敞开的式样。后来又模仿17世纪末期的服装式样，横鲸骨框便被淘汰，系腰垫的服装又东山再起，并在后腰形成突出的式样。裙子前边几乎完全吻合，裙布在身后系起来放在腰垫上。

女子外套的种类也因不同的季节和用途而不同。18世纪70年代初，开始流行披肩外套，夏用的较短，冬用的肥大，有时衬有毛皮。披肩上身的两侧各有一口袋缝，以便手伸出活动。这种披肩更保暖，更具有实用性，也可称为斗篷。女性服装极为丰富多彩，有各种名目的服装：晨服、餐服、外出服、晚礼服、睡衣等，时髦的贵妇不厌其烦地一日三换或四换。但好景不长，因受法国革命的冲击，洛可可时代的奢侈糜烂的宫廷生活就此宣告结束。

3. 自然回归

18世纪80年代后，女服的样式和风格有了较大的转变，消除了裙撑（紧身衣还在使用），使女子形体的线条呈现自然柔美，并取消了服装上烦琐奢华的装饰。由于路易十五连年对外战争和路易十六的挥霍无度，法国的财力已近枯竭，反对浪费奢侈的呼声日高，对服装的华丽趋向有了遏止。18世纪号召"回到自然去"，使人们开始向往和追求质朴的自然美和田园诗意。因此，英国的崇高自然线条田园风格女服，在法国流行起来。

18世纪末，巴黎女服成为欧洲女服的样板，真人大小的时装娃娃仍然定期从巴黎向各国首都寄出，各国的服装样式从四面八方传入法国，经巴黎时装设计师的巧手改制，就成为一件件令女子气质高贵、神采飘逸的时装。

二、19世纪的服装

1. 热月革命

随着1794年资产阶级右翼的热月（7月）政变，国民议会被解散，左派领袖被送上断头台，共和国不复存在，资产阶级革命宣告结束。以热月党为代表的资产阶级右翼组成五人执政的督政府，主要代表大资产阶级的利益。他们掌权后，富有的资产阶级又恢复了奢靡铺张的生活。此时的男子服饰带有动乱时期人们的愤世嫉俗、紧张忙乱、不修边幅的表现。他们留着从额前脑后向下垂着蓬乱又参差不齐的头发，穿着胸前有特大翻折领的礼服，里面的短背心也做出很宽的翻领，颈上围着缠绕两圈在前面系小结的围巾，下身穿着缺乏紧身合体的半截裤子。

女服的古典主义倾向更加明显，彻底放弃了紧身胸衣和裙撑。女子穿着秀美的长裙，腰线提得更高，以便使松宽的胸部更为突出。多层衬裙也被淘汰，只穿一条或根本不穿衬裙，完全暴露出自然的腰身曲线。显示豪华的手段就是把裙子成倍地加长，长达3 m以上，因拖曳在地，走路时必需用手把裙裾挽起，搭在胳膊上，跳舞时则搭在男人肩上。在挽起的一边可以看见穿着长丝袜的优美腿部。袜子多为肉色和紫丁香色，在腿根部两侧有条状刺绣。为了使女裙的自然线条不受破坏，不再设口袋，所以妇女在腰带上吊着精美的小布袋，以便携带化妆品等。图9-5所示为穿长裙的女子。

2. 帝国式服装

督政府时期（1795～1799）过渡到执政府时期（1799～1804）拿破仑登上帝位，人们称当时流行的服装为帝国式服装。松垮邋遢的男服样式被淘汰，男子的整体形态重新变得整肃、挺拔，开始注重优美和富有力度感的男性线条。女服继续保持古典主义的样式，但逐渐添加了许多华丽的贵族气质的点缀。其他服饰继续以前的样式，变化不大。这是一种模仿古希腊、古罗马的简朴而自然的服装式样。当拿破仑被流放到圣赫勒拿岛上以后的很长一段时期内，仍继续流行着这种服装。其特点是高腰节、裙摆自然下垂，灯笼袖，装饰很少。当时为了达到仿照古希腊、古罗马服装的目的，1808年起开始对1748年发现的古代遗迹进行发掘工作。男子服装从

图9-5　穿长裙的女子

洛可可时代开始形成了类似现代燕尾服的式样，并给高领衬衫配上宽大的领带。

3. 罗曼蒂克时代

到了19世纪初期，由于打开了通向近代自然科学的道路，在艺术上也从浪漫主义向自然主义转变。到了30年代首次发行了时装样本，并奠定了巴黎高级成衣服装店的基础。

1825年前后的服装式样很华丽，又叫作罗曼蒂克时代。轻松柔软的花边，逐渐组成了大的长袖袖沿，领口开得很大，正好在腰部系住，裙子的长短在能看到鞋子的程度上下摆敞开，装饰逐渐增多。男子服装也受灯笼袖的影响，在袖根等部位抽上了碎褶。到了硬毛布衬裙时期，就形成了非常复杂的式样。1830年由法国的巴索洛米·蒂英尼埃发明缝纫机，到19世纪40年代经美国的艾历阿斯·鲍恩改制成实用缝纫机，于是，缝纫机渐渐普及起来。美国在这个时期制作了最早的成衣服装。

4. 硬毛布衬裙时代

从罗曼蒂克时代到硬毛布衬裙时代，裙子下摆越来越大，装饰也越来越多。由于缝纫机的普及，服装的造型也受到很大影响。本来被简易化的工艺反而能使用机器制作出复杂的服装式样来。硬毛布衬裙是指穿下摆宽大的裙子时使用的一种用骨圈或硬布做成的衬裙。1870年左右，裙子下摆的宽度逐渐缩小，腰节鼓起来并向腰垫式样转变。1870年法国对德宣战，在服装的式样上也可以表现出所受到的影响，法国领导流行服装的领先地位没有改变。从1870年起男人们一般都穿起了西装，但西装最初是1850年左右作为运动服被采用的。

1886年前后，美国大量生产自行车。英国到了19世纪90年代也开始流行起自行车热，受其影响，衬有腰垫的服装开始减少，当时服装特点形成了体型苗条的吊钟型，裙子下摆很大，袖子是上部分叫作"杰克"式的灯笼袖，即一种袖山是泡泡袖、从臂肘起到手腕处都是紧身的袖子。这种式样与20世纪初期流行的吉本森少女式服装大致相同。

三、20世纪服装演变

20世纪的社会生活内容和方式的变化、生产和科学技术的飞跃发展、社会科学和人本主义思想的进步、艺术本身的变化等，都对服饰产生了重大影响。人类在对待时装的态度上，着迷的程度与前人相比似乎有增无减。时装与便装的界限越来越不明显，在一些文化修养水平较高的阶层，时装的便装化是表现审美趣味提高的标志。人们变得更趋向于自然、简洁与合乎人体健康和舒适的要求。

1. 社会生活的影响

1900年，交通运输迅速地发展起来。社会结构发生了变革，在服装上也发生了种种变化。男服的生产和穿着逐渐固定化、标准化。无论是在款式的配套、成衣的剪裁、尺寸，还是穿着的场合与方式等方面，都有具体的、细致的甚至是严格的规定。服装的面料、款式、色彩和尺寸，按季节相应变化。针对女服变化频率的加快、款式的日新月异来说，男服的款式基本是相对稳定不变的。

从1910年起，女装基本淘汰了服装上胸部和腰部不自然的夸张的式样，逐渐接近于人体的自然曲线。这时的裙长拖地，但从下摆又能看到鞋子。妇女礼服都是高腰节，多在裙子上部加装饰，还能看到很多紧身裙的式样，也曾流行过一种下摆窄小，行走非常困难的裙子。

2. 战争改变女装

1914年，第一次世界大战爆发，促进了20世纪服装的改革。妇女的裙长逐渐变短，造型也变得质朴而简单。由于战争兴起了军衣式的女装，有些女装完全是男服的翻版。过去人们反对女子穿长裤，认为不文雅。第一次世界大战后，许多妇女因为劳作和运动的需要而穿起了长裤，但在日常和正式装束中，妇女仍不能穿长裤。1918年第一次世界大战结束后，勒腰用的紧身内衣逐渐被淘汰，出现了腰节宽松的礼服。

1939年，第二次世界大战爆发，为适应战时需要，女服仍以短裙为主，上衣肩膀处加厚垫肩。具有男子气派的军服式连衣裙，从上衣到裙下摆都在中间开口，用扣系结，穿长裤的女子逐渐增多。

3. 新风貌女装

1947年，法国服装设计师克里斯基·迪奥推出了一种自然肩线，恰好的紧身细腰，像喇叭花一样张开的过膝裙子充满女性内在气质的"新风貌"女装，这种女装很快受到世界各国妇女的青睐，争相订购和仿制。迪奥设计的女裙不仅富有女性魅力，而且格调高雅、老少皆宜。由于战争时期多是挺括感强的服装，所以当迪奥设计出具有浪漫色彩，体现女性美的裙子，就马上流行起来。这种裙子的特点是，裙壁由上向下逐渐张开，呈钟状。图9-6所示为

图9-6　迪奥新风貌女装

迪奥的新风貌女装。

第二次世界大战结束以后，服装流行时间的长短，主要取决于服装流行的范围和普及程度，而且流行周期越来越短，服装式样更加日新月异，品种不断更新，展现出服饰的奇光异彩。

第三节　世界服装百年秀

纵观19世纪以来服装发展的历史，可以看到一幅多姿多彩、变幻无穷的画面，可感受到服装与时代、政治、经济、文化等各方面千丝万缕的联系。服装的发展变化永远不会止步。功能和形式的高度统一，满足现代人在生理、心理方面不断提高的要求，是服装设计的重要原则，也是服装发展的总趋势。图9-7所示为欧洲服装演变图。

图9-7　欧洲服装演变图

一、20世纪中叶前

1. 西装：国际化的男服

现在的西装样式定型于19世纪上半叶，是一种非常成熟的时装式样。西装是当今国际男性标准着装，各阶层各类型的人都可以穿着西装。图9-8所示为西装。

西装具有衣型挺括、潇洒大方、穿着舒适、四季皆宜等特点。西装的结构紧凑合理，它运用结构造型与人体活动的要求相适应，使人体的颈、胸、腰等部位，既显得平展挺括，又感到松弛舒展。

西装是制作工艺较为复杂的一个品种，传统手工工艺中有一百多个工序和步骤。在现代机械化生产的西装企业中，有很多工艺为机器所代替，如压衬、开袋、整烫等。从款式上

看，按纽扣的左右排数不同可分为单排扣西
装和双排扣西装。按照驳头造型的不同，可
分为平驳头西装、戗驳头西装、青果领西装
等。按照上下粒数的不同分为一粒扣西装、
两粒扣西装、三粒扣西装等。粒数与排数可
以有不同的组合，如单排两粒扣西装、双排
三粒扣西装等。

　　西装从一诞生就被认为是男人专用的正
规服装。几百年来，时装潮流风起云涌、此
起彼伏，但西装却能以不变应万变，保持经
久不衰的地位，如今越来越多的城市男人穿
着做工考究、面料高档、色彩各异的西装，
配以各种花型领带，预示着取得了事业的成
功，西装革履成为成功人士的标识牌。随着
休闲时尚的兴起，西装也悄悄地起着变化，
逐渐被舒适、休闲的西装所代替，最新款式
的白领们穿着的西装集传统西装与休闲便服

图9-8　西装

于一体，这种新型西装一般为单排三粒扣，整体造型显得颇为修长而又严肃，传达出当代城
市白领平民化的自强不息的精神。

　　2. 长筒袜：再现女人魅力

　　长筒袜一般是指用尼龙等合成材料制成的女用透明长袜。长筒袜始终是女性性感的象征
之一。

　　据说丝织长袜由西班牙人首创，并在很长一段时间里独领风骚。16世纪法国宫廷及上
流社会的名媛淑女都热衷于穿着进口西班牙的长筒丝袜。据记载，第一台丝袜编织机由英国
人威廉·李于1589年发明。今天的长筒袜无疑是女性独占的舞台，但在发明之初及以后相当
长的时间里，其主要服务对象却是男性。16～17世纪的男子穿着膨松短裤、长筒丝袜和高跟
鞋，15世纪还曾流行过杂色长袜，两条腿颜色各异，斑斓有趣。

　　第二次世界大战时期，尼龙成了战略物资，淑女们买不到长筒丝袜而犯愁，用油彩在腿
上描绘丝袜聊以慰藉。当时在为数不多的针织品设计师中，女装设计师玛莉·昆特不仅始终
走在前列，而且大胆地采用了标准更高的尼龙材料。1965年，她率先以花枝作为女式长袜的
装饰图案。1967年，她又制作出了尼龙紧身服装，并且以雏菊作为这种新型产品的商标。

　　风水轮流转，20世纪末回归自然的潮流荡涤了包在一双双玉腿上的那层看似美丽却闷热
不透气的丝袜。但并不能说明，丝袜没有了市场，实际上，穿丝袜在正式的社交场合仍然是
重要的礼节。

　　3. 牛仔裤：经久不衰的款式

　　牛仔裤原本为美国西部淘金工人设计的抗磨耐损的工装裤，以美国西部传奇偶像"牛
仔"命名，面料采用做帐篷的帆布。1850年美国人李维·施特劳斯创造了第一条牛仔裤，并

于1873年申请专利。到20世纪60年代，牛仔裤频繁出现在美国好莱坞西部片草莽英雄身上，旋即风行全球。

初期，牛仔裤只是一种粗硬坚固耐用的工作服装而已，因与"时装"两字沾不上边而一直未能登上大雅之堂。20世纪50年代左右，经过纺、织、染、制衣界的共同努力改进创新，将牛仔裤由粗硬简单而变为织、色、款的多样化，使其由普通单一的裤型创出各式独特的风格，再加上其他各种特色的配件变化令人耳目一新，因此牛仔裤逐渐演变为独具特色的时装，深受人们的喜爱。制作牛仔裤的布料品种很多，除了传统的靛蓝牛仔布以外，有皱纹牛仔布、彩色牛仔布、条子牛仔布、印花牛仔布、弹性牛仔布等。图9-9所示为牛仔裤。

图9-9　牛仔裤

牛仔裤的设计比较合理，直裆短、腰围小、臀部合身、穿着舒适，分量落在胯骨上，可以减少腰部的负荷，能体现人体的曲线美。它采用双线缝制，在裤袋上敲铜纽，具有坚牢、耐磨、耐脏的优点。经过高温熨烫，不会皱褶。因为臀围较小，能帮助人体下腹部的绷紧和收缩，穿上牛仔裤后，它会给你一种灵活精干、手脚利索的感觉。牛仔裤如此受欢迎，是因为它是"青春活力"标志的缘故，尤其在表现女性线条美方面，有其独特的功力。

牛仔裤随着设计的变化呈现出多种风采，设计师在牛仔裤普通款式的基础上，根据流行随心所欲地在服装的各个细节上，添加各种各样的图案，涂抹各种各样的色彩。比起过去粗犷、平实、清一色的靛蓝色的牛仔裤，新款牛仔服显出精致、华丽、随意、休闲的风格。

现今的牛仔裤款式繁多，有前卫的、复古的、保守的、反叛的等。以往的牛仔服装设计，主要以印染工艺变化为主，如染色、水洗、做旧、渐变色、石磨、扎染、蜡染、喷绘等。而今的设计师们采用具有东方韵味的吉祥图案以及各少数民族崇拜的图案为题材，设计出独具风味的绣花牛仔裤。这些牛仔裤在不同位置上绣有花卉图案，或以编织饰物和织锦缎等拼接或用丝带镶边。令人叫绝的巧妙构思和设计使人不得不赞叹商家和设计师的远见和遐想。

4. 时装鞋：足下新时尚

19世纪末与20世纪初，人们经常在皮鞋的前部或侧面增加一些花边或装饰性纽扣。对于普通的皮鞋，有人增添一些蝴蝶结或者装饰扣环；对于专门用于晚会的皮鞋，有人增加一些闪闪发光的珠子或装饰性刺绣。事实证明作为时装的重要组成部分，这些皮鞋始终保持着一路畅销的佳绩。在第一次世界大战期间，镂花皮鞋一直保持畅销不衰的纪录。

自从裙子步入简约、短小的主流趋势以后，女性的腿部之美几乎达到了一览无余、美不胜收的地步。人们对于时装鞋便提出了更高的要求，低跟鞋便受到普遍欢迎。许多人认为对于玛莉·昆特设计的那种带有印花图案的紧身裤，平底鞋往往能够起到良好的烘托作用。

20世纪60年代是制鞋工业最辉煌的时代，从那时起，没有人再为皮革的质量担忧了。低至脚踝，高至大腿，种类繁多，应有尽有的皮靴完全可以满足各年龄段、各阶层的要求。时至今日，很多人仍然认为不论是普通的休闲服装，还是精美华贵的时装，皮靴所能起到的装饰性用途是绝对不可低估的。对于男士而言，60年代初期的层叠式鞋跟、尖头皮鞋适应了当时的审美观点。进入60年代中期以后，它们逐渐让位于太空鞋。这种皮鞋与牛仔皮靴一起，伴随着休闲服装进入了70年代。图9-10所示为时尚鞋。

鞋子的作用越来越引起各界人士的重视，人们便开始关注结构简单、带有珠宝装饰的凉鞋。

图9-10 时尚鞋

这样的凉鞋不仅适合各种服装款式，而且可以起到传统皮靴的装饰性作用。1967年以后，制鞋工业进入了高跟、厚底的主流发展趋势，为后来的女式厚底皮鞋的发展铺平了道路。

5. 胸罩：女人的专利

胸罩即文胸，是一种为了保护女性乳房而设计的内衣，现在更重要的目的是烘托女性胸部的优美，使女性显露更动人的曲线。1914年美国的凯莉斯·克罗斯比（Caresse Crosby），使用两块手帕与一块丝绸面料设计了胸罩，并在美国申请了专利。图9-11所示为内衣。

第一次世界大战，男子开赴前线，妇女们也走出了家庭，她们觉得带上胸罩后更便于劳动，于是胸罩便大为流行。胸罩让女性从19世纪的紧身衣中解放出来。视为隐秘内衣的胸罩，在20世纪的大型画报和电视广告中却成了性感的象征，成为现代女性新潮浪漫的外在服饰之一。

胸罩的发明是现代女性的福音，使女性摆脱了传统的束缚，既自由解放又性感迷人。胸罩作为时尚已经流行了一个多世纪，胸罩也逐渐蜕变为普通女性的必需品。一般来说，作为

图9-11　内衣

贴身的内衣，式样、色彩的差别似乎无关紧要，但处心积虑地设计胸罩式样的设计师仍然乐此不疲，不断推出新品，纯粹内衣秀一个接一个，永无疲倦的时候。

　　6. 风雨衣：具有战争功能

　　风雨衣已有一百多年的历史，第一次世界大战中，英国陆军时常在雨中进行艰苦的堑壕战。为了使部队的军服适应战争的环境，英国衣料商托马斯·巴尔巴尼研制出堑壕用防水大衣。款式为双襟两排扣，有肩章，胸背有遮盖布，下摆较大，这种防水大衣称为堑壕大衣，1918年被英国军队正式采用，防风雨型服装的诞生是服装工业的一项重大技术突破。

　　进入19世纪以后，世界各国都在积极地开发研制具有透气功能的防水织物。1856年托马斯·博柏利研制出一种叫作华达呢的新型织物，它不仅具有防水功能，而且还可以抵御风寒。20世纪初期，防水型织物引起了人们的广泛兴趣。防水布与华达呢受到了广大驾车族的热烈欢迎，逐渐成为当时的一种流行趋势。除了驾驶服装与野外运动服装以外，博柏利还开发出了一系列具有特殊用途的服装，例如极地探险服、气球旅行服、航空服（即飞行服）等。一百多年来的实践证明，用防水型织物制作的军服一直保持畅销不衰的纪录。

　　7. 比基尼：胜过原子弹的威力

　　1946年7月1日美国在太平洋的比基尼珊瑚岛进行的首次核试验成功，同时引爆了时装界变革的氢弹，路易斯·里尔特推出了以太平洋上的一个叫比基尼·阿托尔小岛的名字"比基尼"命名的三点式泳装。

　　比基尼的问世引起了空前的轰动，据说它有两层含意：一是这个小岛是第一颗原子弹被引爆的地方，而比基尼泳装所引起的冲击波并不亚于原子弹爆炸。二是比基尼实在太小，由三块小布片组成，把它揉成一团，一只火柴盒就可以装下，衣服好像是被炸烂的一样，有衣不蔽体的感觉。比基尼的问世还有一个有趣的时代背景，由于战争的影响，服装面料和各种相关配件都减少很多，这种只需要很少布料的衣服似乎是很顺应潮流的。不管怎样，比基尼泳装从此进入了服装的行列，成为相当重要的单品样式。

进入21世纪，比基尼已经很难像当初问世时惹人注目了，款式的变化也不断翻新。现在的比基尼有四个特点：一是注重装饰，各种珠子、花边、亮片、水晶饰物、流苏等小饰品，在比基尼上都可以看到。二是颜色明媚，各种淡蓝、粉紫、粉红、浅绿、淡黄等，体现出十足女性味的温柔、性感、优美，在各类T型台唱了主角。三是高科技因素，从面料、做工和款式特点中显示出，现在人们更加要求透气、舒适、有防护和修正功能的设计和款式。四是面料考究，具有舒适透气功能的面料成为泳装的首选面料，其中弹性面料是比基尼常用的种类，弹性纤维的升级换代使比基尼的结构设计更加符合人体的要求。

目前，这种极端的泳装形式被人称赞为展示了女性最为性感和健康的一面。直到现在，在游泳场中身着比基尼的并不多，这不是因为开放观念的问题，而是很多女性认为自身体型不适宜如此暴露地展示而已。

二、20世纪后半叶

1. T恤：反叛者的标志

T恤是shirt的音译，就是人们通常所说的汗衫，多为棉质针织品。T恤最初是美国士兵的着装，后来逐渐普及于普通百姓。在过去的50年里，T恤衫始终是那些反叛者的标志性服装之一。1951年，性格巨星反叛的代表之一马龙·白龙度在电影《欲望号街车》上身穿着白色紧身T恤大放异彩。随后，好莱坞明星不约而同演绎T恤的魅力，T恤随之风靡全球。

T恤的反叛精神还体现在只要想得出就能印在上面的各种图案和文字。幽默、自嘲、讽刺、惊世骇俗的欲望、放浪不拘的情态，借此宣泄无遗。在20世纪80年代的中国，印字T恤迅速流行，不管男女老少人人穿着文化衫，胸前背后不是印着明星头像就是写的各种牢骚话和俏皮话。

T恤面料已从纯化纤发展到涤棉、丝盖棉、丝光纯棉、棉麻混纺、色织横间，采用电脑绣花、印花、贴毛等工艺，有圆领、罗领、横扣领、风压领、衬衣领、明袋、暗袋等款式。

如今，T恤的反传统、反体制、反文化的象征意义已经褪色，它作为休闲服出现在世界的各个角落。T恤穿在西装里面也并不为怪，与牛仔裤更是天然的好搭档。T恤已不是男性的专利，现在大街上真正体现T恤魅力的往往是女性的穿着。T恤集内外衣功能于一体，穿着舒适，潇洒大方，以其独特的魅力，在缤纷灿烂的夏装中独领风骚。图9-12所示为T恤。

2. 迷你裙：迷倒芸芸众生

迷你裙，裙摆高于膝盖以上的短裙，又称超短裙。它只是在长短上做出界定的一种裙型。其造型有紧身型、喇叭型或打褶裙型等。20世纪60年代中期，伦敦的青年设计师玛丽·昆特推出了迷你裙，当时在世界范围内引起了巨大的轰动。虽然自60年代初期裙子的下摆已经具有缓慢上升的趋势，但迷你裙的出现却仍令众人大惊失色。这是因为如果穿这种超短裙，女性美丽的大腿暴露到前所未有的程度。首先接受它的是平民青年，露出的长腿展示了青春朝气和魅力，但这种裙子多因太伤风化而为当时的上流社会所不齿。图9-13所示为迷裙。

图9-12　T恤

图9-13　迷你裙

　　超短裙虽然被许多妇女视为无法接受的极端之物，但却很受年轻人的欢迎。伦敦一些年轻姑娘穿着一种被称为"佩尔米兹"最短的超短裙，使大腿的大部分都暴露在外。这种缩短的趋势越来越强，连五十、六十岁的老年女性的裙长也逐年在缩短。20世纪60年代中期以后，女装变得更短，更加"迷你化"了。以往那种成熟的妇人形象，已不再受崇尚，设计师们都把兴趣集中在年轻姑娘的身上。现在，超短裙已成为上班女郎的经典装束。

3. 喇叭裤：保守与开拓的冲撞

图9-14　喇叭裤

　　喇叭裤是指裤腿成喇叭状的变形西裤。在结构设计方面，以西裤为基础，立裆稍短，臀围放松量适当减小，使臀部及中裆部位合身合体，从膝盖以下根据需要放大裤口。根据裤口放大的程度分为大喇叭裤、小喇叭裤及微型喇叭裤。喇叭裤多长及鞋面。

　　20世纪60～70年代风靡全球。在中国，曾一度被当作小资产阶级生活方式的象征。喇叭裤在中国有人穿但没有流行起来，因为喇叭裤的造型适宜身材高大腿长的人穿着，显得挺拔、潇洒。而东方人一般身材较矮腿较短，穿上喇叭裤，小腿部位的线条长度拉不开，宽大的裤脚和裤腿的长度比例不协调，看上去不美观，自然被淘汰了。图9-14所示为喇叭裤。

　　在20世纪末，喇叭裤潮流再次涌现。不过少了曾经的疯狂和极端，多了几分温婉和怀旧。

4. 嬉皮士服饰：追寻原始的文化

　　20世纪60年代，出现了一种年轻狂热的反时装主要流派之一的"嬉皮士"运动。嬉皮士不仅在社会生活中造成较大的影响，他们的装束也对服装业有很大影响。他们反对传统的服装基本式样，从北美印第安人的图案中寻找自己服装纹样。图9-15所示为嬉皮士服装。

　　嬉皮士们公开鼓吹"和平"与"博爱"一类的口号，反映了当时人们寻求另外一种生活方式的愿望。例如，每一位嬉皮士都希望摆脱传统社会的束缚，关注自己的精神生活，避免成为金钱奴隶。嬉皮士的装扮具有独特的风格：无论男女都留着乱糟糟的披背长发，男子留蓬松的大胡子，身穿天鹅绒面料的裤子，戴着念珠；女子常在头上插花戴朵，脸上画着装饰花纹，佩带大量的首饰，如珠串项链、手镯、各种戒指等，穿着面料色彩艳丽的超短裙，脚蹬鞣制皮革的长靴。只要是外表形象松散或身着另类风格的服装，嬉皮士及其追随者都会欣然接受。女性首先选择带有印度或非洲浓厚色彩的纯棉花布，用它们制作成长长的衬衫、围巾或农夫长袍；男士们则喜爱配有刺绣马甲的东方式紧身外衣、粗布牛仔裤或天鹅绒裤子。

图9-15　嬉皮士服装

嬉皮士反传统文化的主张在时装界引起很大的影响，很多有影响的时装店和大百货公司也都设法朝这方面做顺应时势的改变，来适应变化中的青年人的口味。

5. 太空时装：诱人的未来时代

1961年，俄罗斯宇航员尤里·加加林首次飞向太空，从此人类进入太空时代。科学领域的进步也给服装行业带来了空前的繁荣景象。对于地球人来说，各种各样的外星人生活乃至服装款式使他们产生了无穷无尽的遐想。由于新兴的宇航事业得到飞速发展，取得许多重大的突破，年轻人在服装、家具、室内布置等方面都追求一种所谓宇宙时代的风格和情调。巴黎时装设计师安德烈·库雷热（Andre Courreges）设计推出的衣、帽、靴都是纯白的"未来风格"时装，正反映了这种情绪，因而深受年轻人的喜爱，在各国引起极大的轰动。

服装设计师从太空这一未来的科学领域中获得了创作灵感，并且接连不断地设计、制作出具有未来时代色彩的新颖服装。这些服装不仅强调鲜明的几何图案或雕塑形象，还采用了一系列最新型纺织面料，如聚氯乙烯、银色卢勒克斯等人造合成材料，甚至用金属箔做面料。

图9-16所示为1964年设计师安德烈·库雷热推出了他的系列作品"太空时代"，包括塑料护目镜、太空头盔、银灰色厚底防寒靴以及闪闪发光类似于雕塑感觉的女式连衣裤。许多人把他的设计作品看作是"史无前例的外星人服饰"。同年，皮尔·卡丹也展示了最新的设计作品"太空时代"。他使用了纯白色的服装面料，并且以银色或黑色作为装饰色。整套服装有为男士设计的管状或A字型上衣、瘦腿裤、短皮靴，为女士设计的迷你裙与长至膝盖的小牛皮靴或长至大腿的柔软型皮靴。人们都认为他设计的服装能够充分表达一种奔放不羁、

勇于冒险的精神。

6. 运动时装：帮助生命运动

20世纪70年代是一个体育运动迅猛发展的时代。为了保持健美的体型，人们纷纷参加各种各样的体育运动。从事体育运动就需要舒适的运动服装，当时供人们选择的运动服装寥寥无几。出乎人们意料的是短时间内田径运动服装与跑步鞋不仅充斥了所有的体育馆，并且很快就发展成为平民百姓的日常服装。与此同时，新型增氧健身法与舞蹈课程使紧身连衣裤与暖腿套得到了迅速普及。运动服装不仅易穿脱、易洗涤，行动自如，存放简便，而且给人增添健康乐观的气派。年轻人喜欢穿着自不待言，老年人也愿意借它恢复青春，连香港小姐选美都要加一段运动装出场的节目。

图9-16　安德烈·库雷热的作品"太空时代"

运动时装具有运动功能和风格。人们需要既漂亮又实用的服装，而且这种服装本身不存在白天与夜晚之间的差别。为了满足这些条件，许多设计师把目光转向了运动时装。由于运动时装具有实用与性感这两个突出的特点，它们才能迅速取代各种各样千奇百怪的时装款式，并一直保持畅销不衰的良好记录。

7. 休闲服：快节奏的休止符

休闲服是指人们在闲暇生活中从事各种活动所穿的服装。休闲服是人类注重生活质量的产物。休闲服和运动服有着很大的重合部分，对于普通人，运动服实际上就是休闲服。现如今穿着休闲服上班或者工作的人更是比比皆是。典型的休闲装包括T恤、牛仔裤、粗花格棉布衬衫、花线套衫、灯芯绒裤、纯棉布裤、棉布袜、旅游鞋等，牛仔服是休闲服中最重要的一类。双休日的实行，为休闲服的流行提供了广阔的空间。

8. 绿色时装：地球意识的回归

绿色时尚已经深入人心，许多纺织面料供应商正在源源不断地开发出各种各样的新型环保产品。例如，美国杜邦公司生产的环保布料：普勒泰克是一种具有良好保暖性能的长毛大衣呢，令人惊讶的是它的基本原料竟然来源于废旧的塑料瓶。利用再生木浆制成的坦塞尔是一种非常结实并且具有良好弹性的纺织纤维。戈尔—泰克斯本身具有许多无比优越的性能，诸如防风、防水、透气性等。此类面料自问世以来立即得到了广泛的好评，并且填补了滑雪运动服方面的空白。

9. 另类服装：无法归入常类

进入20世纪90年代以后，一种人们称之为"另类服装"的新潮服饰开始大行其道。当时，尽管许多人对这种集肮脏、邋遢、散乱于一身的新潮服装不屑一顾，然而，就是这样一种令人唾弃的服装居然在中学生中获得了巨大的反响。出现这样的结果实在是令各阶层人士

图9-17 另类服装

大惊失色。在万般无奈中，人们只好把它解释为对现代时装的一种反映，特别是针对那些超级时装模特所表现出来的雍容华贵形象的一种必然反映。图9-17所示为另类服装。

在日常生活中，人们提起另类，自然想到的就是个别、脱离、前卫、先锋等，是街头那些裙子越穿越短、衣服越来越露、嘴唇越涂越黑、鞋底越来越厚的女孩子。其实她们不过是时尚的先锋，绝划不入另类之中，这种表面上的个性夸张，借助形式的特别，想瞬间进入公共社会，这都带有"乌托邦"性质和作秀的成分。

10. 松糕鞋：人类想快快长高

松糕鞋是platform shoes的音译，即厚底鞋。20世纪末流行的厚底鞋常用一种看似松软的高分子合成物制成，有点像松糕，因此有了这个既通俗又形象的称呼。有人说松糕鞋是"败坏口味的城市时尚，因而也成为一个问题"。他们用"笨不可言""生猛""卓别林式的滑稽可笑""没有太多意义"等来描述松糕鞋。

松糕鞋无疑是20世纪末休闲服饰中的代表，风行程度不亚于20世纪30年代的高跟皮鞋。据有关时尚人士分析，松糕鞋的流行与女性以高个子为理想的事实有关，同时又与当代时装的休闲化相关。想使自己增高10cm以上又不愿受穿细高跟鞋之苦，于是松糕鞋成了她们的天赐之福。让一位矮个女性穿上10cm的细高跟鞋，也许她再也不会走路了，但穿上松糕鞋则十分舒服自然而且符合潮流。

11. 混搭：随心所欲的创造

混搭（Mix and Match）是时尚界一个专用名词，是指将传统中不同地理条件、不同文化背景、不同风格、不同质地、不同材质、不同价值的服饰元素按照个人的喜好进行组合，搭配出完全个性化的穿衣风格。混搭的流行来自2001年的时装界，当时日本的时尚杂志*ZIPPER*写道："新世纪的全球时尚似乎产生了迷茫，什么是新的趋势呢？于是随意配搭成了无师自通的时装潮流。"简单地说混搭就是不规规矩矩穿衣，但混搭并不是乱搭，也要遵循一定的规则。

混搭看似漫不经心，实则出奇制胜。穿皮草混搭薄纱、晚装混搭牛仔、男装混搭女装、朋客铁钉混搭洛丽塔长裙，这是时装界流行的几种基本混搭组合。混搭渗透到各个方面的原因很简单，不需要进行创新性的探索，只是需要遵循一定的原则。虽然是多种元素共存，但混搭是否成功，关键是要确定一种风格为主线，其他风格做点缀，分出轻、重、主、次。混搭应特别注意颜色，从衣服、配饰、鞋子到手包等，要围绕一个主色调，颜色以三、四种为宜。并要注意颜色之间的过渡和呼应，体现出不经意间流露出来的精致。混搭绝对不是混乱。

　　混搭的含义一直经历着快速的变化，并不断赋予新的内容。更厉害的混搭是来自截然不同的技术和学科相结合的创新。例如，在以色列，混搭现象最普遍的是医疗设备和生物科技领域。在这些行业，隧道工程师和医生们合作一起研发出信用卡大小的设备，取代了注射器。更有一家公司研制一种能从人体的小肠中发射出图像的药剂，这种药剂却采用来自导弹前锥体的光学技术。图9-18所示为混搭。

图9-18　混搭

总结

1. 中国近代的服装演变迅速，与政治、文化、经济、教育密切相关。
2. 近代欧洲服装的发展对现代时尚及使用功能的改进影响巨大。
3. 世界服装五彩斑斓，多元化发展。

思考题

1. 请应用其他各章节所学知识，选取某一历史中的某类款式进行鉴赏分析。
2. 畅想未来人们服装生活的状况。
3. 为什么要研究历史中服装？

服装设计中的审美创造

课题名称： 服装设计中的审美创造

课题内容： 1. 服装设计的本质

2. 服装设计创造

课题时间： 2课时

教学目的： 了解服装设计及审美创造的本质，认识服装在功能设计、设计表达和文化构成设计等环节中的艺术性，掌握服装设计过程中的审美要素及运行规律，为自觉运用审美规律进行专业实践奠定理论基础。

教学要求： 1. 教学方式——结合服装设计作业了解服装设计的审美属性。

2. 问题互动——服装设计过程中的创造型思维起到什么样的作用？

3. 课堂练习——时装杂志上的设计作品赏析。

教学准备： 让学生收集时装杂志上的设计作品，供课堂讨论与欣赏。

第十章　服装设计中的审美创造

当人类告别手工艺时代，跨入机器轰鸣的工业化时代时，设计师应运而生。他们兼有手工艺人的娴熟技巧和艺术家般创造的灵感，拥有独立的社会身份和职业。服装设计是一个现代性的概念，它有内在的审美品质，使大众生活趋于审美化。

第一节　服装设计的本质

服装设计是诸多设计门类中一种专业的设计活动。

一、什么是服装设计

1. 设计的起源

"设计"（Design）的概念源于文艺复兴时期的绘画。正如G.Blduin所理解的，"设计既是整体与局部的比例关系，也是局部与局部对整体的关系。正是由于明确了这种关系才能得出这样一个判断：在人的心灵中，事物所有的形式都是通过人的双手制作而成型，这便是设计。"所以，尽管设计的概念起源于美术，却并没有局限于此，反而在后来从手工艺与艺术中独立出来，成为与大众生活密切相关的创造活动。

服装设计是解决人们穿着问题的富有创造性的计划及创作行为。服装设计是一门涉及领域极广的边缘学科，与文学、艺术、历史、哲学、宗教、美学、心理学、生理学以及人体工效学等社会科学和自然科学有着密切的联系。作为一门综合性的艺术，服装设计具有一般实用艺术的共性，但在内容、形式以及表达手段上又有自身的独特性。

2. 广义与狭义的服装设计

服装设计作为设计的一个门类，包含了设计的基本语义，即通过心灵的构想，赋予衣料完整的形式，使之成为功能性与装饰性相结合的产品，进入我们的生活中。根据这种理解，从古至今，人类服装的产生与变化都是设计的结果。我国古代的深衣曲裾、短襦长裙、凤冠霞帔，西方历史上的希玛修式外衣、苏尔考特罩袍、Justaucorps骑士装等，都是服装形式上的变化，同时也是设计观念与制作方法的演进。从这种意义出发，我们可以说，服装设计的历史源远流长。

狭义上的服装设计并不是从人类文明伊始就有的活动，而是工业革命之后的产物。工业革命之后，在服装的生产过程中出现了设计与制作的分离，机器的出现引起了现代服装生产方式的巨大转变。在厂房里操作机器从事服装生产的是工人，他们从事的是体力劳动，是服装的制作者。而在工人们制作服装之前，产品的形式已经经过构思并在各种效果图上展现出来，这便是服装设计师的创造活动。

现代意义上的服装设计是针对一定的设计对象对服装整体形式进行的构思活动，并在此基础上绘制出效果图、平面图，然后根据图纸或模型进行制作的过程。现代的服装设计师们不同于古代的宫廷制衣匠或为家人缝制衣物的妇女，他们所从事的更多的是一种观念上的构想，针对人群而非个体，对服装风格、主题、造型、色彩、面料、配饰等进行整体设计，同时对内部结构、尺寸确定以及具体的裁剪缝制和加工工艺等也要进行周密严谨的考虑，以确保最终完成的作品能够充分体现最初的设计意图。

3. 高级时装设计

高级时装设计并不完全等同于一般的服装设计，一般的服装设计更多关注的是生活中方便人们行动的日常服装，而高级时装设计则是提出一种概念性的服装，通过大胆的夸张、变形，使服装的艺术美感更充分地表现出来。高级时装设计更倾向于一种艺术创造活动，它借助有着理想身体比例的模特的演绎以及精美图片的展示，将服装的艺术美感和设计师的艺术灵感完美地表现出来。

高级时装设计是服装设计中的特殊化形态，它隶属于服装设计大的领域中，并且有流向日常着装领域的趋向。在欧洲市场上，每年一些顶级的时装发布会（图10-1）过后，各地的服装经销商就会蜂拥而至，竞相订购。其中适合日常生活的产品样式很快就会以适中的价格进入大规模的市场推广中，成为人们身边可见的服装，适应各阶层的消费水平和生活风格。所以，高级时装设计的发展能推动人们对服装艺术美的探索和思考，是服装设计中不可或缺的部分。不仅如此，高级时装设计还以如何转化为生活中实用的服装为终极目的，跻身于高级时装设计界的顶级设计师们已经明确提出这一观点。曾经获得法国高级时装"金顶针"奖、并被冠誉"巴黎征服者"的设计师拉克鲁瓦说："高级时装是一种艺术，而成衣才是一种产业；高级时装是一种文化概念，而成衣是一种商业范畴；高级时装的意义在于刻画观念和意境，成衣则着重销售利润。高级时装设计的最高境界在于如何使艺术实用化，使概念具体化。人人都会用珍珠、貂皮点缀衣裙，但设计一件外表朴素、自然合身又不影响行动的连衣裙却是考验大师的难题。因为既要让公众接受，又要体现鲜明的个性，还要融合科学原

图10-1　马丁·马吉拉巴黎2016春夏男装发布会

理，再加上设计师的构思，展示才华和绝技的细节，谁能让这一切以最简单的形式完成，谁才是真正的天才。"凭借对高级时装设计终极目的和审美境界的深刻理解，这位天才设计师在时装界以旺盛的创造力和多元化的风格开辟出广阔的发展天地。

二、服装设计的意义

1. 人类生活的需要

服装产业所服务的对象是成千上万的大众，作为消费者，他们是服装产业发展最大的推动力量。从消费者心理来看，他们所需要的不仅仅是能够满足蔽体、御寒等基本生存需求的衣服，更多需要的是能表现自身气质、身份和素养的服装以及能够让自己出入不同场合的合适着装。多元化的消费需求是服装设计能够兴盛发展的关键原因。

服装并不仅仅只是一件物品，在现代社会它还是一个符号，是文化的载体之一，有着诸多的文化象征意义。在我国和西方的传统历史中，虽然服装的文化特性和符号功能也得到表现，但只是在少数贵族和统治者那里，绝大多数的下层民众的服装都在形式和材料上受到限制，比如在我国古代的很多朝代里，平民的衣服就被限定为本色麻衣，不允许使用红色、黄色等象征权贵的色彩以及锦、绣、绮等贵重材质。服装的符号功能在当代设计中才真正体现出来，因为服务的对象从少数人转向了消费大众，使普通的消费大众能够自由地选择自己的着装。当服装文化的发展从意识形态的压制中获得解放时，以文化表现和人性关怀为目的的服装设计才能获得广阔的发展空间。

从服装设计师的角度看，他们所从事的职业活动是一种个体的自我实现。设计与艺术关系的当代新形态决定了服装设计师的职业特性。当代设计的发展有一个明显的趋势，就是向艺术靠拢。这意味着服装设计师的活动更倾向于艺术家的创造活动，设计的服装不仅要考虑到身体的自然生理感觉，而且还要与精神方面的感受发生紧密的关联。这种倾向于艺术的创造是设计师智慧、灵感和情感得以表现的途径，因此服装设计也是设计师实现自我心理需求的领域。

2. 服装产业的内在需求

今天的服装生产已经进入到产业化的阶段。服装产业是由多个产业链相互衔接而成的系统，从服装材料、服装生产、服装营销到时尚信息的传播，每一个环节都相互影响、相互制约，与整个产业链的正常运转息息相关。在服装产业迅速崛起并趋向全球化发展的时代背景下，过去那种单纯凭借感觉来决定服装造型、制成纸样，然后缝制成服装的方法，显然已经不能满足产业化生产的需要。紧跟时代发展潮流的服装设计需要系统化的造型方法，并充分考虑到材料、款式、加工工艺等因素对服装的影响和制约，这样才能真正满足服装产业的发展需要。

服装产业的发展趋势滋生了对专业设计人才的内在需求。以服装技术创新为核心，创建服装产业创新系统，由此提高服装产业的综合竞争力。翁蕾蕾、陈东生在《服装产业创新系统的构成要素分析》中写道："服装产业的创新就是服装产业生产要素的重新组合，是把一种从来没有的关于服装产业生产要素和生产条件的'新组合'引入服装体系中去，以实现对服装产业生产要素或生产条件的'新组合'。具体表现在：创造一种新的服装产品，或赋予服装产品一种新的特征；采用一种新的服装生产工艺或方法；开辟一个新的服装市场；获得一种新的服装原材料或半成品的供给来源；实行一种新的服装企业组织模式……服装产业创新系统是指在服装产业中，各个创新参与主体（包括政府、行业协会、企业、科研机构、高校等）在一定的经济大环境之下相互作用，形成促进服装产业创新或发展的系统。"在这个大的发展趋势之下，专业的设计人才将成为推动技术创新和系统创新的关键因素。

服装产业的发展对服装设计师的知识背景和专业技能提出了更高的要求。一个好的服装设计师不仅要拥有本领域内的专业技能，而且还要对市场营销学、材料学、美学、心理学等学科都有所涉猎。只有通过对服装的理解以及对各方面知识的综合掌握，设计师才能够做出关于服装设计要素的综合判断。

3. 生活审美的需要

为了寻求美而进行的服装设计活动，是当代生活所不可或缺的，因为服装设计不仅能满足个体的审美需求，从更高的社会层面上看，它还被赋予了实现生活审美化的重要意义。

生活审美化是当下存在的发展趋势，它与审美的生活化一样，是历史进步的必然结果，是人类文明的发展方向，服装设计便是其中的一个重要组成部分。服装设计是双重价值的结合，一方面它针对的是人的需求结构中处于金字塔最底端的生理方面的生存需求，另一方面它指向的又是金字塔最顶端的自我实现需求，因为消费大众总是在寻求适合自己年龄、身份、职业、品位的服装，多层次、多方面的消费对象是服装设计师从事创造活动必须考虑的。成熟的服装设计作品，最终不是橱窗里的展示品，而是在人的穿着行为中实现价值。因此，服装设计同时具有功利性和非功利性，功利性将服装变成生活的一部分，非功利性将服装导向精神层面上的自我价值的实现，将审美的快乐融于其中。这样，生活审美化在服装设计的通道中才能得以实现。

三、服装设计要素与过程

1. 服装设计的要素

通常判断服装设计作品优劣的基本标准是：一是能否表现组成它本身的材料，不同的材料具有不同的质感、肌理效果和触感，产生的视觉效果也不一样，材料自身的表现力是服装设计师不能忽视的，好的设计师能合理地选择、安排材料，让各种材料的优势得到最大化的表现；二是它是否具有在美学上能够令人欣赏的形式，服装的形式是形状、结构、色彩等因素的组合，它是一个有机的整体，是服装艺术表现力的来源；三是它是否能满足自身所指向的目的，服装的目的也就是它的功能，有偏重实用与偏重装饰之分，只有具备了功能，服装才能满足人的实际使用需要，因此，功能的合理化是服装设计师必须考虑的重要因素。服装设计的要素包括人的要素、物的要素以及连接两者的技术要素。

（1）人的要素。包括设计师和消费者两个方面。服装设计首先是设计师的创造活动，服装材料的选择、形式的决定和功能的设定，都是设计师主观能动性的发挥，凝结着他们的智慧、创造力和情感。消费者是服装设计中人的要素的第二个构成部分，它在一定程度上为服装设计的创作行为划定了边界。图10-2所示为袁观洛翻译的日本服装设计师中泽愈所写的《人体与服装》一书中提及的服装构成要素的性能差异图。

侧重装饰·形态系列的性质	设计时必要的要素	侧重功能系列的性质
广范围·一般日常的·平静 ←-----	❶ 环境 ----------→	限定范围·特殊·过于严格的
形态的·心理的 ←-----	❷ 人体 ----------→	构造的·生理的
关系生命的情况较少 ←-----	❸ 生命 ----------→	关系生命的情况较多
感性的姿态·形状的认识 ←-----	❹ 大脑功能 ----------→	理性的(结构、构造的把握)
动势的(Movement) ←-----	❺ 运动 ----------→	动作的(Work)
全年龄段 ←-----	❻ 年龄 ----------→	全年龄段(主要是成年)
美的要素+用的要素 ←-----	❼ 衣服组成要素 ----------→	科学的要素+用的要素
一般服装(Casual-Formal) ←-----	❽ 服种(外衣) ----------→	剧烈运动服(Hard Sports)·作业衣·特种服装防寒水衣·防护救生衣
装饰=功能 ←-----	❾ 服种(内衣) ----------→	功能性·合理性
装饰美 ←-----	❿ 美的特性 ----------→	功能美(事后性)
易受影响 ←-----	⓫ 流行 ----------→	难受影响
没有特殊必要感觉的 ←-----	⓬ 科学性(理论性) ----→ 必要的·有时科学的(合理的)	
重视质感·风格 ←-----	⓭ 材料 ----------→	重视组织和性能
装饰的效果(有时是辅助性的) ←---	⓮ 附属材料 ----------→	机械的效果(有时是主体的)
主要是爱好·象征 ←-----	⓯ 色彩 ----------→	主要是识别·认识
手工艺的·缝合 ←-----	⓰ 制作 ----------→	批量的·缝合·黏合·融合
日常使用·自由 ←-----	⓱ 穿着 ----------→	特定场合使用·限定使用
	⓲ 其他	

图10-2 服装构成要素的性能差异图

（2）物的要素。服装设计的工作对象主要是多种多样的服装材料。服装材料的发展是从大自然中提取的棉、毛、丝、麻等天然纤维材料，到工业时代出现的人造纤维长丝、粘胶短纤维、合成纤维、腈纶、涤纶等人工制造材料，如今服装材料的结构格局是化学纤维与天然纤维共存的多样世界。服装材料组合的再创造是当前的发展趋势之一，它要求设计师通过对材料质感和肌理的探索以及对空间多层次的研究，创造出具有多维性视觉形象的服装。同时，绿色环保材料以及高科技材料的发展，也对服装设计产生了重要的影响。

（3）技术的要素。服装设计的技术手段多种多样，包括服装款式效果图的绘制技术、服装裁剪缝制技术以及相关的计算机技术等。技术的工具特性决定了它是否是设计师实现自身目的的必需手段，是服装设计活动中连接设计师、消费者和服装材料的重要因素。在如今的信息时代里，计算机技术已经在服装设计领域中广泛应用，成为设计师进行设计构思和创作的最有效、最快捷的技术手段。目前，大多数的服装款式设计、绣花纹样设计以及印花纹样设计都主要依靠计算机软件来完成，因此，熟练掌握各种相关的计算机软件，是当代服装设计师的必备技能。

2. **服装设计的过程**

服装设计与其他设计一样，要经过由灵感到概念，再进入不同阶段的问题解决过程。虽然不同的设计师处理这些步骤的方式各不相同，但依然有其内在的客观性。

（1）服装设计是从心理表象到客观物象的呈现过程。服装设计师在具体开始画设计图稿之前，内心已经有了关于所要设计的服装的心理表象，这个表象是设计师文化素养、价值观念、艺术品位的综合表达，在此基础上再通过专业技能将心理表象转化为符合客观规律的具体作品。

（2）服装设计是赋形的过程。服装设计虽然可以以图纸而非物态的服装实物作为设计的最终形态，但是它同样是一个赋予材料一定形式的过程。赋形的过程，是基于对形式逻辑构成的了解和对人的视知觉规律以及人体结构知识的掌握，这样才能将服装构成的科学性与审美性结合起来。

图10-3　莎拉·伯顿为凯特王妃设计的婚礼服

（3）服装设计是规律性与目的性统一的过程。服装设计师对服装本身适应的人群、场合、环境等因素要有预先的设定，这样才能创作出能够满足消费者多元化需求的服装，因此，服装设计是一种合目的性的活动。同时，它又受到服装材料、生产流程、经济发展等多方面规律的制约，如果违背了物质规律、生产流程规律以及市场规律，就无法设计出合目的性的服装作品。图10-3所示为2011年莎拉·伯顿（Sarah Burton）为英国皇室凯特王妃设计的惊艳世界的洁白婚纱礼服。这件礼服在材料、结构和色彩的安排上完美地表现出王妃的美丽，设计师本人将这件礼服的设计称为"一个真正的伟大工程"。对材料自身的客观属性、组合规则、结构形态等方面规律的准确把握，再加上明确的设计目的，莎拉设计了一个不露痕迹的巴斯尔裙撑和承重的马尾衬，以确保当王妃在沿着威斯敏斯特教堂行走的时候婚纱不会变形。这件婚纱礼服的成功设计使莎拉·伯顿从一个名不见经传的设计师一跃成为备受世人瞩目的一流设计师，并成为亚历山大·麦克奎恩（Alexander McQueen）品牌的创意总监。

四、服装设计新理念

服装设计已有一百多年的发展历史，从最早的巴黎高级时装逐渐走向风格独特的当代时装。服装设计师可以专门从事某一类服装的设计，也可以将自己的才华发挥在服饰的整体搭配效果上。广阔的发展平台是服装设计能够走向未来的重要支撑。绿色设计、情感化设计、民族化与国际化相统一的设计，是当前服装设计的发展趋势。

1. 绿色设计

绿色设计也称为生态设计。这是服装整个生命周期内，对环境属性进行考虑的重点。它要求服装设计既保证产品的功能和质量，同时也满足保护环境的目标要求。绿色设计意味着设计师在材料的选择和运用、设计风格的确立、服装结构工艺的设计等方面，能够合理使用资源，尽可能地设计出自然简约、舒适环保的服装。玛蒂尔达·谭（Mathilda Tham）提出：环保的设计体现在资源的最小消耗，尽可能使用对环境伤害最小的材质（如有机棉、大麻纤维、竹纤维、莱塞尔纤维等），采用更轻薄的设计，使用更少的物料；减少洗涤，一件服装在生命周期内总能量85%的耗损是由洗涤造成的；提倡再利用，为旧衣料注入新生命或者采用保质期更长的设计；由线形设计变为循环设计，在设计时就预先考虑服装的循环性，这比减少或避免废物的产生更有效。在环境问题成为全球化危机的今天，绿色设计已经是一种全球化的服装设计潮流。

2. 情感化设计

情感化设计主张服装设计要以人为本，而不以服装为目的，在设计过程中，关怀消费者的心理习性，将情感外化于设计物品中，使设计产品不仅只是单纯的物品，而且还能与消费者产生某种情感共鸣。情感化设计将人性化的情感转化为对各种细节的处理，真正实现服装对人的服务。在手工艺时代，服装的情感表达是非常强烈的，如中国民间的虎面肚兜、百家衣、女子嫁衣等。在这些服装的制作过程中，制作者通过图案、颜色、造型的安排倾注了对生活的祝福和对家人的珍爱。进入工业化生产时代后，这种情感化因素反而被隔离了。当代的情感化设计不是传统服装的情感表达，而是在细节上对使用者行为心理的关照。服装无论形式如何多变、风格如何独特，终究是由人来穿着的，因此，它的设计需要关照人的情感需求。

3. 民族化与国际化

民族化与国际化相统一的设计，这是全球化背景下服装设计的发展趋势之一。图10-4所示为泰国传统服装。从服装设计进入人类历史舞台开始，国家与国家之间的服装就有明显的差异。玛乔里·艾略特·贝弗林在《艺术设计概论》中写道："巴黎的设计师始终认为自己的作品是艺术品，并坚持要求由手艺最精湛的工人来制作完成。设计师在创作时往往会考虑要迎合传统贵族妇女的要求，贵族妇女大多数时间陪丈夫出席各种聚会，她们习惯于为了自己的丈夫而穿着打扮。这些女性偏爱服装上的小改变，而不喜爱张扬有个性的设计。她们倾向于在每一件服装或装饰品上花很多钱，而不愿意花一笔钱买一大批较便宜的衣服。然而，美国女性则更容易接受非同寻常的、独创的、流行一时的服饰。她们热衷于了解时装的最新流行趋势，与其他女性在衣着上进行攀比。机器制作的服装以其生产快速、价格低廉的特点满足着这些女性的需求，使她们衣橱内的衣物不断更新。"

全球化的经济发展使服装设计的国际化变成不争的事实，但这并不意味着每个国家、每个民族的服装传统元素会在国际化潮流中被淹没。相反，全球化是充满着差异性的统一，它尊重服装的民族性和历史性。当前，各个国家都在积极探寻体现本民族美学精神的现代服装设计道路。服装设计的发展必然是在各个国家和民族的文化传承与发展背景下进行，在地域和文化的差异性中走向繁荣。

图10-4　泰国传统服装

第二节 服装设计创造

服装设计的最终目的不是要做出一件让人心动的漂亮衣服。服装设计不是简单的造物活动，而是对人类生活方式的革新和推进。

一、服装功能与情感因素

1. 需求的多层次

马斯洛提出人的需求是一种层次递进的金字塔结构，从下到上依次是生理需求、安全需求、归属和爱的需求、受尊重与自我尊重的需求、自我实现的需求。在人的心理需求层次中，审美需求是属于层次较高的需求。服装的功能设计是通过服装创意的推陈出新，不断满足人们日益增长的生活需求。合理的功能设计是以人的心理需求的科学分析为基础，需求是人的生存本性，人只有不断与外在世界进行物质、能量、信息交换才能生存下来。反过来，需求也推动了人类物质和精神方面的多种创造活动。

2. 从实用到审美

审美需要满足是推动人们从事一切创造活动的根本动力。服装设计是为了寻求美而从事的创造活动。服装的实用功能和审美功能的双重功用，早在人类告别原始时代后，便开始齐头并进地发展。

正如墨子所说："食必常饱，然后求美；衣必常暖，然后求丽；居必常安，然后求乐。"在我们的衣食住行中，只有最基本的物质生活需要得到满足后，才会产生出相应的审美需求。所以，审美需求是从属于实用需求的，但它也能反过来随着实用需求的满足，一起将精神文化的内容渗透到物质生产过程中，使服装具有文化的意味。例如，我国中山装的设计，除了具有实用功能的设计，它将符号化的象征意味融入设计中，使其形成独特的审美风格。中山装的形式设计有特定的含义：前襟的四个口袋分别象征"礼、义、廉、耻"的国之四维；对襟的五粒纽扣分别象征"行政、立法、司法、考试、监察"五权分立以及中华民族"仁、义、礼、智、信"的传统道德准则；衣袋上的四粒纽扣，象征人民有"选举、创制、罢免、复决"四项民主权利；后背不破缝，象征祖国统一，不容分裂；风纪扣象征严谨治国；最终的整体造型呈现出严谨持重、朴实大方的审美风格。

在生产力迅速发展的今天，服装给人们带来的舒适指数随着材质的进一步丰富和技法的不断改进而提高，人们对服装审美的关注远远多于对其实用性的考虑。在服装设计师的创造活动中，色彩的搭配、装饰细节的设计、剪裁的合理、造型的完善等，都被整合为服装美的形式语言，然后进入我们的生活。

3. 情感消费与审美创造

服装设计必须注意当代生活方式的特点，审美淘汰正取代废旧淘汰进入人们的日常消费中，这是消费方式在当代的一个重要转变。过去因为物质的匮乏，人们不得不在穿着方面"新三年、旧三年、缝缝补补又三年"，尽可能地延长服装的寿命，直到无法再穿时才将其淘汰掉。

如今大众生活水平随着生产力的提高得到了很大的改善，人们往往在一件衣服还没有出现破损的情况下就会更换新的款式。以服装款式变化作为淘汰服装的一个依据，这就是服装消费所说的审美淘汰。在审美淘汰和情感化消费成为服装市场中不可改变的客观现象时，我们需要发展出与之相适应的服装设计文化。

与服装的情感化消费相适应，服装设计也应当情感化，要善于营造更美好的生活意象，创造出形式更丰富、更具有审美意味的服装。好的设计师擅长捕捉时代的理念，将美好的生活意象传递给消费者大众。

二、服装设计与艺术表达

1. 服装设计表达

服装设计表达是从技艺层面提出的整体概念，它是设计师用来表达自己设计创意和设计理念的一种方式。在合理的服装设计表达中，我们不仅能看到服装造型特征、色彩配置、结构安排、面料选择以及装饰细节设计，还能看到创新意图、价值观念等深层次的内容。

服装设计师的设计表达可以是多样化的，可以是通过服装画、服装款式效果图等来表达设计观念的平面表达方式，也可以是服装成型过程中的其他形式和手段。就当前的服装设计发展现状来看，服装画、服装款式效果图是占据主导地位的设计表达语言，是服装设计师必须掌握的基本技能。

2. 设计表达的审美特性

作为服装设计表达的主要方式，服装画的绘制体现出设计师的技术水平和审美水平。服装画以研究人体为出发点，在进行大量的人体动态素描练习的基础上学习绘画的方法，掌握各种绘画材料和工具的使用技巧，绘制出人体的理想化比例和风格化动作，从中表现出着装状态。

服装画是在素描、速写、色彩等基础上形成的造型表现形式，也具有绘画的审美特性。这种审美特性表现出服装的款式结构、材料肌理效果和色彩配置模式，在此基础上去追求纯粹绘画艺术造型表现的视觉美感。在客观表现出所选择的服装材料的基础上，才能去追求整体的视觉美感，服装画是以功能的实现作为审美的前提，这是服装设计表达的首要原则。图 10-5 所示为工作室里的服装画课程训练实景。

在功能设定的基础上，服装设计语言的审美特性就能充分表现出来。

（1）服装设计是一种创造性的活动、理想化的表达。服装画并不是一种再现活动，通常不是按照现实的人体比例来绘制，而是选取比普通人体修长、完美的造型比例，在此基础上表现出与设计的服装相适宜的个性化气质。因此，它是从现实中提取材料，并对其进行提炼和完善的创造行为。服装画所展现的服装本身就是设计师灵感和理念的表达，是一种纯粹的创造性想象的结果，在现实生活中是没有原型的。通过典型化的人体比例绘制和具有创造性想象力的服装造型设计，服装画往往比着装模特更具有视觉美感，更能反映出服装的风格、魅力与特征，因而更加充满生命力。

不同设计师的服装画带给人的视觉冲击力也是大相径庭的。同样是 20 世纪初的女性服装

图 10-5　工作室里的服装画课程训练实景

设计大师，所绘的服装画让人感受到不同的女性身体美，如简奴·朗万（Jeanne Lanvin）的服装画（图 10-6）用简洁、灵动的线条描绘出少女的情怀，年轻而天真，浪漫而活泼；简·帕昆（Jeanne Paquin）的服装画（图 10-7）用传统的 S 造型、皮革材质的表现力以及东方的设计元素表现出女性的成熟韵味，优雅而精致，沉着而智慧。这说明服装设计表达并不是单纯的功能性设计活动，它具有通往美和艺术的内在倾向。

（2）服装设计的审美特征具有相对的独立性，具有和纯粹绘画艺术相似的审美价值。服装人体的素描和速写是服装设计人员的基本功，他们需要掌握人体姿态的特征，对动态姿势的重心与平衡有很好的理解和表现，同时对人物面部和四肢的艺术表达也要能更好地传递出所设计服装的个性化风格。对服装本身的素描则更看重线条的表现力和色彩的合理安排，服装造型的魅力来源于此。这与纯粹绘画艺术相同的造型手法使得服装设计表达具有相对独立的审美价值，它在为服装生产服务的同时，也能够独立地作为艺术品，给人带来欣赏的愉悦。

（3）服装设计表达的审美特征还注入了很多情感因素，具有人性化的特质。服装效果图与建筑、工业产品的效果图虽然同属一类，但它是直接用于人体的包装，自然倾向于人性化的发展，考虑个性与情感的因素。服装作为身体的包装形式，自古就被赋予了文化的特性。近年来，人们格外重视服装设计的情感化倾向，这意味着审美的属性得到了更多的重视。顺应这一趋势，服装设计表达也将更加突显自身的审美特征。

图 10-6　简奴·朗万的服装画

图 10-7　简·帕昆的服装画

3. 设计表达的艺术手法

服装画和纯粹绘画艺术一样，都有一些既定的创作手法，由此形成自身的艺术表现力。这些手法包括变形与夸张、节奏与韵律、简化与凝练、对比与协调等。

（1）变形与夸张。变形与夸张首先用于服装人体的描绘上，即通过拉长的人体比例，夸大四肢动作来更好地展示人体的曲线美。图 10-8 所示为设计师桑德拉·罗德斯（Zandra Rhodes）的服装画，在自然人体比例的基础上，将上半身拉长半个头长，下半身拉长一个头长。表现女性身体时，服装设计表达会将夸张与变形的焦点集中在修长的脖子、丰满的胸部、纤细的腰部和浑圆的臀部上。相反，表现男性身体时，焦点则放在粗壮的脖子、具有体积感的胸廓、宽厚的肩部和强健的四肢上。人体比例的夸张变形是为了更好地展示服装的美。而服装自身的造型构建上，

图 10-8　桑德拉·罗德斯的服装画

也会运用夸张与变形的手法。根据功能的需要，对服装的设计创新之处，如肩部、胸部、腰部、臀部等部位进行夸张的表达，让人一眼就看到所设计服装的特色与创意。

（2）节奏与韵律。服装设计表达的平面形式是点、线、面组合而成的整体，并运用到色彩元素，它与纯粹绘画艺术一样，要在直线与曲线的变化、色彩的浓淡处理中传递出画面的节奏和韵律感。节奏是事物在运动中形成的周期性反复过程，是一种有规则的重复，会产生出奇异的秩序感，或者强烈鲜明，或者轻快活泼。韵律则是运动形式的节奏性变化，可以分为渐进的、回旋的、放射的或均匀堆成的，由此传递出一种情感意味。节奏和韵律在服装画线条的安排上使用得非常普遍。不同类型线条的不同组合能表现出不同的节奏与韵律：粗细一致、清晰流畅的匀线重复排列，能形成一种单纯、明确的节奏感，很好地表现出服装的规整细致；顿挫变化的粗细线条的周期性重复，则能更好地表达出服装的体积感；短而不规则的线条形成的有规律的变化，擅长表现粗质感服装等。

（3）简化与凝练。服装设计的表达重点在于表现出服装的创意和特色，因此它是以服装为主、人体为辅，人体的描绘是为突显服装美而服务的。在处理画面层次时，尤其是对人体进行描绘时，简化与凝练是常用的手法和原则。对于人物的面部、肢体细节等需要一定的简化，以免损害到对服装的表达。在表达服装本身时，也要注意细节的取舍，并不是所有的部分都需要仔细描绘，一些次要的构成部分可以进行弱化处理，这样能够更好地突出服装设计的主题。

（4）对比与协调。对比是差异性元素形成的对照，通过不同色彩、质地、明暗和肌理的比较能够产生鲜明、生动的效果，并成为整体造型中的焦点。服装设计表达中的对比主要是指不同材质的质地和肌理的对比、不同色彩的对比，通过这些比较元素的并置产生虚实、明暗、大小、强弱、松紧等的差异性对比，造成强烈的视觉冲击，使想象力得以延伸从而造成张力，引起人们的兴趣。协调则是将各种对比因素之间进行调和一致，构成一个完整的整体，如蓄势互补、动静结合、刚柔相济的整体，这样就能形成丰富的视觉美感。

三、服装设计与创造性思维

1. 创造性思维特性

创意是服装设计的灵魂，它来自设计师的生活体验，来源于设计师对审美的体验，是人的情感、想象和理性共同运作的过程，尤其是灵感的表达。

开拓的创造性思维必须在具备基本条件的情况下才有可能正常运转。这些条件首先包括有设计素材的资料收集。没有准备的头脑是空洞无物的，它不可能滋生出任何灵感。正如知名设计师阿玛尼说过，等待灵感的到来其实是一种奢望。他从不坐等灵感，而是从一本书、一部电影、一次谈话、一次观察等这样一些看似极其平常的生活细节中找到自己的创意。凭借着对服装设计的热爱和孜孜不倦的努力，他建立起了庞大的阿玛尼时装王国，将一种含而不露的质朴时尚带入人们的生活。因此，通过阅读书籍、欣赏艺术、观察生活、关注同时代其他设计师的创造活动等多种途径，让自己的资料存储变得丰富，是创造性思维能够展开的必不可少的先决条件。

浓厚的兴趣或者服装设计的责任感都是调动我们思考问题的积极性的推动力量，能够激发创造性思维的产生和拓展。设计过程中的迫切感和紧张感往往能对设计师的创造起到至关重要的推动作用。比如，迪奥每年都会推出两次服装设计系列，每次发布会之前，他都陷入紧张的状态，到枫丹白露或者普罗旺斯的乡下，通宵达旦地苦苦思索，不停地画稿，画废的设计图堆满了屋子，他丝毫不理会屋外焦急不安又翘首以盼的助手们。每次到了最后的时刻，他总能找到自己的创作灵感，推出让服装界赞叹的设计作品。他的经历说明，服装设计需要适当的紧张感和压迫感，它们能加大设计师解决问题的势能，推动创造性思维的运转。图10-9所示为迪奥的设计作品。

图 10-9　迪奥的设计作品

2. 创造性思维方法

服装设计中创造性思维的培养，要打破思维定式，开创出效率更高、形态更完善的新局面。常用的创造性思维方法有以下几种。

（1）发散思维。服装设计中的发散思维是以一个事物为思维中心，然后将每一种可能出现的概念都提出来，寻求多种解决问题的方案。它具有自由任意性，同时又是连续的、逐渐深入的过程。正如戴安娜王妃的服装设计师艾曼纽所说，最开始可能只是看到了一幅画或一张图，只发现了一个很小的细节，但如果沿着某些线索思索下去，引发一系列的构想，最终收获的构想意象可能就会与最初的起源根本不相关了，而创造力就是这样获得的。发散思维往往有个思维中心，它可以是创作的主题，也可以是别的事物，从中心点呈辐射式散开，思维发散出的各个点往往都具有较大的跳跃性。比如，陈莹在《发散式思维方式与服装设计》一文中写道："服装设计师君岛一郎在1987年到印度旅行，所见所闻激发了他的创作热情，'印度之旅'也就自然成为设计师服装创作的主题。围绕这一主题，设计师想到了印度盛装服饰中的串珠装饰、细密而金碧辉煌的肌理效果，想到了包头巾的造型、纱丽的缠裹方式，想到了宗教的色彩……这些最终都化为设计师大胆而巧妙的创新设计。从华丽的珠串服装到网状的缠裹服装，其间的跳跃性很大，然而它们彼此间所存在的差异性或跳跃性是显而易见的。"

（2）侧向思维。服装设计中的侧向思维是求异思维的一种表现形式，它是将服装设计领域和其他领域联系起来，相互交叉，把其他领域的思想和方法移植到服装领域中，通过借鉴和启发解决设计中的问题。服装设计的过程中，侧向思维运用得比较常见，国际知名的设计师们经常从建筑、雕塑、音乐、绘画、诗歌等其他艺术领域中吸取精髓，将提炼出的元素运用到服装设计中，开辟服装形态的新面貌。比如，20世纪60年代阿波罗登月工程成功实施，对宇宙的神往、对科技的重视成为那个时代最热门的社会主题。从太空、宇航领域找到服装设计灵感，使得新的服装设计风格诞生。设计师大胆采用新型材料和技术，创造了充满视觉冲击力的太空人感觉。安德烈·库雷热用白色和明快浅色面料设计的服装，经过影视明星奥黛丽·赫本在电影《偷龙转凤》中的表现（图9-18），迅速流行开来。这是服装设计中侧向思维运用成功的典型代表案例。

（3）反向思维。服装设计中的反向思维是在思维取向上转换角度，撇开惯常的方法或角度去思考问题。因为深入进去的角度往往是人们所不知的或被忽视的，所以最终能找到意想不到的结果。在具体实施过程中，设计师的认识是由浅入深、由局部到全面，逐层推展的。反向思维可以带来服装的变体设计。陶音、萧颖娴在《灵感作坊：服装创意设计的50次闪光》一书中写道："现代服装经历了一个多世纪的发展进程，服装的结构也经过无数人的研究、尝试，想要有所突破很难。但是，如果从反向思维的角度考虑创新，何不在现有的结构中打破传统的功能意义，寻求新的视觉感受。在服装设计中，我们通常将这种设计方法称为变体设计。比如在女装裙中出现男士衬衫袖的局部结构；解构牛仔裤的结构，重新组合缝制成一件女性高级成衣；围巾与服装结构相连，同时具有口袋的功能；内衣外穿，小马夹套大衬衫的装束非常流行；一件T恤可以里外反穿；一条破了洞的牛仔裤又被戳出几个洞……这种逆反原来的穿着概念和搭配的方式成为风行的服装潮流。"反向思维和服装变体设计就是充分利用颠倒的角度，在与习惯相背离的地方找到创意的源头。

（4）收敛思维。收敛思维是指在服装设计过程中，尽可能利用已有的服装专业知识和经验，把众多的有关设计的信息逐步引导到条理化的逻辑序列中去，最终得出一个合乎逻辑规范的结论性设计稿件。收敛思维也是为了解决服装设计中的某一问题，在众多的现象、线索、信息中，向着问题的一个方向思考，找出最好的结论和最好的解决办法。

服装设计师重要的专业素养体现在，通过收敛思维方法，进行全面的考察，并对海量的信息以综合的方法进行相应的分析和比较，通过对信息的有效组织，运用到服装设计中。服装的新颖性需要通过收敛思维法对许多服装元素加以融合，通过对局部的变化，从而改变原本的服装风格。

（5）联想思维。是指人脑记忆表象系统中，由于某种诱因导致不同表象之间发生联系的一种没有固定思维方向的自由思维活动。联想思维在两个以上的思维对象之间建立联系，为其他思维方法提供一定的基础。在进行服装设计的过程中，联想思维需要对全方位的思考，通过对形象和立体思维的掌握，对服装创作灵感的激发，得到新的服装元素，塑造出整体感，把握时尚潮流。

服装设计的创造性思维还有很多方法，它们在很大程度上帮助了设计师捕捉灵感，找到改变服装审美风格的新方法。因此，积极开拓创造性思维，对服装设计师来说，有着不容忽视的重要意义。

3. 创意设计的过程

随着科学技术与人类文明的进步，服装设计手段也在日新月异的不断发展。服装设计师的想象力迅速冲破意识形态的禁锢，以千姿百态的形式释放出来。新奇的、诡谲的、抽象的、玄奥的服装设计冲击着人们的视觉，极端的、令人诧异的色彩对比搭配令人应接不暇，越来越多的服装艺术形式呈现出一道新的风景线。服装设计的内在本性就表现为一种服装创意设计，即充分调动人的审美心理要素，以创造性思维为重点思维模式，设计出充满新意的服装，更好地为审美化的生活服务。

服装创意设计的具体过程包括以下四点内容：

（1）明确设计目的。以消费者的心理需求为研究对象，确定合理的设计目的，这是服装创意设计的开端，也是一个综合分析的过程，它包括了对人的消费需求的心理学分析、市场信息的基本判断以及对文化的时代发展倾向的前瞻性推断。尽管如此，这并不意味着设计师要用众所周知的、司空见惯的方法去进行调查研究，相反，设计师可以利用侧向思维、反向思维等，从细微、独特的视角发现服装消费市场和设计市场上存在的问题，从设计目的上就形成自己独特的创意。

（2）收集灵感来源的素材。灵感到底从何而来，这并不是一个可以从科学角度回答的问题，设计师经常会有一些莫名其妙的怪异念头冒出脑海，连自己都无从得知它们的来历。但这并不意味灵感是来自某个彼岸的神秘世界，相反，灵感丰富的设计师无一例外的都是优秀的生活的观察者，他们不仅懂得用眼睛看生活，还用心去体会生活，所以总是会有常人无法企及的见解和收获。所以，收集灵感来源的素材对于服装创意设计来说非常重要，这需要设计师培养阅读的习惯、提升艺术欣赏的品位、提高对市场的客观分析能力等。设计来源于生活，也用于生活。所以，设计师要在自己的生活体验中去寻找创意的来源。

（3）分析各种设计素材，确定设计的创新点。对资料的分析过程就是创造性思维综合运行的具体过程，它对设计师的能力提出了很高的要求。好的设计师能够在素材中建立起思维发散运行的模式，通过立体的思维能力，找到创新点。这个创新点可能是服装设计主题上的，也可能是造型上的，还可能是搭配上的。它可以是对历史上某种风格的重新阐释，也可以是纯粹的个性化的创新语言。

（4）完善设计过程，实现创新设计。在找到创新点的基础上，设计师通常会有明确的设计思路。那么接下来就是要将设计创意贯彻执行，使它有最终的物质形式载体。在这个过程中，设计师要经过画设计稿、设计稿打样、样衣制作、样衣试样、样衣修改、二次试样、精工细作等具体步骤，并且很有可能在具体的操作过程中对原初的创意提出修正方案。

总结

1. 服装设计的审美意义。

2. 服装功能设计中充满着情感因素。

3. 服装设计表达出艺术性及创造性。

思考题

1. 服装设计与生活的关系？

2. 服装功能设计与人的审美心理需求的关系？

3. 服装设计表达的艺术性表现在哪些方面？

体型与着装审美

课题名称：体型与着装审美

课题内容： 1. 服装是人的艺术

2. 面部与形象设计

3. 三围与着装

4. 四肢与着装

5. 整体体型与着装

课题时间： 2 课时

教学目的： 认识体型与穿着审美的密切关系，了解各种体型的基本特征，学习特殊体型的补正方法，掌握服装三要素（面料、色彩、款型）与高矮胖瘦的关系，熟练掌握几种典型体型的穿衣打扮基本规则，为个性化服装设计的专业实践奠定基础。

教学要求： 1. 教学方式——课堂实践与理论基础相结合。

2. 问题互动——同学之间互相点评服装穿着。

3. 课堂练习——提炼特殊体型穿衣打扮的一般原理。

教学准备： 请同学精心准备自己的衣装，以备课堂示例。

第十一章　体型与着装审美

　　穿衣打扮就是为了漂亮。生活中追求服装美的人们，都想找到一种规律或规则，以帮助自己更容易的实现审美理想。

　　服装穿着美的"规则"不是绝对的。一方面，人体的形态千变万化，难以简单绝对界定。另一方面，着装本身还与爱好、职业、气质、经济条件等密切相关。所以，在了解一般规律后，还要在实践中多多观察，建立起自己的审美经验。最终，穿出独特的品位才是最重要的。

第一节　服装是人的艺术

一、人的属性

　　随着人们生活水平的不断提高，服装作为一门独立的艺术，已受到社会的广泛认可。服装艺术既传达个人的内在美与外在美，同时也体现着地区和民族文化的社会美。

　　俗话说："人配衣裳马配鞍""佛要金装人要衣裳"。这说明作为自然属性的人体需要在衣饰的包装中，才能体现出人的社会性和文化性。在现实社会生活中，用什么样的衣服来装饰自己才能达到理想的审美效果，这是所有的社会中人都在关心的问题。

　　1. 自然属性

　　人体是指人的体型，属于人的自然特征。人体的造型与先天性因素有关，也与后天的锻炼有关。人体有高矮胖瘦，有不同肤色、脸型、腰身、三围比例等。人体的各种因素与服装的各种因素构成和谐的整体，表现出服装的审美价值。无论是设计师在因人而异的设计，还是消费者或穿着者因己而异的衣服选择，都要与自己的体型系统相协调。

　　年龄也是影响穿着审美效果的重要因素之一。儿童天真活泼，适合穿鲜亮明快的色彩。在少男少女的豆蔻年华，精力旺盛，蓬勃向上，适合穿着具有鲜明时代感的新潮时装，以抒发"未来精神"。老年人代谢功能下降，性格老成持重，一般适合穿素淡之装，以修身养气，泰然处世。青春少女追求一个"酷"字；中年男子向往的是一个"帅"字。这些都是服装美学的基本原则，也是通常情况下大多数人的思维定式，这些原则散发着大众传统美学的熠熠光辉，但"原则"不是不可超越的障碍。尤其是对于服装审美来说，从流行的弄潮儿到保守的传统派，其跨度较大，而且在每一个跨度层次都有美的典范。这也正是美的多样性在服装美学中的具体体现。就性别而言，女装绚丽多姿，款式新颖。男装落落大方，配搭考究。

　　2. 社会属性

　　人的身份、爱好、职业、性格等因素称为人的社会属性。人的自然属性与社会属性，合称为人的本体属性。只有人的本体属性与服装的造型要素及造型风格相互匹配，做到"以人为本"，才能真正体现出服装的艺术美。

所谓"量体裁衣"，不仅是指在裁制衣服之前要测量人体的各种数据，而且可以把这句话从美学的角度扩展为"根据穿着本体的具体情况来决定衣服的各种要素"。图 11-1 所示为非物质文化遗产传人金泰钧指导蔓楼兰创始人裘黎明量体裁衣。

图 11-1　量体裁衣

清代钱泳在《履园丛话》中讲述嘉靖年间，北京有一个出名制衣匠的故事：他在给别人裁制衣服时，不仅注意观察和测量人体的高矮与胖瘦，还对人的相貌、年龄、性情，甚至是官职以及什么时候当的官等都要详细询问一番。用现在的话说，他的经营方式是"量身定制"的个性化服装设计业务。有位御史请师傅为自己裁制一件官服。这位服装师就问御史到："请问御史老爷，您当官有多少年了？"御史不解其意："我命你做衣服为什么要问我当官的年资？"师傅回答道："并非我多嘴，因为一般老爷的脾气与我裁制衣服有关系。刚上任不久的官，趾高气扬，火强气盛，走起路来，往往是挺胸凸肚，衣服就需要做的前长后短，如果做官时间长之后，则意气平稳，或者做官年久而下岗退休，则内心忧郁不振，走路时低头弯腰，身体不免俯首前倾，衣服需要做的前短后长。如果做官三五载，衣服就可前后一样长。所以如果不明白老爷做官的年资，怎么能为您做出合体称心的衣服呢？至于规格尺寸，已有定法，何必要问？"在我国清代就有如此高明的设计师实在是难能可贵。他的高明之处不仅在于按照成法量体裁衣，还能根据人的社会属性及运动中的神态，从中悟出服装的"长短之理"。

就职业而言，"蓝领阶层"讲究款式的方便实用；"白领阶层"讲究文雅严谨；"粉领阶层"讲究端庄秀雅，在办公室的文秘工作及公务社交中既表现的干练大方，又不失青春女性的动人风采。

二、服装与人体艺术

美化人体是服装艺术的基本作用之一。服装是人体的外在包装形式，人体又是服装穿着效果的载体。因此，对人体美的研究与探索显得非常重要。

1. 人体是最美的

人体美是以人体作为审美对象所具有的美。人体是生命进化的最高产物，所以人体美可以看做是自然美的最高形态。在纯粹艺术中，艺术家们赞颂人体美，讴歌人体美，给我们留下大量的人体艺术作品，并形成了以人体美为主要表现对象的艺术形式，如人体绘画、人体摄影、现代舞蹈等，服装表演中的泳装比赛，也以表现人体的美为主。不仅如此，着装美也以人体美为基础，在服装的遮遮掩掩中，透出人体美的光芒。

图 11-2　安格尔的《泉》

人类对人体美的发现与追求由来已久，在大约五万年前的原始先民的图腾崇拜中，可以见到对人体美的追求和人体艺术的创造。中国的先民们很早就有了对人体美的表现，在汉代画像中就有着十分大胆的人体美的表现。到了唐代，由于国势繁荣，又受印度宗教的影响，在敦煌、西安、洛阳一带留下了大量的人体艺术作品，在服饰文化方面，也形成了表现丰满的人体美的服饰设计风格。元代杭州的飞来峰上，也出现了优美的少女裸体雕塑。图 11-2 所示为安格尔的人体绘画《泉》。

在服装设计中，表现人体美也是一种设计技巧，如紧身衣的以藏表露、蕾丝网眼纱中人体的时隐时现、华贵晚礼服的袒露结构等。图 11-3 所示为服装时隐时现表现人体。

2. 人体美的形式与内容

人体美是由艺术的形式美法则所决定的，它要求人体各部分比例关系和谐，五官对称适中，按审美规律延伸而富有变化的线条等。选拔服装模特时，对身高、三围、体重及相貌的

要求就是如此。美的人体给人的感觉是充满了
人类蓬勃向上的生命活力，通过人的表情及体
态，传达出丰富多样、高尚纯正的思想境界。
这是人体美的形式与内容的和谐统一。

人体美的形式和内容，在不同的时代，不
同的社会、国家、民族和阶级中是不完全相同
的。例如，春秋时代的楚国灵王，以细腰为美；
唐代妇女流行丰满为美；从唐代的仕女图绘画
中，我们可以看到女子肌肤丰腴，面如满月；
西方宫廷女子曾经为了细腰，还发明了腰箍，
材料有金属的、皮革的和骨制的，种类繁多，
上流社会的女子为了形体的美，深受其苦，做
出有碍健康的重大损失。

在国际时装舞台上，设计大师们对人体美
的强调部位是随着流行而变化的。20 世纪 80
年代以秀腿的表现为要点，90 年代以胸部和肩
部的美化最为突出，近年来又流行以传达腰部
的美为时尚。总之，人体的各个部位的美也存
在着一个流行问题，甚至脸型、表情等所表现
出的艺术风格，也随着流行不断地变换着美的
"标准"。补正内衣是人类利用服装有意识塑
造体型美的一种手段。

3. 人体比例与服装比例

东方人的身高正常比例大约是七个头长的
比例。但在时装绘画中，着装的人体一般处理
成八头比，甚至九头比以上。这主要是为了设
计构思的方便，既有一定的画面艺术效果，又
便于在人体动态上加减要素，除了广告时装画
和插图时装画，大多不是为了普通消费者的欣
赏而绘制。欧洲人的女子体型接近八头比，在
中国只有时装模特才接近八头比。不同的性别，
比例也不尽相同，通常男性的臀位较女性要高，而女性的下肢相对较短。人体的比例关系，
是挑选时装模特的重要因素。

图 11-3　服装表现人体

其一，衣服的比例要配合人体的比例。虽然有量体裁衣，但这并不意味着需要通过衣服
的比例去再现真实的人体比例。因为"金无足赤，人无完人"，绝大多数人的身体比例通常
情况下并不完美。例如，对于腰节和臀围较低的女性，制作收腰衣裙时，其腰节线就应该比
实际的人体腰节位置适当提高，以补正上下身的比例。其二，衣服本身的造型也有比例是否

得当的问题。例如，衣服长度与围度之间的比例，也就是长短与胖瘦的比例，会体现出不同的造型艺术风格。其三，装饰物与人体及与衣服都存在比例的问题。例如，耳坠和项链的大小，伞、帽、包的大小及服饰图案的大小，都应与人体和衣服形成良好的比例关系。在人体上，在衣服上，在装饰品上，以及在它们之间的关系上，比例无所不在，也无时不在。比例是服装设计、服装穿着和服装鉴赏中不可或缺的重要因素。

第二节　面部与形象设计

"美丽从头开始，领袖掌管全局"。头部，尤其是"脸部的美化"，对全身的着装效果，起着非常重要的作用。

本章中的面部主要指肩部以上的部分，包括头、脸、颈和肩。着装审美应从"头"做起，颈部承上启下，与脸型共同影响到衣服领型的选择。通过形式上的视觉补正，发型和领型可对脸型的视觉审美及精神气质产生影响。

一、脸型发型与服装

严格地讲，发型也是着装效果的组成部分。根据自己的脸型特征选择理想的发型，可巧妙地弥补脸型不足，显示独特个性与美感。

1. 长脸型者着装

长脸型基本特征是，整体头部上下较长，额头、脸颊、两腮基本等宽。长脸型的人可采用烫发、留刘海、扎马尾辫等方式，使脸部产生加宽的视错，从而改善长脸型的视觉观感。长脸型的人不宜选择长而直的发型，或是留极短的头发。

长脸型的人应通过衣领的衬托使之增加"横向视觉"的效果；颈项外露要少，领口越浅越好。船型领将人的视线引至肩部，能够很好地转移别人的注意力。U型领加上细小的褶皱做装饰，能使脸部显得更为丰满。胸前装饰的横纹图案能使脸部轮廓得到扩张，减轻长脸的瘦削感。精致的花边能吸引人的注意力，使人的视线由脸部转移至胸前。

长脸型的人不宜穿大V型和领口开阔的衣服。切忌采用长形、尖形或狭长形的领式，这样会夸大脖子与脸部的长度，变本加厉地扩大纵向因素的影响，使脸型显得更长。图11-4所示为长脸型者适合的衣领。

衣料的颜色应根据季节的变化而定，夏季或春秋季，适宜选用浅色或中性色，也可以在领边加上一道深色的花边。

2. 圆脸型者着装

圆脸型的主要特征是脸的上下较短，额头、脸颊与两腮基本等宽，整体接近圆形。圆脸型的人应留外轮廓较为方直的发型，或扎辫子等，这样可使面庞产生拉长感，不适合剪短发型，短发型会使脸型显得更圆，也忌用刘海把前额全部遮掩起来。

圆脸型的人可选择开领深一些的尖形或长形领，使之圆形的下颌纵向扩展。大小翻领能较好地衬托圆脸型的活泼可爱；V型领能使视线向下延伸，脸颈距离拉长，可以减少圆脸的

图 11-4　长脸型者适合的衣领

醒目感。露出锁骨的大领口设计，能使脸部显出瘦削感。长长的挂缀也能使圆脸显得瘦长些。时装化的领型也能改善圆脸，尤其是那些不对称的领口设计。

　　圆脸型的人通常颈部较短，不宜穿立领服装，紧贴脖子的圆领型也会使脸显得更圆。圆脸型的人最忌的是圆形、方形以及又大又圆的领型。

　　衣料的色彩以深暗色为佳，如橙色、墨绿色，可使穿着者显得端庄优雅。

　　3. **方脸型者着装**

　　方脸型的主要特征是脸呈长方形，棱角分明给人强硬的感觉。通过发型、领型的巧妙搭配，应起到掩饰脸庞分明的印象，给人清新、可人的温柔感。不恰当的着装可能会使方脸型失去女性的柔美。方脸型的人较佳的发型是分中缝或侧缝的披肩发，烫发或直发。利用两侧垂直下来的头发遮掩住棱角分明的腮部，形成一种柔和、舒适的形象。或可采用卷曲或直的披肩发型，让头发自然蓬松下垂，在柔和中掩饰脸型的方线条。方脸型的人不宜剪一刀平的短发，扁平的发型会加强脸的方形感。图 11-5 所示为方脸型与发型。

　　方脸型者应尽量选用可以减少脸型棱角感的领型，宜选圆领、尖领、西装领等，这些领型都有相对柔和的曲线，给人清秀雅致的感觉，可以缓解方脸的棱角感。方脸型的人应避免选择增加方脸视觉宽度的横领、方领和立领。

　　衣服的颜色以中性为好，可以选用一些浅黄色、粉红色以及有条纹的浅色衣料。

　　4. **尖脸型者着装**

　　尖脸型又称瓜子脸，一种标准的"少女脸"，是时装设计师及商家最喜欢的对象。为了削弱过于尖脸型的印象，需用蓬松卷曲的短发把双颊较宽的部分遮掩起来，会有不错的效果。

图 11-5　方脸型与发型

但忌用刘海遮住前额的发型。如果选用长发，则应使头发外部蓬松，以弥补视觉上的不足之处。图 11-6 所示为尖脸型与着装。

　　"瓜子脸"通常情况下，不太适合穿开得大而深的领口，露出瘦削的锁骨，会使脸庞显得更瘦削。设计精巧又服帖的领型是最佳的选择。精致的船型领能使瓜子脸更为可爱，小圆领的连衫裙也十分适合，海军领的裙装也可以大胆尝试。总之具有容量感的领型才是"上乘之选"。尖脸型的人选择衣料色彩的范围较为广泛，深色、浅色、中性色都可以。

　　5. 椭圆脸型者着装

　　椭圆脸型又称鸭蛋型脸，是典型的古典型脸，有这样脸型的女性是很让人羡慕的。各式发型都适合椭圆脸型的人，最好选择能体现时尚、俏丽、娇媚、青春的发型，改善"美少妇"的成熟脸型。

　　椭圆脸型从某种角度来说，是一种比较"敏感的脸型"。近乎完美的形状，稍有不慎，就会走向不完美。所以就更需要讲究"择衣搭配"。例如，衣领装饰太多，就会显得脖子偏短；不对称的领型十分适合鸭蛋脸型，它能体现出时尚的个性；大的方型领，对于古典的鸭蛋脸的女性来说是很不错的选择，它能给人高贵典雅的感觉；露出肩部的服装也是很可爱的装扮，深开的大 V 字领能露出漂亮的锁骨，这样的穿着会非常迷人。因为椭圆脸型显得比较丰满圆润，所以过于繁琐的装饰对椭圆脸型不适合，过多的装饰会使脸部过于突出。典雅的无袖针织套头衫，也会使椭圆脸型别有一番风采。

　　6. 梯形脸者着装

　　梯形脸的基本特征是"上小下大"，脸腮较大。梯形脸的人梳中分式直发，可以很好地遮挡下脸颊，将脸型勾勒出鸭蛋形。这种发型给人感觉有气质、安静或内敛。也可以尝试微

图 11-6　尖脸型与着装

烫内卷的娃娃头或梨花烫的短发，可以将脸型勾画出瓜子状，给人清纯可爱的感觉。这种发型适合少女一族。

梯形脸较适宜选择领口较深的服装，这种领口的服装能使人的视线向下延伸，在视觉上缩小下巴的横向感。V字的领型也是梯形脸女性的选择。选择领部有巧妙设计的领型能将人的视线从脸部转移。在脖颈巧妙缠绕的吊带背心是视觉的焦点，人们会不再注意到宽宽的下巴。

要慎用一字型的衣领或横条纹的线条，它们都会加大脸腮的扩张感。圆领也会使脸部的缺陷更为突出。

脸型受之父母。虽然补正的程度很有限，但对于大多数人来说，效果还是比较明显。这是着装的"视觉艺术"。需要说明的是，所有着装必须与穿着季节和场合相适应。

二、颈型与着装

颈型就是人的脖子的类型，服装的领型设计应以美化脖颈、烘托脸部为原则。

1. 细长颈者着装

脖子细长虽是件好事，可是过于瘦长会影响整体的观感。

长颈者切忌穿着领口长而尖、V型领、直领型的服装。任何垂直线都会产生"上下伸长"的效果，使人的脖子显得更瘦更长。可用水平领、竖领、直角翻领或圆领，穿上带有横条图案的服装，系上围巾，则能增加宽度感，同时遮掩长颈消瘦的缺陷。

穿着翻领或立领时，应使领座适当加高，并增加横向宽度。一般多采用方领、高领、青果领等款式。选择能掩饰长颈的服装，可采用较小的领子，领口不宜挖得过深，在领部可做

图 11-7　长颈适合的款式与搭配

等装饰达到修长颈部的目的。

一些系带等装饰手法，掩盖颈部的瘦长感。图 11-7 所示为长颈适合的款式与搭配。

2. 短粗颈者着装

短颈的领型策略与长颈相反。

短颈可以通过衣领与合适的面料来修正。采用宽大的领口，可选择 V 型领、U 型领、无领等式样，这样可使颈部露出多一些，产生视错，使颈部显得较长。短颈适宜选择飘逸轻柔的面料，不宜选择过于硬挺的料子。短颈的人不宜穿横条图案的高领、圆领、一字领或领口缀花边的上衣，也不宜系围巾，因为容易掩盖颈部，产生宽大、拘束、憋闷的感觉。短颈者不适宜穿有垫肩的上衣，肩部抬得过高，会使脖子显得更短。发型可考虑一条独发辫，能增加颈部的修长感，在视觉上给人以平衡的感觉，这对于颈部较短的人是较好的发型。长发披到肩部，使人感觉不到颈部的实际长度，也能起到遮掩脖子短的效果，但长发不能过于蓬松张开，否则效果会适得其反。

颈部粗短的人，可适当放宽肩部尺寸、挖深领口，或把领子加宽，并增加衣长，以求视觉上的平衡。粗颈者的着装可以选择 V 型领或领口比较深的"勺"形领。以线条简洁的衣领作为弥补手段。也可以不系上装上面的衣扣，使上装呈略敞状，可以起到纵向拉伸的效果。或以长项链下垂、耳环的简洁

三、肩部与着装

1. 溜肩者着装

溜肩是指肩斜度较大、呈下溜状。溜肩的人可选择带卷飘洒的发型，不适宜将头发梳高拢紧或留齐耳的短发。

溜肩的缺点很好修正，一般多使用垫肩，或用领型来掩饰的效果也不错，或穿横纹的上装，或在肩部使用横向装饰线，使人产生横向伸展的视错，便会使肩部显得丰满些。

溜肩的人不宜穿着圆领口、横领口、无袖或连袖上衣的服装。领口可以考虑加长加大，还可用皱褶、泡泡袖等弥补溜肩的缺点。溜肩的人一般都显得脖子较长，可以在颈部

系一条围巾来掩饰。图 11-8 所示为溜肩者着装。

2. 窄肩者着装

肩部显得过于瘦窄，矫正此种类型形体的着装，可以采用较厚的横条纹面料，可以达到掩饰窄肩的作用。采用夸张的结构造型，使其超出肩头，从而加大肩部的宽度，可适当补救窄肩的印象；也可以在肩的两端加一些小饰物，如绒球、花结等均可掩饰肩窄的体型缺陷。

窄肩形体的着装，要求在上装肩部以折褶、垫肩采取支撑手段。可以在肩部的肩祥等部位进行适度的装饰，目的在于强调肩部的水平线。适度以装泡袖的方法，也可以起到一定的弥补作用。

除注意服装款式外，下身的穿着应偏向较深的颜色，或者可以完全穿同一色调的服装。肩窄的人应选择略微约束的发型，头发不要蓬松地全部张开。蓬松的发型将会遮住肩部，反而使人觉得肩部更窄。在注意上衣款式的同时，如果能与发型一起考虑，将头发修饰得恰到好处，肩窄的缺点就不易被人发现了。

3. 耸肩者着装

耸肩的人一般肩部较宽，由于东方人体型较矮，肩宽而耸起的体型会显得有些失调。

耸肩的人可以用大圆的领线、V 型领、水兵服领。但不要用一字领或横条纹的图案，横条纹强调水平线，特别在外衣穿着时要注意。不适宜穿着厚垫肩或肩部有装饰的服装。而西装的穿着则不必过分在意耸起的肩部。衣袖可采用连袖、插肩袖等。耸肩的人穿连肩袖或大圆领服装可减少扩张感。露出肩部的服装能够减少别人对你肩部的注意，抽褶连肩的上衣，也能够很好地减少肩部的扩张感。图 11-9 所示为耸肩者着装。

耸肩只要不过分，可不需修正，反而可以利用其特征来选择适当的男性化外套，更能增

溜肩体型与补正

图 11-8　溜肩者着装

图 11-9　耸肩者着装

图 11–10　宽肩者着装

强干练、英俊之美。

4. 宽肩者着装

宽肩体型的人，肩部显得过于宽大。宽肩的人适合穿着宽袖削肩的"V"型领上衣。上衣的领子可根据脸型的特点做成大尖领、燕子领、大圆领、束带领等。选择较为宽松的袖型，如灯笼袖、波浪袖或蝙蝠袖等，这种上衣的肩、胸、袖浑然一体，使人感觉不到肩部的实际宽度，能达到遮掩肩宽的目的。图 11–10 所示为宽肩者着装。

宽肩者的着装，可以使用吸引视线的方法，或者在肩部以垂直或者斜线，把人们的视线吸引到中间。或者以设计富于变化的领口，把人们的视线吸引到领口处。上装肩部不宜用垫肩，以垂袖为佳，可采用肥大的袖窿。上装肩部裁剪的尺寸可以适当缩小。

宽肩的人不适宜穿着紧袖的衣服，不宜穿着有垫肩、一字领、横条纹的衣服。宜选择花色素雅、颜色单纯的面料，不适宜横条纹的面料。

肩宽的人头发不可剪得太短，也不宜束得过紧，可将头发适当地留长些披散开来，起到遮掩肩部的作用。

5. 高低肩者着装

肩部两端一高一低，不在一条水平线上。高低肩的缺陷是给人以不平衡的感觉。弥补这一缺陷最有效的方法是穿有肩衬的服装。肩高的一面肩衬可薄一些，肩低的一面肩衬选厚一些。这样，就能遮盖肩部的缺陷。

高低肩者宜穿套装，因为套装能把人的视线引向对整体的欣赏上。套装应采用比较厚实的面料，以使服装看上去丰满、挺括。高低肩者，除利用肩衬厚薄的不同以缓和肩部的不平衡感外，还可采用不对称的门襟式样，改善高低肩的缺陷。如右肩高，左门襟可大一些等。若是选用不对称的时装，也可利用色彩视错，将肩高的一方用深色，而低的一方用浅色；还可依据造型在低肩处，添加飘带、布花结等配饰品。图 11–11 所示为高低肩者着装。

高低肩者不宜穿有肩衬的衬衣，因为衬衣的面料一般比较薄，贴在肩上使高低肩更显不平衡。适合穿着装袖类的款式，尤其是在肩头处打褶裥，效果会更佳。

图 11-11 高低肩者着装

第三节 三围与着装

一、胸背造型与着装

1. 平胸者着装

平胸常常使现代女人产生烦恼。

平胸的人较适宜穿着飘垂、宽松、淡雅的上衣和厚质地的马夹或外套，款式可短小，颜色也可鲜艳明快。可以在胸部加荷叶边装饰或直接用适当的加垫式胸罩来弥补不足。不宜穿紧身上衣、针织衫和羊毛衫，这样会显出体型的特点。

适当注意发型的修饰，宜留长发，可略为散开，以吸引人们的视线。不适宜留披肩的直长发，这种发型会使体型显得更平板。图 11-12 所示为平胸者着装。

2. 大胸者着装

从现代审美观点来看，胸大是很流行的。

平胸体型与补正

图 11-12 平胸者着装

如果要强调胸部，可以选择能够显露和突出丰满胸部的紧身露肩的款式，针织的紧身衣也能强调胸部的丰满。适当地在胸前配饰围巾，胸针等饰物，也能有利于掩盖体型特点。大领口常作为最佳选择。

有些女性不太习惯胸部过大，为了让它显得小一些，可以选择掩饰胸部的服装款式。可以利用竖线条来转移视线。有褶皱的大翻领面也能有效地遮盖过大的胸部。也可采用宽松式设计，突出装饰衣袋、下摆、领子等部位，从而转移对胸部的注意力。应避免穿着会强调胸部的过短上衣、短裙或胸前的大口袋和图案设计等服装。

胸部过大者的头发不宜束得过紧，但也应注意不要过于蓬松，不然，头部和上半身都较大，会使整个体型显得比例失当、不协调。

3. 弓背者着装

弓背者的明显特点是：含胸、凸肚、颈项前倾、背部隆起。

弓背者不宜穿无领的短上衣，无领的衣服再配以短发，正好使前倾的颈项暴露无遗。弓背者由于背部微微隆起，穿短上衣就会使衣服的后片翘起来，整个脊背看上更驼，肚子则更凸出。弓背者不宜穿紧身外套，紧身外套会明显地暴露背部的缺陷。

弓背者宜穿立领连衣裙，稍高的领子遮住了前倾的脖子，而胸前打褶裥的花边既遮住了凹进去的胸部，又平衡了人们的视觉，使隆起的背部不那么显眼。长连衣裙也弥补了背部衣服往上翘的缺陷。上衣的领子如能做成较宽较长的式样，遮住背部凸起则最佳。着装时不宜系腰带，深色或有图案的厚质面料比较适宜。宜穿有裙摆的长外套，带褶皱的花边立领呈张开的喇叭状，遮住颈部的倾斜，衣服下摆呈自然褶裥，巧妙地遮住了背部的弯曲，同时又使吊起来的后片掩盖在褶裥中。再配上齐肩直发，把颈部及背部的弯曲基本掩盖。图 11-13 所示为弓背者着装。

弓背体型与补正

图 11-13　弓背者着装

二、腰部造型与着装

1. 粗腰者着装

粗腰的女性穿着连衣裙时，腰部两侧加上口袋，把人们的视线转移到口袋上，可忽视腰粗的弱点。穿着外衣时，可适当加宽肩部，减少腰部的宽度。A 字型下摆展开的上衣能很好地掩饰腰部缺陷。直线型的上装敞开穿着，能让腰部显得更为纤细。将裙装的腰线上提，不但遮掩了腰部，还能使下身显得更为修长。

穿着腰部放松、能遮蔽腰线的外衣或裙套装可以有效地弥补腰粗的缺点。选择一些有助于掩饰腰粗弱点的服装，如背心、套装、开衫等，大衣的款式应是肩部宽、下摆大，与腰部形成对比，腰就显出细的效果。裙子选择松腰设计，或把上衣穿在外面，再加腰带，避免使人留意腰部。

粗腰的女性穿衣时应避免以下错误：上衣下摆在腰围线附近堆积，系色彩强烈的宽腰带，在腰部用色彩鲜艳或醒目的装饰品，穿紧身针织衫，外束腰，下装用腰部有褶的裙子，穿有松紧带的裙子。

2. 长腰者着装

长腰的女性腰部显得较长，腿部相对较短。

长腰女性适宜穿着宽松的半截裙。半截裙对人体的下半身有一定的遮掩作用，尤其是宽大松弛的半截裙款型，使人感觉不到腰至臀部的实际长度，这对腰长的人是有利的。上衣可不设腰节，可以加宽腰带，提高腰线。下装用窄长的造型以增加下肢的长度感，还可以使上半身富于变化而吸引视线，从而达到掩饰腰长的效果。要选用全身统一色调的服装，或者上装的颜色应深于下装，这样可产生腿部增长的视觉效果，使人觉得体型匀称。穿适当的高跟鞋，裤子底边最好盖过一部分鞋面，尽量延长腿长。

长腰体型的人不适宜穿着能加长上半身感觉的高领、立领、一字领等领型的上衣。要避免穿长裆的裤子，可选择直裆短的款式，以使腿部显得增长。不宜穿腰部下垂的衣服，也不宜系窄腰带。不适合穿较短或过长的上衣，上衣应到臀围线为宜，裙子在膝盖上能显得腿部更修长，高腰的长裙也能使下身显得更为修长。忌穿牛仔裤。

腰长的人不适宜将头发高高盘起，适合将头发披散一些。图 11-14 所示为长腰者着装。

图 11-14　长腰者着装

3. 细腰者着装

腰细一般不能算做缺点，但如果腰围与臀围差过大确需修饰时，可在腰部加些衬垫物或采用提高或降低裙子、裤子腰线的方法，以错开腰部最细的部位。

腰部过细的人不宜穿紧身连衣裙，也不宜将带褶的裙穿在衬衫外面，可穿半卡腰、流线型或向下略带喇叭形的裙子。西裤可尽量长一些，裤口略窄。

4. 短腰者着装

短腰体形的人腰肢部分显得过短。

腰短的人一般腿比较长，穿裤子比穿裙子更能显出漂亮的效果。裤子应选择立裆短的款式，会使腿显得更长，也使整个体型上下部的比例显得更加匀称、修长。如果穿立裆长的裤子就会减少腿部的长度，有损于体型美，要根据上下身体的比例来选择裤子。

短腰体型的人着装时，应上装偏长、腰围略松。腰间应束细长腰带，在束腰时可把腰带束低，或者不把腰带束紧，让腰带宽宽松松斜垂下来，可以强调纵向感。髋部略加修饰。腰短者不宜穿高腰式的服装和系宽腰带。图 11-15 所示为短腰适合的款式。

三、臀腹部造型与着装

臀部是上肢与躯干连接的枢纽，臀的宽窄、大小、丰满程度构成臀围，与胸围、腰围合称三围，是女性体型美的标志。一般女性臀部可分为大、小、下垂、上翘等类型，腰部较细，臀部形成一对弧形半球状，半圆、稍上翘，富有弹性，被认为是最美和最富有吸引力的臀部。但并非所有女性的臀部均属此类，随着年龄的增长，臀部肌肉多会松弛并不同程度地有所下垂。可通过衣着打扮扬长避短，使体型保持相对的美丽。

1. 翘臀者着装

臀部外翘如果不过分，应该是一种优点。如果臀部过于外翘，较适宜穿着下摆宽松肥大的上衣，以缓和臀部过分突出的感觉。也可以用加大肩宽来协调与臀部的整体比例。臀部外翘形体不宜穿紧腰身的衣服，特别是瘦小裹体的针织衫，最好穿宽大、质感厚重的外衣，长度以盖住臀部为宜，如穿肥大多褶的裙子为好。图 11-16 所示为翘臀者着装。

图 11-15　短腰适合的款式

图 11-16　翘臀者着装

选择色彩时，上身宜用浅色，下身则宜用沉稳的深色。面料不要用轻薄、垂感强的衣料，否则较易显露体型。

2. 平臀者着装

亚洲人大多属于臀部平坦的体型。国际化的审美观使这种体型变得不再时髦，所以，补正和修饰是必不可少的。

臀部平坦者适宜穿着宽松浅淡色的长裤、褶裙、开纽夹克衫、较厚的编织服装。选择装有立体口袋的长裤或长裙，立体口袋不仅有装饰感还能增加臀部的丰满感。蓬松感很强的打褶裙能够很有效地增加臀部的丰满程度。腰部抽褶的宽松裤，能增加臀部的体积感。身材较瘦的人则更应打扮得宽松些，以显丰满的效果。不适宜穿着紧身裙、薄料紧身衫、紧身裤、深色面料的服装。图 11-17 所示为平臀者适合的款式。

平臀体形与补正

图 11-17　平臀者适合的款式

3. 臀部肥大者着装

人过中年，尤其是女性，臀部开始变得肥大，这已成为爱美女士的一块"心病"。这种"心病"造就了减肥行业。

为了有效地遮掩臀部的肥大，着装时宜选择宽松的外衣，长度以盖住臀部为好。可以用加长外衣来掩盖臀部，用宽松的上衣来取得平衡的效果，还可以用加大肩宽来掩饰臀部的宽大，穿裙子应采用臀围处较宽松的斜裁裙。上身强调细节设计吸引注意力也是很好的方法。图 11-18 所示为肥臀者着装。

臀部肥大的人，不适宜穿紧收腰身的衣服，尤其是瘦小裹体的针织衫和裤子。臀围过于紧绷的裙、裤，会使肥大的臀部暴露无遗。要避免在臀围外堆积过多的褶裥，不宜穿百褶裙、短上衣、明亮色的下装，以免增加臀部的膨胀感。

错误　　**正确**

肥臀体形与补正

图 11-18　肥臀者着装

臀大的女性在选择服装颜色时，宜深不宜浅，宜素净不宜浓艳，更不宜选择大图案及横条纹的面料。上身宜用浅色，下身宜用稳重的深色。

4. 女子凸腹者着装

凸出的小腹，往往影响穿衣的美感。平坦的腹部让人感到精神，但不是人人都具有这种

图 11-19　凸腹者着装

身材，可通过一些着装小窍门，让你凸出的小腹看起来平坦不显眼。

白色的衬衫，深色的长圆裙，配以两厘米宽的皮带，营造 X 型的线条，能使腰部更纤细，以掩饰凸出的小腹。全身穿冷色调的服装，以细条纹的长裤分散视线，巧妙地掩饰小腹凸出的缺点。也可选择直筒牛仔裤搭配长西装外套，可使凸出的腹部不那么明显。穿连衣裙时，要选择松腰式的。图 11-19 所示为凸腹者着装。

凸腹者应避免选择贴身窄裙、双片裙、包臀裤使凸出的腹部曲线毕露，碎褶裙、大圆裙令体态更显粗大，腰间的松紧带或是宽皮带更突出腹部。较薄的衣料和紧身的针织衫都不宜穿着。着装时不宜外束腰。拉链尽可能装在身后，前面只能用隐形拉链。

在发型上也应适当的注意，最好不用披散的直发型，应选择一些新颖、美观的发型，以便把人们的视线吸引到上方。

第四节　四肢与着装

一、上肢与着装

1. 女性臂粗者着装

臂粗的女性，夏天不宜穿无袖或紧身的短袖上衣。可穿较宽松的袖子，如灯笼袖、伞形袖等。袖长在肘下变化为宜。

2. 女性臂细者着装

胳膊过细、过粗的女性都应以掩盖为基本的设计手法。

臂细的女性适宜穿半长袖或长袖的衣服。忌穿灯笼袖、宽松袖等，以免与细臂产生强烈的对比。必须穿无袖的衣服时，以能盖住肩膀为原则，还可用长丝巾搭散在臂上。秋装的袖克夫不宜过宽，若臂细而短者，则袖长多采用普通袖长的 3/4 为好。

二、下肢与着装

1. 腿短者着装

穿裙子是掩饰腿短的最好办法。裙子不宜过长，提高裙子的腰线，并使裙子盖过膝部。

长袜色彩要与裙子接近，形成一体感。不要穿短袜或在脚踝处系宽带子的鞋，以免形成分割，使人的视线发生停留，产生有缩短长度之感。

　　选用竖条纹的面料则更易增加腿的长度。穿裤子时，颜色可偏浅，裤子要长，立裆相应短，裤口不宜过大。还可以用着重装饰上装的方法，把人的视线引向上部，以达掩饰腿短的目的。如上衣鲜艳夺目，下装简洁明快。图 11-20 所示为腿短者适合的款式。

　　不宜穿着灯笼裤、喇叭裤、三股裤，不宜把上衣放在裤子里面。不宜穿紧身上衣或竖条图案的衬衫下罩裙子，也不宜选择臀围中部有横向裁剪式样的衣服。这种体型的人上衣应较短，提高腰线，连衣裙腰部裁剪可略高，下装尽量长些，全身服装颜色应统一。

图 11-20　腿短者适合的款式

2. 腿粗者着装

　　粗腿最好不要暴露在外面。穿裙时，裙长要过膝，腿部可穿深色筒袜或皮靴来掩饰腿粗。不宜穿喇叭裤，以免在大腿和臀部等部位产生许多不自然的横衣纹。尤其不要穿紧身健美裤，那样会适得其反。

　　深色的长裤和长裙适合这种体型穿着。裤型选用宽松的直线型，这样可使人感觉不到腿部的粗细。长及脚踝的 A 型长裙适合高个子的腿粗者。腿粗的人，常不敢穿窄裙，其实可以尝试选择有口袋且袋口有金质亮片装饰的窄裙，腰部的粗皮带及皮带扣也能转移别人的视线。穿着膝盖上方的阔摆短裤，显得健康明快，配合条纹外套和白色 T 恤，使视线向上移，双腿也因此而显得修长。深蓝色的套装散发着一股清新的气息。有腰身且下摆圆弧设计的长外套与过膝圆裙的组合，配上黑色的紧身袜裤，能使过粗的双腿看起来纤细。全身穿着同色系的服装，加上同色系的帽子、丝巾，十分醒目，可强调身材的曲线，能让人的视线往上移，可达到修长的效果。

3. 罗圈腿者着装

　　罗圈腿者的缺陷是：大腿外侧向外弯曲，内侧靠拢，呈 O 型，是一种缺陷型的体型。

　　要掩饰这一缺陷，穿着长裙和宽松的长裤是比较理想的选择。选用宽腿直筒裤可以遮盖弯曲的腿型。如果在衣服外面再套一件长背心，还能使服装的搭配有层次感。

　　罗圈腿者不宜穿紧身长裤，会使罗圈腿者看上去更向外侧弯曲。不适宜穿着短裙和短裤，喇叭形的超短裙会使向外侧弯曲的腿显得更向外伸展，强化了罗圈的特征。比较适合穿西装裙、连衣裙等长度过膝的裙子来掩饰腿型的缺陷。

4. 细长腿者着装

　　细长腿者的缺陷是：腰节较短，腿过于细长。

遮掩这些缺陷的关键是，利用服装的款式来突破腰节短的印象，使上身显得修长些，从而让体型达到既修长又匀称的效果。

细长腿的人不宜穿短裤和超短连衣裙。因为这样会使细腿更显得瘦骨嶙峋。如果选择长裙或长裤，就会遮掩腿的缺陷。腿细长者宜穿较为宽松的长裤或宽松的长裙，这样会使视觉产生一定的宽度感。如果外套一件背心，则效果更佳。有着漂亮图案的长裤能让细腿具有丰满的效果，长度到小腿中部的有着波浪褶的中裙可使腿细者略显丰满。

如果腰比较细，腰带可宽一些，宽宽的腰带能打破腰节短的印象，而穿着大摆裙能遮盖住过于细长的腿，给人一种亭亭玉立的感觉。

第五节　整体体型与着装

一、比例特殊体型的着装

普通人不可能都拥有时装模特那样的身材，总会有些比例不"标准"。由于错视的客观存在，以及服装形式手段的多样化，使得通过服装设计调整比例成为可能。

1. 头小身大者着装

头小身大者的缺陷是：身体偏大，头部较小，有一种上下比例失调的感觉。

要遮掩这一缺陷，就应设法缩小身体的比例，或增加头部的分量。有效的方法是合理利用服装的款式搭配。因此，服装款式上力求大方、简洁、线条简单，如一步裙有收缩体型的效果，或穿带有公主线的上衣、长裙，也会使身材显得苗条、利索。

头小身大者不宜穿宽松的休闲服以及带有横线条的服装。宽松的式样会使身体看上去更加横阔，横线条则把人的视线引往横向，给人以肩宽、背部粗短等不良感觉；也不宜穿复杂烦琐的式样，这样会把人的视觉吸引到较大的体型上来，使得比例会更加失调。羽绒服和厚面料具有膨胀感，穿这类服装使本来不太协调的身体显得更大。

头小身大者宜留长发，波浪型的头发能使头型看上去大一些。不宜留太短的头发，紧紧贴住脑袋的超短直发使头部显得更小。

2. 头大身小者着装

头大身小者的缺陷是：头偏大，身体小，身材呈倒金字塔形。

一切原则都与头小身大的情况相反。头大身小者适宜穿宽松的服装，而且服装的式样可以复杂些，但最好是采用流畅的直线条，这样既可避免累赘，又能吸引别人的注意力。如果穿肩衬略宽于肩的服装，可以缩小头的比例，使肩膀看起来宽一点，选择大翻领就是这个道理。这种体型的人宜穿打细褶具有膨胀感的裙子，显得体型丰满，配上短发，使头型看上去小一些。

头大身小者不宜穿贴身毛衣和踏脚裤。因为它们紧紧裹住身体，使本来就偏小的身体显得更小，同时也加重了头部的分量。这种体型的关键不是展示身体曲线，而是调整体型的比例，增加身体的宽度。如果头发再过于蓬松卷曲，则头重脚轻的感觉会加重。

3. 上身长下身短者着装

上身长下身短者的缺陷是：腰节长、腿脚短，有重心向下的感觉。这种体型的人，与臀部下垂的设计手法类似，关键是要调节上下身的比例。

该体型者不宜穿低腰节的连衣裙，这会使整个人看上去上身更长，下身更短。也不宜穿低腰牛仔裤，选择高腰牛仔裤是比较合适的。宜穿短上衣，这种切割方法能让重心往上移，从而把人的视线引向横向，给人以上身短的感觉。高腰裙能遮掩腰节过长的缺陷，使双腿看上去更加修长。

上长下短的人，下身一般比较粗短。一步长裙能使粗短的腿看起来瘦削些，外面再套一件长外套，既盖住腿部的缺陷，又有服装的层次感，如果鞋的色彩和外套相匹配，则给人一种和谐美。

具有这种体型的男士，在着装时，要注意上衣不要太长，西装扣子的位置宜高不宜低。选择双排扣的西装比单排扣要好，裤子不要卷边型，皮带与裤子同色。

二、整体特殊体型与着装

1. 丰满女性者着装

"脸盘大，颈短粗"是体态丰满女性的一般特征。

丰满有肥胖之嫌。华夏大地减肥之风盛行，如何使身体更瘦一些，成为女性普遍关心的问题。其实，对于成年女性来说，如果不是过于肥胖，丰满并不失为一种美的形式。研究服装美学的前辈孔寿山先生曾有诗云："赤橙黄绿青蓝紫，燕瘦环肥各相宜。服饰自来非小道，衣冠王国重容仪"（1985年）。意思是，汉朝的赵飞燕很瘦，身轻如燕，可在莲花上跳舞；唐朝的胖女人杨玉环，也深得皇帝的宠幸。她们肥瘦各有千秋，却都有自己动人的才色。

如果觉得自己过于丰满，可以选择冷色、柔软而挺括的面料，避免大花纹的图案；或选择深领口领型，或略加宽肩部处理，能产生平衡下半身的视觉效果；避免穿紧身的毛织类服装；穿裙子时，选择不在前后开衩的半截裙；可用垂直线条分割产生修长感等。

2. 矮瘦者着装

装饰的重点放在头部和脚部，能使人的视线沿上下移动，缓冲矮的感觉。时尚新潮的服饰配件，更能体现矮瘦人的精致感，打破因体型而产生的单薄与瘦削。小家碧玉加上大胆的追求，形成清新明快的风格与主题。矮瘦的人应特别注意对三围的调节。肩部与臀部的造型适度夸张，能破解"铅笔杆"的印象。

对于又黑又瘦又矮的女孩，提供一套模板式的装束。通用的倒梯形轮廓并具有蓬松感的时装，堪称矮瘦体型永恒的选择。大胆奔放甚至野性的图案，都会大大增添分量感。横条纹长筒袜，由于宽窄比例得当，产生的是上下拉长的感觉，同时也使得下身的色彩更为丰富。

矮瘦体型着装要点：

（1）倒三角形的轮廓，既能显示活泼可爱，又能打破矮瘦的单调；

（2）荷叶边、木耳边等皱褶结构，在肩部和臀部适当使用，以调节三围；

（3）款式尽量时尚新潮；

（4）色彩多选用明亮的搭配；

（5）图案可以大胆奔放，但纹样大小一定要适中。

矮瘦的男性宜穿面料有竖条纹、银灰色或米灰色的西服套装，不仅整体感强，而且有增高和壮体的作用。避免选择深暗色系的服装，黑色或其他冷暗色调会使其更加瘦小。特别要强调：西服的尺码型号一定要合体，西服的款式不宜选择双排扣、戗驳领。可选择穿着较为宽松的休闲装、运动装以及夹克衫，配上直筒裤和底较厚的皮鞋，既能改善体型，又能增加活力，是比较理想的选择。图 11-21 所示为矮瘦女性适合的款式。

3. **高瘦者着装**

高瘦是一种时装模特的身材，也是世间芸芸女性梦寐以求的身材。具有这种身材的女性可以尽情地尝试各种时髦的个性服装。图 11-22 所示为高瘦者适合的款式。

图 11-21　矮瘦女性适合的款式

图 11-22　高瘦者适合的款式

但过于高瘦的女性也会烦恼。全身上下都是紧身的服装，对高瘦的女性不适合，弄不好会变成"电线杆"。可以选择具有吉卜赛风格的黑底花纹的连衣裙，上紧下松的设计、整体轮廓呈 X 型，加上强烈的色彩对比，创造出独特的造型风格。

大胆的花形图案，完全掩盖了体型的瘦弱感，这是高瘦女性才能使用的着装技巧。图案的中心把服装的视觉主点引向腰部，能把"电线杆"变成"风摆杨柳"。领口、袖口及下摆的沿饰，一定是刻意变化。袖长减掉两寸，配上金属感的手镯，更显得匠心独具。头上装饰更是对整体着装的主题起到画龙点睛的作用。

高瘦体型穿着要点：

（1）只要三围不是过分刻板，高瘦是一种较为理想的体型，但也不易穿款式过于简单，面料过于悬垂的造型；

（2）在追求时尚造型的前提下，应注意对三围的塑造，可以利用皱褶、图案、腰带、口袋等设计元素，适当地进行"丰乳肥臀"的再造；

（3）高瘦的人可以适当考虑选择大沿时装帽与服装搭配，穿出其他体型无法穿出的个性。

4. 高胖女性的着装

高胖女性的衣裙都应加长，宽度以比例较合体为好。

高胖体型者宜穿着有分割线的衣服，如长达膝盖的风衣和大衣等使其有修长感，是深秋或冬季的理想选择。也可以穿不对称的衣服，服装的款式应尽量简洁，线条流畅，松紧适度。穿直筒裤可起到瘦削臀围及双腿的效果。直筒裙和 V 领直身型针织上衣能使身材高大的女性显得更为端庄、挺拔。也可以穿有柔软腰带但无门襟的连衣裙、做工精细柔和的喇叭裙、带装饰蝴蝶结的衬衫等。图 11-23 所示为高胖女性适合的款式。

衣裙的色彩不要太接近肤色，但也不一定穿黑色服装就好。从理论上讲，黑色有收缩感、后退感，使身体收缩变瘦之效。但黑色服装最易使人的轮廓在空间中突出，因此有时胖人穿黑色服装反而突出了自己的肥胖。胖人选择服装色彩以中深色调为主，但仍要避免沉闷，可以选择有细碎图案及有隐条的面料。如果仅考虑用冷色调达到"瘦身"的效果，对于皮肤白皙、举止高雅的女性效果很好，但对肤色偏黑的女性则不理想。因此，一般宜选用从中性

图 11-23　高胖女性适合的款式

图 11-24 矮胖者适合的款式

过渡到暗色调的冷色面料。适宜选择柔和的色调中带有中小型方格、印花或竖条纹面料的服装。上下装要用相近色的面料。面料过薄的服装，因贴身而使体型暴露无遗，而面料过厚或长毛绒类的服装，会使体型更加庞大而臃肿。

避免穿紧身服和腰部有褶的裤、裙，这些服装能在视觉上产生扩张的效果，增加实际腰围的宽度。穿收腰款式的服装会让人感到过分强调腰部，反而暴露腰粗肚大的弱点。忌穿小领口或关门领的服装，否则脸部会显得更大，从视觉上更易增加体型的宽度。

5. 矮胖者着装

矮胖体型者的缺陷特征是：脸较大，颈短，胸、腹、臀丰满，腿部粗壮。

柔软的针织面料外套，飘逸而洒脱，显得非常拉风，是缓冲矮胖感觉的特殊材质。内穿同类色调加细小的几何花纹连身裙，与外衣形成松与紧的节奏关系；细细的皮带采用橘黄色，却没有破坏因内外衣配合产生的拉长感；领口是简洁的方形；鞋跟的高度适当。一切都在微妙的组合中。

黑色具有强烈的收缩感和力量感，这些都是破解矮胖臃肿的元素。内穿细线条、不规则几何纹样的黑白对比简易短裙，特别是樱桃般红波点的应用，使沉闷的黑白灰关系增加了不少灵动和秀气。最大气的还是外衣与内衣，因对比在人体前中线形成的上下拉长的错视，是改变矮胖缺憾的绝佳妙方。图 11-24 所示为矮胖者适合的款式。

矮胖者的着装要点：

（1）可以考虑使用较重的收缩色，如黑色；

（2）大胆使用花色，跳色等，可以表现自信与个性；

（3）尽量利用视错产生上下拉长感；

（4）领口要简洁，可适当开的深一些；

（5）如果可能尽量选择短款，或里短外长的组合搭配。

总之，穿着是一门艺术，需要一定时间的修炼，才能具有较高的着装修养。上述穿衣之道，不能生搬硬套，要融会贯通，灵活的设计，辨证的应用。事实上，服装穿着美的"规则"不是绝对的。因人体的形态千变万化，难以简单绝对界定。而着装本身还与爱好、职业、气质、经济条件等密切相关。因此，在了解一般规律后，还要在实践中多多观察练习，建立起自己的审美经验。最终，穿出独特的品位才是最重要的。

总结

1. 人体与文化审美。

2. 脸型、三围、四肢与着装。

3. 体型类型与穿着。

思考题

1. 试述服装与人体的关系。

2. 矮胖女士着装的基本原则是什么？

3. 高瘦女士着装的基本原则是什么？

4. 如何利用服装服饰修饰体型的视觉缺陷？

职业与场合着装

课题名称：职业与场合着装

课题内容：1. 职业与穿着

2. 面试着装

3. 礼仪与休闲场合着装

课题时间：2 课时

教学目的：认识职业与穿着的关联性，了解生活中各种职业的环境特点及对穿着的基本要求，学习面试着装基本要领，掌握企业人员着装的基本要求，熟练掌握礼仪场合的着装规范，为塑造自己的职业形象奠定基础。

教学要求：1. 教学方式——采访，图片分析。

2. 问题互动——职业和场合为什么要求着装的规范性？

3. 课堂练习——总结罗列职业和场合的种类及着装要求。

教学准备：各种职业和场合的图片。

第十二章　职业与场合着装

第一节　职业与穿着

一、各种职业的着装

各种职业都有自己的职业环境和心理定式，反映到服装的爱好与穿着上，在一定程度上表现出审美的共同性和着装的社会性。在职业场所的着装打扮，很难做到"穿衣戴帽，各自所好"。在办公室里要暂时忘记"流行"。

1. 公务人员着装

公务员的着装代表着政府的形象。

国家公职人员上班时的职业形象的确需要讲究。穿什么衣服，个人虽然具有一定的自由，但是办公室毕竟不是超市或娱乐场所。审美格调需要符合社会公众的基本要求。

在中国，很长一段时间以来，穿衣打扮往往与政治有瓜葛。梳背头、抹发油的，穿牛仔裤、喇叭裤的，穿过膝短裙、西装的，曾经被扣上"崇洋媚外""追求资产阶级生活方式"的帽子。"文化大革命"中"灰黑制服"曾是当时一统天下的服饰。随着中国的改革开放、生活水平的提高，人们的穿着日益丰富多彩，审美水平不断提高。公务员着装也在发生变化，公务员着装的规范化是一个大的趋势。图12-1所示为公务人员着装。

图 12-1　公务人员着装

在公务员培训时，已经开始制定新的着装规则，"另类"打扮者将被拒绝进入办公场所，规则明确提出职业装的要求：清洁干净，无污渍，无线头，长短合身；衣领、袖口熨烫平整，无磨损；衣纽齐全，下摆折边、线缝无破绽；男公务员不准戴金戒指、项链、手链等饰物等；女公务员不准穿"吊带装"、不准浓妆艳抹、不准穿奇装异服、不准染红、黄、绿、蓝等颜色的头发；衣着不宜过分明、透、漏，不宜太紧太短、低领低背，不宜珠光宝气或孩子气。穿着西装套裙时，衬裙和文胸吊带不外露，衬裙和衬裤线条不显现。袜子无跳丝、抽丝和松垂；鞋子洁净，鞋跟和鞋底完好。办公室穿低跟鞋，不穿运动鞋、高跟鞋或拖鞋。

2. 新闻记者着装

新闻记者在工作中，要与各种类型的人打交道。

一位新闻记者在谈到着装时说："如果你是新闻记者，在任何情况下都别去恫吓你的信息源，否则他们会缄口不言。你们要做的是使他们放松并与他们交谈。"可见，记者要做的第一件事就是使被采访者精神放松，无拘无束，畅所欲言。服装是营造这种气氛的重要元素之一。

记者在采访商业老板和重要政府官员及高级知识分子时，应穿西装套装，颜色可以明亮一些，装饰的重点要放在领口，给人以整齐、稳重、端庄、大方的感觉。当和一般公众接触时，要尽量避免穿着华贵的服装，要选择自然生活化、丝毫不带权威性的服装，以免造成双方心理上的距离。记者的着装永远不能说："我比你优越""我属于更高的阶层"。千万不要与公众格格不入。相反，记者的服装应该表达这样一种意思："我们都一样，都是普普通通的人，我是你们中的一员。"

3. 医护人员着装

"白衣天使"似乎是医生和护士的固定形象，这是他们的职业特点所决定的。红色的血迹和绝对的卫生要求使白大褂成为医生的国际性制服。

除了白色以外，现在各大医院的工作服还增加了淡蓝色、淡粉色、淡绿色、淡紫色、淡黄色、淡米色等，款式也在经典样式基础上不断翻新变革。这些不同色彩和样式的工作服更能符合服务对象的心理特点，在某种情况下，还起到了色彩语言的治疗作用。

医务人员必须按执业要求统一着装，应保持着装清洁平整。男性医务人员穿白工作服时必须穿长裤，女性医务人员穿白工作服时内着短裙（裤）其长度不得超过工作装。工作人员上班期间不得穿鞋托及与岗位无关的拖鞋，不得赤脚穿凉鞋，护士穿工作鞋时要穿着白色或肉色袜。

男性医务人员不得留长发，后枕部头发不得超过衣领，保留自然色，不得留胡须。不允许佩戴与职业不相符的夸张饰品。女性医务人员长发应盘起，头发保持自然色。头饰颜色应与发色接近。不允许浓妆艳抹，工作期间不允许佩戴夸张首饰。杜绝长指甲及涂抹有色指甲油。不得暴露文身及皮肤粘贴彩绘。图12-2所示为医务人员服装。

医护人员的规范着装向社会展示着严谨自信、优雅庄重、诚信大方的职业风采。

4. 教师的着装

中国是一个尊师重教的国家。教师是一种受人尊敬的职业，他们的工作崇高而神圣，他们的工作是培养人才，所以自古都有为人师表的说法。

图 12-2　医务人员服装

　　教师的着装不仅反映出其修养，而且也影响着自己的形象。教师的形象至关重要，有时候教师在学生心目中的威信胜过自己的父母。有专家对教师的服饰进行过专题调查，调查证明：教师服装的颜色、款式和品味足以影响学生上课时的态度、注意力和行为方式。当一位四五十岁的女教师身着式样简洁、色彩素雅、质地柔软的衣服时，常会得到学生们的爱戴与尊重，把她当作有权威的母亲。但如果年轻女教师如此效仿，可能会出现难以驾驭课堂的情况。

　　女教师的裙子下摆、裤口和鞋面装饰不要太轻佻，不要用闪光饰物。鞋、袜与下摆的配色应接近。衣物不要过分追求流行，以免学生在课堂上对教师品头论足，分散注意力。最好穿有一定弹性的平底鞋，以利于重心平稳，尽量选择能吸收体内分泌出的脂肪、汗液等面料做内衣，上课时最好不要穿大花衬衫，以提高学术可信度。

　　5. 会计师的着装

　　会计师或会计人员在人们心中的印象是非常端庄稳重的。对于女性会计师，在较正式的场合中，最佳服饰是纯灰色的套服配白色上衣，其次是炭灰色套服与白色上衣的组合或浅灰色套服配上白色上衣。很显然，会计师们的传统颜色是灰色和白色，这种颜色组合给人可靠可信的感觉。蓝色与白色的配搭所产生的稳重端庄的效果亦佳。海军蓝或一般的深蓝配白上衣，也是最合适的选择。粗花呢的大摆裙及大花图案的衬衫是穿着的大忌。

6. 公关人员着装

公关人员的形象代表着所服务组织的形象，透过公关人员的言行举止将看出此组织的水准。公关人员的任务是协调好各方面的人际关系，其整体形象设计都必须围绕这一社会角色展开。要使众人愉快地接受就必须花更多的时间和精力修整自己。除了个性、气质、资历的培养，服饰打扮尤为重要。日本著名推销大王齐藤竹之助在《高明的推销术》中阐明："服装虽不能造出完人，但是，初次见面给人印象的 30% 是由于服饰。"

公关人员的基本着装礼仪规范是整洁、美观、得体。具体要求为：

服装与自身形象要协调，男士服装要体现稳重、成熟，女士服饰体现优雅、端庄。公关人员要结合自身情况，选择合适的服装搭配。服装要与出入的场所相适宜，休闲场合以穿着舒适为宜，公务场合的穿着要稳重大方，而社交场合的穿着则应优雅端庄。不同的场合要穿着不同的服装，这样才能更好地融入其中，如果穿着不合时宜则会显得格格不入。

服装的颜色三种以内为宜，不要把自己打扮成"千层饼"或者"圣诞树"。出席正式场合，最好是穿深色套装，配白色衬衫、黑色皮鞋。公关人员最好准备几套高档的时装，款式可以不必太花哨，可选择简洁、脱俗、高雅的款式为宜。穿着不要过分追求前卫、招摇和与众不同，这样会造成人们对公关人员职业的不信任等，造成不必要的损失。

为了和日益开放的国际城市发展趋势相适应，公关人员应该突出现代气息。如果打扮得简朴如一农夫或家庭妇女，让人难以相信你会拥有吸引众人的魅力。但也不能打扮得走在流行潮流的最前沿，容易遭到一些性格保守的人的排斥。公关人员要善于成功的艺术搭配和巧妙的细节安排，这是走上成功之路的必然要求。

7. 服务人员着装

服务人员包括餐馆、旅馆的侍应生、售货员等穿制服上班一族。公司制作制服的目的是为了更好地扩大业务影响，树立本企业的形象，所以，服务人员应该怀着愉快自信的心情去穿着制服。很多女性抱怨穿制服时无法打扮自己，其实不然，只要你穿着正确，注意一些细节问题，就能从众多穿制服的人员中脱颖而出。图 12-3 所示为服务人员服装。

图 12-3 服务人员服装

　　服务人员上班期间应穿着制服，并保持制服干净、整洁、合体、无破损、无掉扣，领子和袖口洁净、无污物，衣肩无头屑。穿着制服时应避免内衣、内裤外露或外透，并经常检查领带或领巾的位置是否正确。鞋袜干净、无破损或划痕、鞋带不拖拉，鞋的款式简单大方以黑色为宜，鞋跟高度适中。女服务人员穿着裙装时需搭配肤色长筒袜，袜口不能从裙下露出。

　　服务人员应避免佩戴华丽、耀眼的首饰，工作时间最好不佩戴任何珠宝或首饰。

　　服务人员不仅要注重外表形象的塑造，更要注重内在的修炼，并在服务过程中通过自己的言谈举止优美形象展现给顾客。高雅的仪表需要长时间的积累和沉淀，这就需要服务人员用心学习。

二、职业女性的装扮

　　越来越多的女性跻身于现代企业，各大公司的主管里也能见到她们的身影。对职业女性来说，得体的穿着打扮不仅表现个人的精神面貌，渲染自己的工作情绪，同时也是她们赢得信任，与男子一样高效率工作的象征。图12-4所示为职业女性着装。

　　职业女性着装的原则是在专业形象与女性魅力两种角色之间取得平衡。职业女性的着装是一个单独课题，许多职业女性都有上班着装的困惑。

图 12-4　职业女性着装

1. 职业女性着装建议

职业女性不同于一般的时髦女郎。办公室里的着装不仅仅代表着个人的形象，它是组织形象的一个组成部分。如果穿着不当很可能让你的上司没有面子。以下建议供参考。

着装效果应追求简洁明快，给人以端庄大方、诚实可信的审美主题。选择时装及服饰要适当考虑流行因素，但不能过于标新立异，破坏了职业女性特有的气质。

西装外套必不可少，以备较为隆重的场合。与西装配套的衬衣可有些花边，以增加女性的特质，也可以通过丝巾来柔化西装的硬挺感。穿着裙子的长度以膝盖上下变化为宜。高个子的女性裙长可以加长一些，矮个女性的裙长可以适当短一些，但上下长度偏差一般不超过10cm。

职业女性是有区别的。"白领阶层"如教师、医生、干部等，穿着的服装应线条流畅、裁剪可体、色彩稳重、薄施淡粉，使她们既庄重大方又不失女性温馨恬淡的气质。"粉领阶层"主要指女性公关人员，她们需要有更多的女人味，但不能有失信任感。"蓝领阶层"是指生产劳作环境的女性，受统一职业服的限制，领口的内衣不妨打扮得活泼清纯一些。而作为推销人员的"花领阶层"，穿衣则不妨亮丽一些。鲜艳的外套露出一段装饰花边的内衣，给人以赏心悦目的感觉。针织紧身衣、迷你裙、超短裤、袒胸露背的服装都不适合上班穿着。无论办公室的环境是多么的自由，露肩是绝对要谨慎的。过分性感会引起别人的侧目，成为议论的话题。

2. 谨慎选择内衣

随着时代的进步，女性内衣的作用、式样、色彩也在起着变化。现代职业女性的内衣要求突出一个鲜明的主题，就是追求曲线美，使形体成为人们瞩目的焦点，以烘托出女性固有的魅力。现代女性内衣的审美趋向是轻、薄、短、小，要求透而不明，含而不露，恰到好处，衬托出高雅脱俗的风度。

上班族的女性，不再满足于对内衣的基本实用功能，而更加追求其舒适、美观、保健等。一般人认为，美丽应该让人们都知道，内衣是穿在衣服里面的，漂亮又有何用？实际上穿上一件自己满意又迷人的内衣，可修饰体型，平添几分自信和妩媚。真正有品位的职业女性都非常重视内衣的选择与穿着。她们懂得如果没有合体的内衣作陪衬，再好的衣服也体现不出它的优势。

职业女性在选择内衣时，还要注意选择合适的色彩。一般宜选择白色或接近肤色的颜色，不宜选择较鲜艳或较深的颜色，尤其是夏天。选择内衣并不一定要购买价格昂贵的，重要的是选择合适合体的内衣。合体的内衣，可以弥补身材的不足，使你产生愉快的心情，信心大增，提高工作效率。穿着不合体的内衣，整个人看上去无精打采、松松垮垮。因此女性内衣的选择不容忽视。

女性内衣，具有一种无形的"杀伤性"，是办公室里最敏感的"服饰文化"。

3. 首饰的选择

办公室里的女性装饰打扮要大方得体，佩戴首饰尽量不妨碍工作。适于办公室佩戴的首饰应符合简洁、有品位的要求。换句话说，就是首饰佩戴的越少越好，女性只需佩戴结婚戒指和手表即可。戒指的佩戴应恰巧贴合手指，不宜过大。手表无论高档与否，款式要精巧、质量要优良。

女士可佩戴简单的小耳环，不要佩戴吊挂式的大耳环，项链的佩戴要根据自己的肤色、衣着、脸型等来选择，不可佩戴过大过粗的项链。需要特别注意，首饰佩戴要尽量的少，不要把自己打扮成"圣诞树"，上下到处都挂满叮当作响的首饰，给人一种庸俗之感。

在选择佩戴首饰时，可根据工作的性质而定。一般应注意避免佩戴晃来晃去的耳环、图案复杂的戒指以及发出声响的手链。晃动幅度过大、发出声响过大的珠宝首饰不仅分散他人的注意力，也会影响你向别人传递的信息量。在佩戴首饰时要根据自己的身材特征选择。身材高大的女性不宜佩戴小巧的戒指，同样，身材娇小的女性也不适合佩戴硕大的胸针。脚踝处不宜佩戴饰品，即使你穿长筒袜也不例外。脚链与职业化的形象背道而驰。

各种五彩缤纷、千姿百态的首饰，散发着诱人的光芒，只有选择适合自己年龄、性格、职业、相貌、肤色、发型、服装等特点的首饰，才能达到衬托容貌、美化仪表的作用。

4. *清新淡雅的妆容*

现今的职业女性大都化妆，一是为了美化自己、增强自信，二是表示对他人的尊重。

女性最成功的妆容是让别人看不出已经化过妆了。办公室里的妆容，最好是淡妆，过浓的装扮，给人以不稳重的感觉。一般而言职业女性妆容以冷色调为主，化妆时要选用淡薄透明的粉底，使皮肤有美丽的光泽，肤色好的可不用。眼妆要干净利落，以给人理智的灰色为主色调，颜色种类不要太多，最好用液体眼线笔，按眼睛的形状描出流畅的线条。腮红用橙红或浅桃红色，淡淡的自然晕开，以增加健康感。

如果办公室里正值青春年少、豆蔻年华的女性，最好不用化妆，只涂稍许的淡色口红就可以了，青春本身就是最好的美容剂，任何化妆品都不能取代它。如需要化妆时，注意不要把眼线画得过深，眼影也不可打得太鲜艳，不要涂过艳的口红，总之一切都要保持自然本色、青春亮丽为好。

不化妆会影响职业形象，给人不庄重、不成熟的感觉。化妆的目的是使容貌更漂亮，而不是改变容貌，因此自然是最重要的。笨拙的化妆看上去脸上像结了一层硬壳，或别人一眼望去看到的只是粉红的双颊，肉粉色的嘴唇，这样的化妆是达不到让人重视你的目的的。最佳的化妆应是采用柔和的中间色，这是最得体、最自然的色调。永远都不要浓妆艳抹地出入办公室。

美容化妆是生活中的一门艺术。身为白领阶层的女士，无论是公关活动、洽谈商务，还是参加宴会，都应以淡妆为宜，浓施粉黛对于办公室女士是不合适的。优雅的淡妆与得体的服装相配，更能显示高雅的气质。

第二节　面试着装

面试是职业人生的一项基本活动。

据说香港一家官方机构来沪招聘职业经理人，数千众赶考面试。事后有香港考官感叹，面试者大部分都显示很强的专业能力，外语表达也相当好，只可惜大多数人穿着过于随便。虽然以貌取人不可取，但事实上，从衣着能够感知一个人的处世态度和职业素质。

一、面试着装有讲究

在求职、面试或招聘的场合，个人的才华、气质、应变能力固然重要，而外在的服饰打扮也万万不可轻视，它往往就是谋得这份工作的契机。应聘时，一定要选择一套适合的服装。

1. 表现个人修养

求职者恰到好处的服饰穿着能够体现出良好的个人修养，也是对主考官和企业的一种礼貌。良好的服饰形象也是谋职的一种技巧，个人的仪表在求职中发挥着不可忽视的作用。

根据所求职业的环境和心理定式不同，着装也各不相同：有的职业需要文静、沉稳，有的则需要高雅大方，有的需要神圣庄重，有的则需要潇洒倜傥。总之，得体的服饰能给主考官留下良好的第一印象，为面试创造一个有利的条件，反之，将会遇到挫折。

前往参加面试，服装的选择既要与应聘的环境、职业相符合，又要体现自己的个性特点。建议求职者首先了解一下所要应聘公司的背景，应聘职务的特点，工作环境及主考官的个人爱好，这些都是面试前着装设计的依据。在面试时，应聘者的服饰要得体大方、色彩适宜，服饰风格须与自己的气质修养、体型肤色、装扮效果、步态姿势、年龄身份相协调，从而体现出自己稳重成熟、干练而又富于魄力。总之，在面试前处理好自己的服饰，会在面试中助你一臂之力。

2. 基本要求是整洁

面试时的着装基本要求是整洁。如果求职者衣衫不整、随心所欲、邋遢不洁，主考官会认为他不善自理、办事拖拉，那么被录用的可能性就不大了。试想，面试这么重要的事情，求职者尚不能以得体的服饰和面貌出现，那么被录用后，又怎能指望为公司增光添彩呢？任何一位主考官都不会将一个不修边幅、邋遢不整的应聘者招回单位。特别是女性应聘者，不整洁的打扮会让人对你产生不好的印象。

面试时，应试人和主试人的距离一般不会很远，如果应试人身上散发出汗臭味、烟味等怪味，主试人闻到了肯定会厌恶，这也影响面试效果。因此，面试前务必把身上的怪味清除掉。面试前不要吃洋葱和大蒜，也不要喝酒，以免口腔怪味刺人，酒气熏天。饭后漱口刷牙。面试前洗个澡，把身上的异味洗掉，使自己更加精神抖擞。可在身上适度地抹些香水，一定要记住提前两三个小时抹，以免味道浓烈熏人，切忌不要选用具有性挑逗作用的香水。

3. 与季节协调

面试时的着装还要与季节协调。人们常说，春有春装，冬有冬装，如果夏穿冬装，就会给人一种不协调的感觉。一般夏季服饰款式简洁、大方，多用白、蓝、绿等冷色调，给人一种清新、凉爽的感觉。冬季服装款式大方，美观实用，多以红、橙、黄、黑等暖色调为主，给人一种温暖的情调。在过渡性季节里参加面试，当以现实天气为参考，不妨事先听听天气预报。选择得体适宜的服装是面试成功的关键一步。

二、男士面试着装技巧

面试官会根据面试者的穿着来初步判断其性格和职业素质等。因此，要根据面试公司和职位特点着装。正统服装是不错的选择，毕竟公司不是时装大会。

1. 西装要笔挺

男士首选西装，藏青色为佳，衣裤要搭配。"西装革履"是现代职业男士的正规服饰，穿西装也有许多讲究：

（1）颜色的选择。应聘者最好穿深色的西服，灰色和深蓝色都是不错的选择，给人以稳重、可靠、忠诚、朴实、干练的印象。

（2）面料的选择。穿着天然织物做的衣服。人造织物的光泽和质地给人一种廉价的感觉，而且，这种面料常常留有人体的气味，还不易去除。从更细微的角度说，让人把你同"人造"联系起来总不大好，因为这会给人以虚假和缺乏深度的感觉。

（3）西装要得体。瘦高的人，宜穿双排扣或三件套西装，面料选用质感和温暖感觉的，不要选用廓型细窄而锐利的套装。瘦矮的人穿西装时，可选米色、鼠灰色等暖色调，图案选用格子或人字斜纹的西装，就会显得较为丰满、强壮。可用胸袋装饰手帕，为增加胸部的厚度，还可在内袋装入钱包、笔记本等物品。

体胖的人可穿深蓝、深灰、深咖啡色等西装，忌米色、银灰等膨胀色，可选带竖条图案的西装。西装的款型可选用直线型，这会显得廓型苗条。矮胖的人也可穿三件套，避免身体的分割线，口袋里不要装物品。高而胖的人，宜穿三粒扣的西装和单件西装，V型领而显出潇洒。穿单件西装上衣时，宜穿深色上衣，配同色系的浅色长裤，这样既能掩饰缺点，又显得帅气十足。

2. 衬衫要理想

任何季节都要穿长袖衬衫，最好选择没有图案格子和条纹的白色、浅蓝色的衬衫，有条件的要干洗上浆。有些衬衣的袖口上有简单的链扣，给人以格外注重细节的感觉。印有交织字母的衬衫可能有利也可能不利，有些面试者会认为这代表有个性、成功以及自信，而其他人则认为这是炫耀，甚至有点粗俗。最安全的办法就是避开印有交织字母的衬衫。跟西服一样，衬衫的最理想布料也是天然织物。要穿那些经过精心缝制、专业洗涤、中度上浆（挺括）的全棉衬衫。

3. 领带要选好

有些专家说，在跟面试官握手时领带首先受到关注。它可以使一套昂贵的西服显得很廉价，也可以便普通的穿着给人的印象提高一个档次。领带的面料选用100%的纯丝即可。不要使用亚麻或毛料，亚麻容易缩水，毛料显得太随便，合成织物显得廉价，而且打出的结也不美观。

如果穿白色或浅蓝衬衣，就比较容易挑选相配的领带。领带应当为西服增色，且不能与西服的图案有任何冲突。领带的宽度随衣服款式的不同而不同，安全的着装规则是领带宽度要接近西服翻领的宽度。传统的图案如立体形、条纹、印花绸以及不太显眼的蜗旋纹布等都可以选择。

行政主管们一直喜欢立体宽条纹，因而这种布料被称为"权力条纹"。要避免选择带有圆点花纹、图画（动物、猎狗的头等）、体育形象（马球棍和高尔夫球棒等）以及设计者的徽标的领带。很多面试人员认为徽标格外令人讨厌，它使人缺乏安全感，好像需要设计者的认可才能证明自己的着装品位。给领带精心打结，系好的领带不要超过裤腰带。

4. 饰品要得当

前往面试时，要注意鞋面保持锃亮，鞋跟要结实，破旧的鞋跟会使人显得疲软而萎靡，系带的皮鞋一定要检查鞋带是否干净且系紧。松开或未系的鞋带会带来不安全感甚至会被绊倒。另外，切勿把黑鞋与棕色西装搭配，这样会十分不谐调。

袜子的颜色应当和西服相配。通常应选蓝、黑、深灰或深棕色，不要穿颜色鲜亮或花格袜子。袜子要够长，使你在叠起双腿时不至露出有毛的皮肤，这样十分不雅观。而且要有足够的弹性，使它们不至于从腿上滑下或缩成一团。

小饰物要简单适宜。一块手表不仅是为了计时用，而且应是一件装饰品，在支付能力范围内选择高质量的并和衣服相配的名牌。放一块折叠雅致的手帕在西装上部的小口袋中，不仅可增加男人的情调，而且还可在出现尴尬局面时用它作掩饰。

项链、装饰别针、手镯、耳环等饰物都是男性求职者面试时十分忌讳的。

5. 公文包要简单

简单细长的公文包是最佳选择。根据职业需求可携带一个整洁的文件夹。避免带任何会使人想起推销员的皮包。还要注意看看包带或扣带是否能开合自如。当然，别忘了把必备的简历等资料装进去。

三、女士面试着装技巧

1. 衣着要整齐

女士面试服装一般以西装、套裙为宜，这是最通用、最稳妥的着装。一套剪裁合体的西装、套裙和一件配色的衬衣，外加相配的小饰物，看起来显得优雅而自信，给对方留下良好的印象。套装适合于大多数的面试场合，炭灰色套服加上白色衬衫是最稳妥的组合，其他单色的服装以及细条、柔和的方格呢也比较适宜。

女士面试着装以整洁美观、稳重大方、协调高雅为总原则，服饰色彩、款式、大小应与自身的年龄、气质、肤色、体态、发型和拟聘职业相协调一致。 比如谋求公关、秘书职位的女性穿黄色服装就容易被考官接受，因为黄色通常表现出丰富的幻想力和追求自我满足的心理。红色能显示人的个性好动而外向，主观意识较为强烈而且有较强的表现欲望，这种颜色感染力强，容易打动主试人，令人振奋，使人印象深刻。女性应该避开粉红色，这种颜色往往给人以轻浮、圆滑、虚荣的印象。

肮脏、破旧、褶皱的服装，也许能产生"酷""另类"的主题风格，但绝对不适合穿去面试，如此装扮会让人觉得十分随意且没有诚意。此外，仿脏污、故意抓皱褶的前卫服装，也不适合作为面试服装。因为绝大多数企业首先讲究是规范，个性有可能被认为是缺乏团队精神意识。

2. 首饰佩戴有技巧

面试时最好不戴首饰。白天最好不要戴钻石首饰及闪光的装饰品，至于珠宝饰品，越少越好。结婚戒指、订婚戒指是合适的，但要避免戴多个戒指。小巧的耳环也较适宜，身体的其他部位千万不可佩戴珠宝。戴一个质地高贵、款式典雅的项链和手镯来突出服饰搭配是可以的，但不要戴假珍珠或者华而不实的珠宝。不要佩戴刻有自己姓名的很夸张的手镯和珠宝，避免夸张的手镯太"吸引"考官，使考官认为这是幼稚的表现。千万不要露出身上其他部位的穿刺首饰和文身，指甲要保持干净、可搽透明色的指甲油。

3. 不宜浑身名牌

客观地说，家庭条件好的大学生越来越多，浑身名牌也能消费得起，但面试时最好不要穿着浑身名牌。

参加面试，衣着装扮的确要花钱打点，但这不代表就得要浑身名牌。有时候浑身名牌常会给人"败家""个性娇纵""不肯吃苦耐劳"的负面印象，就算是应征精品业的工作，也不必如此。不过，拎一只材质好一点的名牌包，是被许可的，但最好是品牌的标志不要太明显，以免有炫耀之嫌。

4. 切忌性感或裸露

面试时，切忌穿太紧、太透和太露的衣服，性感的超短裙并不适合，如果选择一条比在社交场合所穿的裙子稍长的裙子，考官和你都会感觉更自在。

也许你天生丽质，身材可能非常性感火辣，但在面试时，还是受点委屈，最好还是包紧一点，以免火辣的身材，蒙蔽了面试官的眼睛，也蒙蔽了自己的职业前途。老板只看见你的身材，看不到你的才华，未必在任何情况下都是一件好事。

应聘模特、空姐等特殊行业的例外。

5. 化妆要适宜

面试适宜化清爽自然、明快轻松的淡妆，体现女性干练、成熟、自信的一面，第一印象要给人沉着稳重又不失聪慧伶俐的感觉，同时还要不乏现代女性的时尚气息。大学生在3～4年的学业中，一般都不化妆，很多专业也没有开设化妆课程。因此，有可能对化妆设计的概念比较淡漠。

但面试是另外一回事。也许你是自然主义者，不爱化妆，面试时最好还是化点淡妆，适当遮住黑斑、雀斑和黑眼圈，让自己的气色好一点。千万不要画太过浓烈的浓妆艳抹，这会让你显得太过匠气，适得其反，传达出"不成熟的成熟"的形象。

6. 鞋袜要得当

面试时，不要穿长而尖的高跟鞋，中跟鞋是最佳选择，既结实又能体现职业女性的尊严。设计新颖的靴子也会显得自信而得体。但穿靴子时，应该注意裙子的下摆要长于靴端。无论应聘什么工作和职务，"露趾鞋"都应该避免。

面试最稳妥的选择是没有带子的高跟船型鞋。不可穿过高的高跟鞋，跟高不能超过5cm，不然走起路来会使你不自信，要选与你的套装及配饰相配的鞋，绝对不可穿运动鞋和时髦的露趾鞋。总的穿鞋原则是与整体相协调，在颜色和款式上与服装相配。与鞋相配的袜子不要太显眼，穿颜色淡的或者肉色的。如果穿着裙子，一定要穿没有花纹和图案设计的透明丝袜。时装设计师们认为，肉色袜子作为商界着装是最适合的。为保险起见，最好多带一双在包里备用，以免脱丝能及时更换。

总之，无论是女士还是男士，面试着装有一定的规律性。社会在不断地进步，各个地区也会有社会形态方面的差异，文化、经济等不尽相同。学习时要不断地总结，还要具体问题具体分析、区别对待。

第三节 礼仪与休闲场合着装

法国时装设计师香奈儿曾经说过："当你穿得邋邋遢遢时，人们注意的是你的衣服；当你穿着无懈可击时，人们注意的是你"。莎士比亚也说过："外表显示人的内涵"。

一、礼仪场合的着装

人的一生需要出席很多礼仪场所，这实质上也是人们的一种公关活动。人们越来越需要有更多的朋友，并通过礼仪场合沟通感情，探讨价值、寻求合作。礼仪场合所穿着的服装统称为礼服，是以表达公共场所关系中礼尚往来所穿着的服装。

1. 婚礼着装

婚礼服通常指新郎新娘穿着的服装。从场合仪式来说，还包括伴娘、伴童及其他服务人员的着装。图12-5所示为西式露天婚礼的场合。

结婚是人生的一大喜事，大都会择良辰选吉日，精心准备，购买行头。婚礼之前，会有一批专业人员忙碌张罗。

按西方的传统习惯，婚礼上只有新娘可以穿白色。在这个一生难忘的日子里，新娘穿上不露肌肤的白色连衣裙，头带白色花环与面纱，象征纯洁、吉祥，手捧鲜花，整个情调温馨迷人。新郎的穿着应配合新娘的特色，穿着白色、黑色或深蓝色的西装，搭配黑色漆皮亮面的皮鞋。如果要表现得更豪华、正式，可穿着礼服，佩戴领结、领花、束腰。

伴娘是新娘的陪伴，又是宾客的代表，是连接两者之间的桥梁，只有穿着恰到好处，才能使两者之间有所分别又不致疏离。切记伴娘的服装要以陪衬为主，不可以喧宾夺主。伴娘

图12-5 西式露天婚礼的场合

的服装只有与新娘的服装协调，站在一起才不会显得格格不入。伴童的着装要在活泼可爱之中不失隆重感。参加婚礼的宾客以穿礼服为宜，不但表示对新人的祝福，而且也能体现自己的气质、修养、品位等。

世风东渐，中式婚礼再度受到重视。在一些大型婚礼上，可频频见到中国红的靓影。红色表示吉祥，参加婚礼仪式的女性，当然也能选用红色来表示自己对新人的祝福之意，但一般最好不要从头红到脚，可在服装上添加一些红色元素：一条红裙，红腰带，或者在服装上有小面积的红色。最重要的是要避免与新人混淆。图12-6所示为中国婚礼。

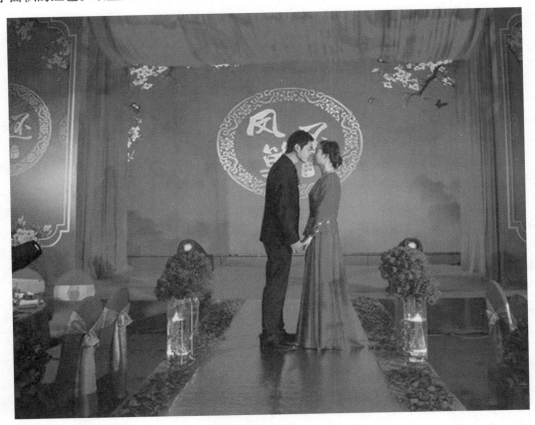

图12-6　中国婚礼

参加正式的婚宴，服装多使用单色，身上不要出现太多的颜色，否则给人轻佻不庄重的感觉。当然，端庄也是有限度的，尤其是女性宾客，千万不能穿黑色的网眼袜。

2. 葬礼着装

人，有生老病死；天，有旦夕祸福。所有的人，或迟或早都要离开这个有形的世界。为了寄托生者的哀思，追悼会成为一种礼仪场合。在大中城市，葬礼已经逐步成为一种规制。

国际上通用的丧礼服颜色为黑色，有时配以白色。因为黑色寓意沉静、理智、抑郁，所以很适合庄严肃穆的葬礼场合。中国传统的葬礼多采用白色，来表达哀思，这需要入乡随俗。正规的葬礼服款式应力求简洁、合体，可为黑色无光泽面料制作的连衣裙或套装，也可采用灰色等暗色调。切忌过分的装饰物，手套、鞋、手袋也应为黑色无装饰。饰物以一串珍珠项链为宜，或配黑色领巾。最好不要戴装饰品，皮包用手拿式的较为端庄，注意自己的唇膏和指甲油不可太鲜艳，鞋子应该和衣服同为素净的颜色，式样以保守的低跟鞋或半高跟鞋为宜。

葬礼场合最忌华丽的色彩与过多的身体暴露，即使是文艺明星的葬礼。图 12-7 所示为美国歌手迈克尔·杰克逊的葬礼路街照片。

图 12-7　美国歌手迈克尔·杰克逊的葬礼

3. 聚会服装

派对（Party）文化在中国出现也才数年的时间，近一两年与其他舶来的生活方式一样在国内的一些大城市渐成一种时尚。随着派对文化的发展，在不久的将来，当派对真正成为人们工作、商务、交际、文化生活的重要内容时，派对上的衣着打扮、待人接物就关乎教养了，如果穿错衣服至少说明你没见过世面。图 12-8 所示为狂欢派对的场景。

对于不同的派对，着装要求也是不一样的。一般在白天举行的派对着装要求相对低一些，而晚间的派对更多需要盛装出席。除了时间，派对的性质也决定了着装要求。

商务酒会、公司开业、公司年会等带有一定商业性质的派对称为商务派对。一般而言，套装加上装饰和点缀即可，如漂亮的丝巾、胸针、手包等，关键是区别于工作时的严肃与刻板，使自己靓丽起来。

时尚派对，包括艺术派对、比较正式的私人派对、音乐或时装发布派对等，有人称为"城市雅痞士聚会"（文化范儿的小资白领）。在这种聚会上，人们不在意衣装是否华丽和庄重，而在意的是表达个人的风格和品位。但并不是说这种派对就可以穿得很随便。个性搭配显得很重要，要注重时装化，穿名牌时装出席是最简易的办法。

自娱自乐为目的的流行歌舞派对。穿衣时可以轻便些，性感些，活力些，总之没有

图 12-8 狂欢派对的场景

一定之规，牛仔系列是热门选择，配饰和发型可以夸张些，选择服装的指导思想是快乐着装。

4. 参加公司会议着装

对于追求成功的年轻人来说，任何公司会议都是一次向领导和同事展示才华的机会。好的职业着装形象可以帮助展示自己的工作才能，尤其是对不经常见到的老板。

无论是站在演讲台上或坐在会议桌前，女性都可以穿印花衬衣，一件格子或略为鲜明的上装，佩戴丝巾或一件首饰。衣服颜色以具有生气的中色调，如紫灰、蓝、玫瑰红、橄榄色最温暖及易接受。千万不可选择太青春或太沉闷带灰调的颜色。如果要使用麦克风讲话，应避免戴叮当作响的手镯或长珠链。

男士平常在办公室可以穿衬衣、打领带，但公司正式会议时一定要穿西装。如果在会议中发言或是承担比较重要的角色，应穿着深色系，也可穿着柔和色系。注意检查头发、胡子、手指甲是否整洁。

二、休闲场所着装

现代社会节奏加快，休闲是消除紧张最好的办法。休闲场合所穿的衣服，除了舒适、随意之外，还讲究简洁、利索，便于活动。休闲服包括的范围很广，T恤、牛仔、绒衫、绒裤、短裤、长裙、泳装、夹克等，只要和休闲的气氛相吻合，都适合在休闲场合穿着。图 12-9 所示为休闲服。

1. 居家着装

工作一天回到家中，需要换上随和美丽的居家服。愉快的色彩能使你的精神彻底放

图 12-9　休闲服

松，更会使家人在一起有一种融洽、愉悦的氛围。居家服应强调其功能性，款型要宽松，穿着要有舒适的感觉。色彩一般使用比较清洁淡雅的色彩。面料多采用棉布、丝绸、针织面料等。

居家服款式千万不能繁杂，要求穿用方便，舒适惬意，便于活动。当然衣衫也不能零乱不整，可能偶尔还要应酬突然来访的朋友。图 12-10 所示为居家服。

图 12-10　居家服

既是职业女性，又兼家庭主妇，你不妨备一些适合于做家务时穿的工作服装或围裙。围裙的色彩宜淡雅、恬静，款式可随意些，让家人能感觉到你的亲切和能干。

2. **散步着装**

习习晚风中，或在河边散步，或在浓密的树荫下，听着唧唧虫鸣、呱呱蛙声，或望着满天星斗，回忆着儿时的趣事，你会感觉心境明净而辽远，忘记尘世间的一切嘈杂与烦恼。

现代生活富余，许多人喜欢养宠物，狗需要遛，人需要散步。养狗是档次，遛狗是文化，在不影响他人休闲，并遵守政府养宠规定的前提下，穿上漂亮的休闲时装，和狗一起散步，也是都市的一道风景线。使人顿消一天的乏味和疲劳。图 12-11 所示为散步着装。

夏天的夜是温柔的，装扮的格调也要与温馨的环境相吻合，这样才可使整个身心融入迷人的夜色之中，淡黄、浅绿、深褐色、粉色调碎花衣裙是晚间散步的最佳调和色，这些色调可以充分强调女性的自然美。

散步时的款式大都以宽松舒适为主。如与家人或恋人同往，情侣装或派对装，则更能增加不少情趣。

图 12-11　散步着装

3. 逛街购物着装

大都市里，商厦林林总总，宽敞舒适的精品屋鳞次栉比，新颖别致的店铺设计、琳琅满目的日用精品赢得了无数休闲族女士的青睐。逛商场购物成为女士休闲的一部分。穿上自己满意的服装，在人流如潮的商场里，可以使自己更加贴近生活。这时商场就成了展现个人服装品位、风格、气质与涵养的最佳场所。

逛街时的着装不一定要赶时髦，因为街上到处都是流行的服装，多一个你并不会引起别人的注意，何必要随大流跟着别人走？只有在简单而普通的服装上别出心裁创造出新意，融进自己的风格，那才叫技高一筹。图 12-12 所示为逛街着装。

图 12-12　逛街着装

衣服的式样最好是简单大方，线条、款式越简单越好，颜色以统一协调为准则。

4. **海滨着装**

夏日最令人神往的首选是海滨了，透明的天空下，金色的沙滩、湛蓝的海水、雪白的流花、凉爽的海风与洁净空气的润泽，使人惬意无比。

去海滨度假一定会去沙滩，因此需要准备绚烂的沙滩装。要敢尝试"百花上身"的感觉，身穿印花或绣花的明黄、翠绿等明亮色彩的沙滩装，一定会让你心花怒放。在沙滩上，衣衫色彩怎么浓烈都不为过，只是要避免低俗。粉紫、柠檬黄、湖水绿等浅淡颜色比大红大绿稳重温和，而神秘的图腾绣花则别具异域风味。图 12-13 所示为海滨着装。

图 12-13　海滨着装

随着社会开放与文明程度的提高，人们思想开始解放，很多女性已穿用"三点式"比基尼泳衣出入于海滨，将女性的人体美展现得淋漓尽致，形成一道亮丽的风景线。泳衣要有一定的牢度，最好选择弹性良好的纤维织品。黑色泳衣可以恰当地掩饰一些身体上的不足之处，白色则适合那些身材较好的女性，这两种颜色适合于任何肤色的女性。体型优雅的女性最适合比基尼，组合式泳装具有穿脱方便、组合自由的特点。图 12-14 所示为比基尼。

图 12-14　比基尼

5. 旅游着装

生活在工业污染的环境中，越来越多的人钟情于回归大自然。假日与友人旅游，是调节心情的有效方法。

旅游服装是休闲装的重要组成部分。运动式便装是旅游的时髦衣饰，运动式短裤、T恤、手编毛衣、紧身针织类运动衫，构成绚丽多彩的运动便装风景线。旅游服的面料最好是棉制品或针织品，运动装束更有利于跋山涉水。轻便透气和鲜艳的色彩有利于减轻旅途的劳累。款式要便于穿脱，以适应体温的变化，巧妙地设计成折叠式、拆肩式及各种大小口袋样式，能够增加旅游休闲服的功能性。

旅游着装要轻便、大方、舒适。衣裤不宜过于宽大或窄小，以免影响走路。服装的颜色必须讲究，夏天不宜穿深色衣服，从吸收辐射热由弱到强的顺序是：白、土黄、米灰、绿、红、青、黑。图 12-15 所示为旅游着装。

图 12-15　旅游着装

　　休闲主要是为了消除疲劳，放松自己，因此，衣着打扮随意性可大些，不必过多地讲究搭配形式，只要和休闲的气氛相吻合，都适合穿着。休闲场合不宜穿着正装，以免与环境不协调。休闲服不是随便服，所有服装都应该平整、干净。休闲装一定要与休闲鞋搭配，整体才显得得体。

总结

1．职业环境对着装风格的要求。
2．面试着装的要点。
3．不同场合的着装要领。

思考题

1．职业女性有哪些着装规则？
2．男士面试应该如何着装？
3．礼仪场合的着装特点？

服装设计与着装——

服装行业与艺术

课题名称： 服装行业与艺术

课题内容： 1. 服装设计艺术

2. 服装表演艺术

3. 服装广告艺术

4. 服装店铺艺术

课题时间： 2课时

教学目的： 了解服装设计的终极目的，能揭示服装设计的本质。了解服装表演对传播服装文化及商业的影响。了解服装类广告的特点。能够主动调研或尝试服装网店。

教学要求： 1. 教学方式——参观线下服装店。

2. 问题互动——观看服装表演视频，开展课堂讨论。

3. 课堂练习——模拟淘宝开店路演。

教学准备： 锁定几家网店页面备用。

第十三章 服装行业与艺术

从美的角度看，穿着者在镜中欣赏自己亮丽的服饰，社会学家通过服装宣传文化、播撒美的种子，商人设计和制造服装为千家万户塑造美丽，设计师和模特儿通过服装在舞台上展示美。服装的美渗透在服装的全过程之中，服装生产的每一道工序都是一次服装艺术的创作。

第一节 服装设计艺术

生活中，多数人只知道服装是艺术，服装设计师是艺术家，或是"搞艺术的"。甚至有不少大学生也认为"不会画画，就不能做设计师"。实际上，可以认为服装设计所需要的艺术在本质上只是一种被称为"眼光"的东西。在现实生活和行业领域中，服装设计的艺术概念已完全溶化在实用和功利之中。

一、服装设计是商业艺术

1. 服装设计艺术的实质

服装设计师与艺术家还是有所不同，他不仅需要艺术家的眼光，还需要科学家的态度和企业家的头脑。设计师的中心工作虽然是款式造型，而款式造型的中心工作又与艺术密切相关，但忽略了科学的功利性和市场的价值性，其设计作品将是不实用的、缺乏价值的。

本节所说服装设计的艺术，是商业性服装设计与开发的"行为艺术"。其中一些原则并非就是绝对性的规定，它更需要设计师在此基础上进一步发挥其自身的艺术能力。

"美人首饰侯王印，尽是沙中浪底来"。穿在消费者身上的美丽衣裳，要经过设计师和生产企业一系列的创造活动，其中根据产品的生命周期快速对市场做出反应，就是设计师和企业所做的重要工作之一。这项工作进一步体现了包括设计艺术在内的企业行为艺术的魅力所在。

2. 服装设计的构思

设计（Design）的中心含义是"构思"。在纯艺术创作中，这种构思通常被认为是艺术家或设计师本人内在情感的一种外射。但作为事关企业生存的服装设计行为，仅仅如此是远远不够的，还应加上组织的行为艺术或技巧，才能使企业作为创作本体时，不至于惨遭败局。

构思是服装新款式创造的一个非常重要的阶段。服装产品是否流行、是否新颖、是否对路、风格是否与企业形象相适应等，都与设计师的构思有很大关系。创新与设计都是一种思维活动，也就是说新产品的构思主要是在设计师的大脑中完成的。作为产品的创新，每一次构思既有背景条件（设计输入）的限制，又有创新目标的要求。

二、服装设计的变造理论

1. 变造而非抄袭

通常情况下，学院派设计师们会对设计中的"抄袭"表现出极大的愤慨。但对于商业设计师或初学服装设计的同学而言，通过借鉴而对优秀作品的"变造"却是屡见不鲜的。事实上，即使是大师级的设计师，案头也摆满了优秀的时装图集。有的设计师还擅长市井观象，借鉴新潮靓装，以展开自己的作品系列。这种对优秀作品的借鉴和依据市场流行的构思，是与抄袭模仿决然不同的。

服装艺术的美，是通过整个系统工程表现出来的。从表面上看，设计好像就是东拉西扯的参考资料或依照市场"比葫芦画瓢"，但实质上，成功的服饰作品，往往是设计师在设计依据范围内，对系统要素做了重新构成和创造。有时，仅改动一个局部，也会使整个款式的主题，即服装艺术的设计内容产生新的效果。抄人之长，改人之短，满足新的系统要求（如既定生产条件，既定市场区域，既定材料价格等），设计作品就可能是上乘之作。可见，任何艺术作品，切记模式刻板，千篇一律，那样就会失去作品的美学价值。同时也可以看出，服装艺术的独创性也有自己具体的内涵。

2. 变造大师迈尔顿

美国的著名设计师迈尔顿就是一个"变造"大师。

迈尔顿 16 岁时，在一家鞋帽工厂里做工，他常常拿着那些皮鞋样式去问技师："这些式样是否可以改变一下？"得到的回答通常是否定的，他决定自己亲自试一试。他知道女人喜欢新奇，他把当时流行帽上的帽底花移植到鞋子上去，做了一次"变造"。

迈尔顿先用淡黄色的软皮做成两朵漂亮的鞋花，并镶在一双深黄色的皮鞋头上。在下班的时候，他悄悄地把这双鞋放在自己的工作台上，然后离开车间。第二天，他故意迟到，想看看别人的反应。他看到周围站满了人。人们正兴高采烈地谈论着那双鞋。人们见到他时都赞赏说："迈尔顿，你创造了一双很美丽的鞋。"迈尔顿说："谢谢你们的赞许，我认为应该这样说：迈尔顿'变造'了一双美丽的鞋子。"

事实上，设计的概念绝对不仅仅是轮廓、款式、色彩、花型等造型问题。从市场学的角度来看，"变造"设计，实际是对流行萌芽期的快速把握，是一种很高明的市场追逐战术，它节省了试探市场所需要的开发费用，也最大限度地降低了中小企业的经营风险。其实，只有作为艺术作品发表时的时装设计，评委们才会因为款式的似曾相识而倒扣分数，而迈尔顿的设计，消费者会通过慷慨解囊的方式来给他"加分"。

图 13-1 所示为服装的展开设计。从左图变到右图，保留了原图的小腰身、长筒裙的基本元素，胸前的装饰方式，前门襟与下摆的斜度，都保留了原图的基本特征，可视为"变造"的设计。

图 13-1　服装的展开设计

第二节　服装表演艺术

在服装美学教学实践中，总免不了会组织观看服装表演或录像。专业知识是服装表演欣赏与鉴赏的基础。（提示：请结合观摩时装表演录像学习本部分内容）

一、时装模特儿的发展

世界上原本没有"模特儿"这个词，就像"世上原本没有路"一样。随着绘画艺术的产生，开始出现了专业的人体模特儿。随着时装业的迅速发展，着装模特儿即时装模特儿，呈迅猛之势登台亮相，在时尚生活中占尽风光。

1. 第一位时装模特儿

在玩偶时代的末期（1845 年前后）一位开创法国高级女装的英国人沃斯，在巴黎一家销售羊绒披巾、大衣及装饰品的商店里工作。一天，有一位布匹商人前来定货，沃斯千方百计地介绍自己的设计作品，却还是感觉到词不达意。这时店里正巧有一位体型完美、年轻漂亮的英国籍女营业员玛丽·韦尔娜（Marie Vernet）小姐，沃斯灵机一动，突发奇想地让韦尔娜小姐披上披巾，向商人展示立体的动感效果。以后他经常采用这种方法，使生意愈加兴隆。玛丽·韦尔娜小姐不仅成了世界上第一个真人时装模特儿，后来也变成了沃斯夫人。"沃斯时代"的到来，标志着真人模特儿展示时装作品的开始。使用真人模特儿在商业上的成功，也使他于 1858 年结束了打工生活，与一个名叫 Bobrgh 的瑞典人合伙在巴黎开办了第一家真正的高级女装店，并从此不断开拓真人时装模特儿表演的事业。

2. 时装模特儿的发展

1914年8月18日，芝加哥举办了美国首次服装表演。该活动由芝加哥服装生产商协会主办，盛况空前，在当时被称为"世界上最大型的服装表演"。参加这次展示会的5000人之多，有100名女模特儿现场展示了250套各式新款服饰。这次表演显示了后来居上的美国服装工业的发展实力，也为服装表演和模特儿行业的繁荣起到了推波助澜的作用。

经济的发展也使时装业和模特儿业变得更加光怪陆离，其风格、作用、分类都向着多元化的方向发展。整体制作技术不断完善，编导组织更加强调灯光、舞美、音乐的有机合成，模特儿的表演水平更加专业化，模特儿的身材类型也随着时尚的要求不断地推出新形象，这一切都预示着这一行业将步入一个更加繁荣的时期。

二、时装表演与时装模特儿

时装表演是展示时装的一种组织活动，它主要是通过模特儿着装的形式，将时装的设计意图用动态立体的方式向观众表达出来，时装表演不同于一般的演艺活动。时装模特儿是模特儿的一种，她因时装的表现而产生，是时装表演的主体部分之一。虽然时装表演与时装模特儿有着密不可分的关系，但她们却又是两个不同的概念。

1. 时装表演

时装表演（Fashion Show），国内媒体也称之为"时装秀"。它是把服装作品发布于公众的一种表现形式，即由模特儿们按照服装设计师的创作意图穿戴其设计作品，并在特定的场所向特定的观众展示表演的一种活动。根据举办时装表演目的的不同，可将各式各样的服装表演划分为六大类型。

（1）高级时装作品发布会。这种发布会大都由著名设计师和权威发布机构联合举行，它的直接目的是促销产品。例如，在法国巴黎每年举办两次这样的高级时装设计师的作品发布会，届时，来自世界各地的成衣制造商、销售商、服饰记者、服饰评论家、高级顾客、大型面料制造商都会云集前往，目睹服装设计大师们对下一轮流行的新见解和新主张。面料制造商在这里捕捉信息，获得设计面料花色的灵感。成衣制造商选购适合生产的流行新款，为抢占新市场做准备。高级顾客花巨资为自己订购下一季节的各种衣装，开始制订新的衣柜计划。新闻媒体则通过电视、

图13-2 瓦伦蒂诺2015秋冬高级定制系列时装

报刊和杂志等将最新流行信息迅速传播到世界各地。图 13-2 所示为在罗马举行的瓦伦蒂诺（Valentino）2015 秋冬高级定制系列时装秀。

（2）流行趋势发布会。国内外一些纺织服装流行情报的研究机构，如我国的中国服装研究设计中心、中国流行色协会等，为了促进和指导纺织服装产品的生产和销售，在广泛的社会调查基础上，定期向社会举办流行趋势发布会。通过这种发布活动，研究机构把收集的一些流行主题，以时装表演的形式加以形象化的表达。图 13-3 所示为 Dior 2015 春夏时装秀。

（3）个人时装发布会。服装设计师为表现设计才华、提高自己的声誉或为展示某个时期的新作品举办的时装表演称为个人时装发布会。这种发布会的特点是围绕着设计师既定的主题，诠释设计师在特定时期对时装的理解和看法，其创意性作品或前卫性作品占有相当的比重。设计师着力借此昭示自己的个性和设计风格，强调作品的艺术效果和纯视觉欣赏性，舞美、灯光及音响设计也强调别出心裁，形式感较强，为普通观众难以理解，特为行业圈内的专业人士来鉴赏。图 13-4 所示为祖海·慕拉（Zuhair Murad）2016 春夏系列高定时装秀。

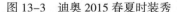

图 13-3　迪奥 2015 春夏时装秀　　　　　图 13-4　祖海·慕拉 2016 春夏系列高定时装秀

（4）销售型产品展示会。这类时装表演是生产厂家以销售本企业产品为目的而组织的时装表演活动。观众大都是其固定客户或准客户。观众们在观看时装表演时，手持厂家设计的订单，一边欣赏台上的作品一边选购。这种展示会的规模可大可小，如中国国际服饰博览会、巴黎时装博览会、中国广州交易会，大型商场内外组织的展示活动等。这类表演活动，可以在 T 型台上进行，也可在订货商组织的茶座间进行，可以在企业内部专为客户而展示，也可以公开发布兼有社会宣传的作用。

（5）学术性时装表演。这是以发现和培养设计人才为目的的时装表演。通过展示设计师的才华，培养其设计能力，并为他们提供验证自己的场所。如一些服装设计院校举办的学生作品展示活动，以及社会上举办的各种类型的时装设计大奖赛。这类时装表演没有生产和销售的压力，主要为新人展示自己的艺术设计才华提供条件，是一种设计思路活跃、展示形式多样的时装表演。

（6）娱乐性时装表演。娱乐性时装表演也可分为两种情况，一种是自发的以自娱自乐为主要目的的时装表演，如单位和企业的庆祝活动，还有一些中老年服装表演等。另一种是带有一定的商业目的、供他人休闲娱乐时观赏的时装表演。后者如一些酒店、夜总会等高级娱乐场所举办的时装表演。这类表演强调文化性和审美性，一般与企业产品、销售、流行预测等商业行为关系不大。

2. 时装模特儿

模特儿是时装表演的主体部分，一台时装表演的成功与否，与组织者所选用模特儿的气质和表演风格也有很大关系。人们对模特儿表演的认可，往往也带动他们对展示作品的认可，从而达到时装表演的目的。时装模特儿不仅仅只是在 T 型台上的表演，根据国家劳动部对模特儿职业所下的定义，可将时装模特儿分为六大类。

（1）走台模特儿。模特儿这个职业最初是"走"出来的。以 T 型台表演为主业的模特儿称为走台模特儿，它是模特儿中最普遍、最为常见的一种，这类模特儿在行业内的需求量最大。走台模特儿可能出现在各种各样的场所，无论是高级女装发布会、大型庆典的演出会以及各种流行趋势发布会、商业展示会等，都会出现她们的靓影。图 13-5 所示为走台模特儿。

（2）摄影模特儿。媒体市场的繁荣，给时装模特儿带来了更多宣传自己的机会。时装杂志、生活类杂志及摄影家协会都需要模特儿的合作。在照相机前工作的模特儿，除了需要拥有匀称时尚的体型和姣好的五官之外，还需要与摄影师配合工作的能力。图 13-6 所示为摄影模特儿。

（3）广告模特儿。即指专门为各类企业制作广告的模特儿。这类模特儿的专业工作圈儿似乎超越了时装表演的界线，但却为更多的并非高挑的漂亮女孩儿提供了机会，同时也使模特儿的队伍更为壮大。广告模特儿大量出现在电视广告片、报纸杂志上的销售广告及企业产品说明书上。由于工作性质的不同，这类模特儿有时不必非要达到特定的高度，但却需要贴近时尚生活的形象和匀称的身材，面对摄像机，她们需要一定的语言和演艺技巧。

（4）试衣模特儿。在时装公司或销售现场专为设计作品试穿样衣的模特儿称为试衣模特儿。这类模特儿的主要工作是围绕着企业的生产和销售过程，她们直接为设计师或顾客观察作品效果而工作。试衣模特儿需要与设计师默契配合，所以试衣模特儿需要懂得一些服装设计的基本知识。在时装公司工作的试衣模特儿，其体型一般要符合企业产品对象的中号尺码，

图 13-5 走台模特儿

图 13-6 摄影模特儿

以便将产品推向市场。图 13-7 所示为伊夫·圣·洛朗与试衣模特。

（5）企业形象模特儿。各类企业，尤其是大型服装企业为了实施名牌战略，增加企业与社会的亲和力，往往会选择较为知名的模特儿作为企业的代言人，于是就产生了企业形象模特儿。随着市场竞争的升级，企业选择形象模特儿或代言人，也是展示自身实力和信誉的一种手段。

（6）网络模特儿。网络模特儿是近年来流行的新兴职业，被网友戏称为"网络麻豆"。网络模特儿的出现与网上服装、服饰类店铺增多有着密切关系，有没有模特儿真人展示的网店点击率和销量差别很大。随着网络购物模式的迅速发展，网店之间的竞争也变得越来越激烈，所以网络模特儿成为一个网店能否提高销量以及发展的必要条件。网络模特不菲的收入、时尚的装扮吸引着众多女孩趋之若鹜，梦想着成为一夜走红的网络明星或网络红人。

三、服装表演与组织

1. 服装表演参加的人员

举办一场服装表演需要涉及各方面的单位、部门及人员。从项目发起人、政府有关审批部门、赞助单位、媒体记者、时装评论员、公证人员、总策划、舞台总监、导演、演员模特儿到节目主持人、摄像师、灯光师、化妆师、音响师、穿衣工、记分员、保安人员、接待人员、服务人员等，完全是一个大集体的共创作品。

2. 各部门协调工作

对于观众来说，观看一台服装表演就是一次艺术的享受，但对于台前幕后所有的工作人员来说却是一场非常紧张的劳动。首先，在数月之前，出品人或策划者要了解艺术动态和模特儿艺术市场的行情，如果是大赛型的表演，还要策划商业广告和赞助单位，报有关部门审批等。之后出品人要与有关合作单位成立一个"组委会"。

有关政府部门及经济问题得到解决后，导演就要上任了。导演通过调配模特儿及不同风格的时装，控制着台前的表演效果及镜头效果，还要将插入的文艺节目及赛事的颁奖活动考虑在内。模特儿需要理解设计师和导演的意图，掌握表演的要领和需要展示的主题情调。其他工作人员如化妆师、音响师、灯光师、摄影师、摄像师、记者，还有穿衣工、保卫、接待员、服务小姐等，一个都不能少。任何一个环节出了问题，都会影响服装表演的艺术效果、经济效果和社会效果。

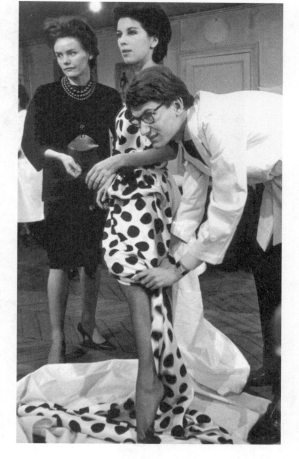

图 13-7　伊夫·圣·洛朗与试衣模特

四、服装表演鉴赏与性表现

1. 服装表演的风格

人们对服装表演的鉴赏，无非是从艺术形式和艺术风格两方面展开的。艺术形式包括服装、模特儿、台步、音乐、道具、组织等，艺术风格指服装表演的主题情调或艺术主题。以下是几大类常见的表演风格，供读者在鉴赏时参照。

（1）后现代都市风格。这是继追求功利的快节奏工业时代之后，对回归自然的一种文化倾向。感性形象反映在服装表演上，第一是"艳"，透视都市夜生活的绚丽迷离，色彩视觉与造型的刺激火爆，蔑视保守的旧文化观念；第二是"浅"，品味淡、魅力足，淡化美的内在价值，重视瞬间感觉，强烈的形式美感是首选因素。这种风格的服装表演给人以富丽堂皇的感觉，舞台热闹、动作夸张、队形复杂、台步富有弹性。视觉上追求炫目，色彩浓重，灯光绚丽，音乐节奏较快。

（2）白领职业风格。写字楼里人们的着装风格严谨整肃、色调偏冷、款式简洁，女性味道中透出干练之韵。风起云涌的女权主义运动，使女性的独立人格和社会责任感日益彰显，知识女性更是把幸福生活与职场事业融会其中。因此，职业女装自然成为人们对流行的追求。T 型台上的职业女装干练、有棱角，平肩窄臀的倒三角，在阴柔之美中平添阳刚之气。台步稳健、造型有力，充分表现职业女性的自信和顽强。图 13-8 所示为职业服表演。

图 13-8　职业服表演

（3）自然风格。阳光、蓝天、岩石、沙滩、树木、花朵、大海……清新、随意，未经人工雕饰的亲切感。一切都是便装与休闲装的返璞归真。自然风格的服装不一定要染满原野的写实，但褪尽都市的嘈杂，使人如入人间仙境，忘却平日的紧张和无奈。现代工业文明在一定程度上破坏了自然的平衡，地球资源紧张、环境污染成为世界性问题，"绿色革命"一次又一次呼唤着生命的尊严。自然风格的服装正是在这种背景下，成为一种更加主流的设计风格。

这种风格的服装表演，轻松纯真，灯光舞美装饰柔和，音乐舒展流畅，台步随意放松，造型质朴自然。

（4）现代嬉皮士风格。这是 20 世纪 60 年代在西方兴起的一股文化潮流，在服装上反映的十分强烈，它有两个基本特点，一是幽默诙谐，向板着面孔的正统服装开着轻松的玩笑，这类设计师认为"经世何须太认真"，一切不过都是喜剧人生，赤条条而来，赤条条而去，这张皮不应该如想象的那么神圣；二是丑陋怪诞，嬉皮士风格的设计师们认为，虽然美是诱人的，但丑也有存在的理由，它打破了传统审美观念中的僵化与麻木，让人重新激动起来。

从历史发展中来看，嬉皮士文化曾被认为是一股逆流，但它形式上的丑与艺术家和服装设计师们的开拓创新却有了不谋而合，有节制地破坏经典，常常会诱发出新奇时尚的款式，为推陈出新铺就了一条创新之路。图 13-9 所示为现代嬉皮士风格表演。

图 13-9　现代嬉皮士风格表演

此类服装的表演，风格奔放，动作不拘一格，造型没有章法，音乐夸张而有现代感，有时故意夹杂着噪音和喧嚣，灯光色彩变化离奇，宣称自己对现代生活的背离。

（5）中国民族风格。服装表演是进口的舶来品。随着世界文化的西风东渐，这种特殊的舞台表演形式在中国扎下了根，并大有蓬勃发展之势。为了弘扬本民族的悠悠历史，推陈出新、保留特色，中国民族风格的服装及表演也就有了一方阵地。

与西方模特儿相比较，中国模特儿的三围差别较小、体型流线平滑而稳定，西方模特儿的体态则起伏变化、凸凹有致，显出非稳定性的艺术风格。除了生理上的不同，文化上也有较大的区别，中国模特儿以"秀美"为主，气韵生动，是典型的内向文化。而西方人更重视视觉上的形式美，他们习惯于在感性与理性的争执中发展自己的艺术。

中国风格的服装表演更加注意静态效果，在舒缓的线条中寻找艺术主题，举手投足多平滑，不追求火爆效果，但求细心玩味。图13-10所示为中国模特儿表演。

图13-10　中国模特儿表演

2. 服装表演中的性表现

现代服装表演大有人体表演的趋势，按照弗洛伊德的见解，没有人在这一过程中回避对性的欣赏问题。坦露、薄纱面料、一字步、闪烁迷离的灯光等，魅力四射地昭示着性的表现。

人类的性可分为三个层次，也可以视为三个审美层次：

第一性层次是人的生殖器官。在生物界大都有雌雄之分，人类有男女之别。在服装萌芽期的原始时代，生育是人类得以延续的基本条件，所以就有了"生殖崇拜"。在现代时装中，虽然已没有必要专门弘扬人类的生殖力量，但看上去不经意的"泄露春宫"，却使着装的艺术效果增加了迷人的魅力。

第二性层次是人体的外观形式。男女形体有着天然的差别，这也使得男装与女装的裁剪结构有了最本质的区别（如省的设计）。男性身长较高、骨骼健壮、肌肉发达、体表的起伏棱角分明、皮肤厚而较深、咽喉突出、有胡须等，男性肩宽窄臀，有"虎背熊腰"之美称。

女性的骨骼较为纤细，皮肤细腻光滑而富有弹性，因脂肪丰厚使体表轮廓较为圆滑。女性躯干的腹部较大，臀部后翘隆起圆润而饱满，肩部较窄，下肢较短，以胸部的乳房为明显的性特征。

第三性层次是人类的性意识。从美学的角度讲，就是男性的阳刚之美和女性的阴柔之美。服装形象的阳刚之美表现为粗犷、强悍、潇洒、刚健、沉着、稳重、勇敢、帅气等，在时装表演舞台上，有时男装形象也表现出一些"匪气"和嬉皮士的味道。女性着装的阴柔之美常表现为贤淑、典雅、灵秀、温柔、细腻、感性等。现代职业女性的着装常常在阴柔之美的基础上，透出一些阳刚意味。在服装表演时，模特不仅通过着装，而且也运用表情和步态等体势语言来传达设计师和导演的现场效果。在这一过程中，性意识得到了升华，即三个性层次或特征被综合地表现出来。

第三节　服装广告艺术

服装属于大众艺术，在公众媒体上登载广告是服装企业广告的主要方式。广告的艺术性直接影响着企业的自身形象，也事关设计作品能否被消费者所接纳。

一、广告属于商业艺术

在传统的概念里，艺术就是艺术，商业就是商业，这种概念显然是过于陈旧了。在服装行业里，无论是产品设计本身，还是销售行为，都是商业与艺术的完美结合。

1. 广告的作用

在市场营销学中，广告是一种宣传方式，它通过一定的媒介，把有关商品、服务的知识或情报有计划地传递给人们，其目的在于扩大销售、影响舆论。商品经济的发展是广告产生与发展的最根本原因。同时，广告的发展又促进了商品经济的发展。现代广告最重要的作用是它已经成为促进商品生产和商品流通的不可缺少的重要因素之一。这种作用随着社会化大生产的发展及商品经济的发展将越来越重要。

2. 广告的概念

以下是有关广告艺术及评价的几个重要概念。

（1）广告的八大公关主体：广告顾主，企划公司，传播媒体，受众对象，政府机关，专家行家，广告教育，消协监督。

（2）广告策划的六大要素：谁做广告，对谁广告，广告什么，怎样广告，广告环境，广告管理。

（3）广告的五大基本属性：主题性，差异性，宣传性，功利性，艺术性。

广告与商品经济是不可分的。商品经济的高度发展，广告也随之高度发达。人们生活在广告的海洋之中，每天面对着不计其数的广告。广告学已成为一门独立的热门学科，广告对商品经济的发展有不可忽视的重要作用。图 13-11 所示为法国女演员奥黛丽·塔图（Audrey Tatou）做的香奈儿香水广告。

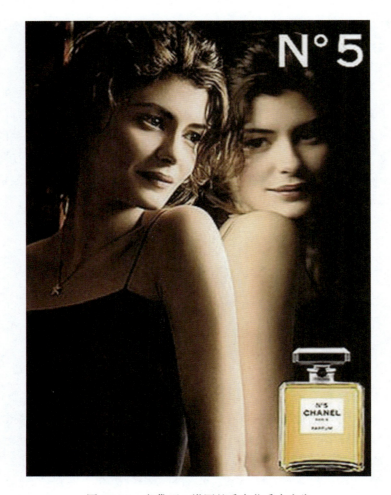

图 13-11　奥黛丽·塔图的香奈儿香水广告

二、广告的主题与表现

广告的主题是指一则广告所表现出来的中心思想，是广告设计与策划的灵魂。主题的核心问题是市场问题，主题的正确与否关系到广告设计的成败。

1. 满足消费心理

人类的一切活动，都是为了满足精神和物质的需要。需要有时是潜在的，是可以被企业开发出来，未必需要全部一次性满足，任何一种服装产品都要满足消费者的需要。

从满足消费心理出发，广告设计应注意三方面的问题：

（1）广告要充分考虑消费者的情感因素。无视消费者情感的广告必然失败。广告可以利用的情感因素一般有三种情况：一是公众所赞美的情感，例如尊师爱幼、孝敬父母、奉献爱心、纯真爱情、热爱自然、关注环保、民族情结、热爱和平等；二是人们为之感到羞怯的情感，例如对健康的忧虑、对灾祸的恐惧、害怕被人耻笑、内心感到忧郁等；三是人们不愿意承认的情感，例如深藏的虚荣心、自私、嫉妒、傲慢、自卫、希望发财的心理等。

（2）广告必须明白地告诉消费者有什么好处。只有让消费者明白企业或产品与自己的切身关系，才能真正刺激购买欲望或动机。但一件产品中的"好处"一般不能太多，通常只强调一个或几个突出明显的"好处"，才能引起消费者的关注。

（3）广告主题必须与企业形象和商品形象具有统一性。在宣传企业或商品时，广告的大主题一般不宜随意改变。例如广告设计的格调有高雅的、通俗的、庄重的、诙谐的、浪漫的、甜美的等艺术主题，随意改变就会使消费者产生不连贯、不稳定的感觉。

广告要达到预期的效果，必须了解消费者的需求、产品或劳务的功能和特征，以及目标市场的环境条件和市场竞争的激烈程度。市场调查是做好广告活动的第一步，是制订完善的广告策划，提供高质量、高水平广告服务的必要程序。

2. 确定广告主题

根据企业状态、商品特性、市场理念、竞争环境和广告目标提出广告主题。表达广告概念的广告主题一经确定，就会贯穿广告表现、设计和制作的全过程，成为参与广告过程人员的总体指导方针。无论题材的选择或形象的塑造，在语言的提炼、布局的结构及情节的安排上都应服从主题的需要，不仅广告设计者、文稿撰写者、剧本编写者都应围绕着广告主题做文章，其中广告美术师、摄影师、音乐家、程序员等工作人员都应该从自己的专业层面上突出与强调广告主题，努力把广告主题演化成消费者一听就明、一看就懂的艺术形象。

三、广告艺术的基本要素

广告表现的重点是实现主题、观念、思想、意图等内容的形式，也就是说，在广告设计中，通过什么样的形式来表达广告的艺术魅力，从而实现其商业目的。

1. 广告语言艺术

语言是人类传递信息最基本的工具，语言在广告中具有特殊的地位。语言可以分为书面文字的表达形式和口头语言的表达形式。作为书面语言，它还是艺术构图中的要素之一，不仅传递内容的直接信息，还传达审美的间接信息。口头语言的声调、语音、语速、顿挫、文言、普通话、外语、方言及男女童声，以及文字的楷书、篆书、行书、繁体、简体、准圆、琥珀及大小等，都会影响到广告的艺术感染力。

2. 线条表现广告主题

线条也具有丰富的情感因素，不同属性的线条使人产生不同的感觉与联想，在视觉广告中，线条表现必不可少。例如，直线传达尊严、永恒、生命、权力等，具有安定、强烈、明快、男性化等艺术主题。曲线能够帮助表达活泼、优雅、完美、和谐的艺术特点。

3. 善用色彩感染力

色彩参与构图，它的表现力更强，是强烈感性化的造型要素之一。色彩是第一视觉要素，在各种造型的形式中，人们最容易为色彩所动，被色彩所渲染的情绪左右。服装广告中的色彩应考虑与品牌风格的配合。不同的色彩表达不同的情绪，而且引起人们注意的程度有所不同，商用色彩用极色的情况非常普遍。使用色彩要考虑民族与国家的禁忌。

4. 巧妙安排构图关系

广告构图指广告画面的安排，属于广告设计的艺术性因素。构图应按照商品的属性和消费定位把画面要素按照艺术的规律统一成整体。构成广告画面的因素主要有标题、商标、商品名称、插图、说明文字、公司名称、经营理念、广告口号等。这些视觉要素通过不同方式的排列，能够传达出不同的视觉效果。

5. 影视广告的主题音乐

在电视、广播等听觉广告中，音乐是必不可少的，也是广告中最令人动心的形式要素。音乐能引起人们丰富的联想和较强的记忆。轻音乐、流行乐、交响乐和古典乐所创造的意境有所不同。利用人们所熟悉的音乐可增加亲切感，缩短与消费者的距离。广告中的音乐应与主题相配合，并形成强烈的主题音乐。背景音乐属于知识产权的范畴，使用时应注意。

6. 蒙太奇广告剪辑

电影广告的主要艺术手法是蒙太奇（MONTAGE）。传统的蒙太奇手法有平行蒙太奇、对比蒙太奇、叫板蒙太奇、象征蒙太奇等，它们分别能够表达出不同的艺术主题。摄影机以不同的角度、不同的距离、不同的拍摄运动方法来拍摄对象，又以不同的组接方法组成镜头画面和记录声响，通过声画两者千变万化的分割和组接以及不同色彩的运用等手段，传达审美感情，以激起观众美感。

7. 电脑技术的广泛应用

现代电视广告中使用的电脑技术，大大丰富了原有的蒙太奇手法。电脑技术的应用使广告设计更加丰富多彩，为更强烈、更鲜明、更突出的主题策划提供了更大的空间。

图 13-12 所示为 Levi's 牛仔服装的广告，它利用视错艺术原理，将女人的正侧面与男人的半边巧妙地重叠，使画面具有浓厚的趣味性，并强化了记忆效果，该广告选用男女模特儿组合，也表现出广告主的产品坚固贴体，而且具有性感和浪漫的特征，其艺术手法良好地实现了商业艺术的

图 13-12　牛仔服装广告

目的性。

第四节　服装店铺艺术

在消费者面前，服装店铺艺术是服装文化的组成部分。对于商家来说，店铺艺术又是终端促销的重要手段，无论是艺术设计方法，还是艺术风格流派，都是服装行业人员非常关心的问题。店铺艺术是企业形象传播的重要内容之一。

一、服装店铺的艺术气氛

1. 店面布局

服装店的外观造型包括招牌、门头匾牌、假体模特儿、橱窗陈列、店门装饰与设置、花篮及招贴广告等，要同所经营的商品，以及商品销售对象的阶层、购买习惯、职业特点等相适应。把一个商店的主题突出地表现出来的商店外观能够吸引过往行人的注目，引起他们进店的兴趣。

按照布置方式，店面通常有以下几种形式：

（1）封闭式。商店面向大街的一面用展示橱窗或玻璃遮蔽起来，过门较小，为一般高档时装店采用，以产生贵重、别致、精细、豪华、与众不同的感觉。这种商店所经营的商品种类有限，对防尘防晒要求较高，虽顾客相对较少，但多为较富裕者。设计多是便于顾客在安静、愉快、优雅的环境中选购商品。图13-13所示为封闭式服装店。

（2）开放式。商店正对大街的一面全部开放，店门宽大，没有橱窗隔挡，从街上容易看

图13-13　封闭式服装店

到商店内部和商品，顾客可以随便出入，没有任何障碍。北方夏季多采用这一形式，其客流量大，适合大众化服装，一般批发商店也多采用。店面装饰不必刻意追求漂亮，但要整洁、朴实、便利，商店的设置一切从方便、实惠、经济出发。

（3）半开放式。过门开度适中，便利顾客出入即可，但玻璃明亮，橱窗陈列生动、形象、新颖、漂亮，对消费者有吸引力。顾客可以通过橱窗和店门直接看到店堂内部结构和陈列的主要商品，有诱导作用。这种店面设计尤其适合中高档服饰及用品的经营。

（4）畅通式。店门至少是两个以上，有的还分进出口，商店橱窗陈列不少于一面。这种店面设计适用于规模比较大、客流量多、经营品种多的商场、百货商店、超级市场等。

良好的店铺门面设计与装修，不仅能美化商店自身，也丰富了街区的环境，增添了景观。

2. 店内的氛围

无论商店规模大小，经营类型多少，经营品种是否齐全，店内陈列的整体结构都要协调，符合艺术造型的规律。尤其是商店的前部、左右两侧、中央和尾部的空间部分，安排设置要合理。由于各个商店所处的地理位置不同，结构也不尽相同，如长方形或正方形，转弯、拐角、门柱较多等，在这几部分安排上要格外注意，否则，就会使顾客感到进入此店受到某种抵抗。

现代人的生活节奏加快，心理压力与紧张度加大，去时装店有时不仅仅只是为了购买。可能顾客的初衷只是"逛街"，或同时求得娱乐、休息或社交等方面的满足。聪明的店主总会采取一些有效的艺术手段，诱导他们在无意中产生购买欲望。如店内的绿化、自然化、适宜的香味、恰到好处的布局布置、优美动听的音乐、柔和舒适的灯光和自然采光等。在店内各主要部位放置能吸引顾客的畅销商品，使顾客产生进店一睹的心理，激起购买欲望和兴趣。

绿化进入时装店已成为一种时尚，时装店里装饰些盆景小树、花草等布置成充满大自然气息的环境，不仅能制造新鲜氧气、净化室内空气，可以调节店内的温度和湿度，还能分隔空间、曲径通幽，延长顾客的购物路线，增加顾客在店内的滞留时间。

如果场地宽裕可以结合庭院考虑设置，小型假山、小桥流水、花坛或绿藤攀墙。鸟儿叫枝，游鱼浮动，小桥迭落，草色如茵，一定会充满诗情画意，吸引更多经济或文化层次较高的顾客。

3. 服装店里的光照

光在现代商业艺术中占有重要位置。商店照明的目的在于正确传达商品的信息，展现商品的魅力，吸引顾客的目光，引导顾客进入店内，达到促销的效果。

服装店内部的灯光照明可以分为基本照明、特别照明和装饰照明。

（1）基本照明是指按自然采光设计的室内灯光照明，多采用直接附着于天花板上的荧光灯等直接或间接的照明，可使整个商店及部分获得基本的明亮。照明光线的强弱，应根据商店内部结构、经营的商品以及销售对象而定。

（2）特殊照明主要是指聚光照明，可使商品产生明亮的效果，以提高商品的吸引力。它是为了补充、加强照射某一商品或某一专柜、专橱的光源而特别设置的照明设备，大多采用小型的聚光灯和微型探照灯等设施。特殊照明的配置，往往作为特向光源直接照射商品，它不仅有助于消费者观看、欣赏、选择和比较商品，还起到显示商品高档华贵、做工精细的作用，给消费者以良好的心理感受。

（3）装饰照明是商店的附加照明，有助于表现商店个性、创造商店的形象。装饰照明多采用彩灯、壁灯、吊灯、落地灯和霓虹灯等照明设备。它是通过对人造光源进行特殊处理，使商品的陈列达到不同的艺术效果，形成不同的气氛，以突出商店陈列的主要商品。特别是利用灯光和色彩之间的关系，较好地衬托和再现商品的名贵，吸引消费者的注意。图13-14所示为服装店装饰灯光。

图 13-14　服装店装饰灯光

各种灯光的对比不应太强，整体照明的原则是既明亮又柔和，照明度的分配以诱导顾客进入店内为目标，一般不用刺眼的灯光，彩色灯和闪烁灯也不能滥用，否则给人以眼花缭乱、紧张烦躁的感觉，不仅影响消费者购买商品，对导购的心理也会产生不利影响。

4. 音乐艺术

在现代商业活动中，音乐常被作为一种"秘密武器"。

有声才会有色。通过美妙的音乐，可以强化时装的美感。时装的款式、配色会表现出有规律的视觉美感，而音乐则在听觉中体现规律与节奏美感。通过音乐升华品味、启迪情操、影响情绪和美化环境，已为众多店家采用。

音乐的分类有很多，各种音乐都会产生特定的情绪。服装店播放的乐曲，一般选抒情、轻快、短小的轻音乐。音乐对售货起到烘托、强化作用而不喧宾夺主。店主选择曲子时也要考虑服装的种类和主要顾客对象。时装店可选用流行曲调，职业女装店可选用优雅曲调，童装店可选用一些欢快活泼的儿童歌曲。适宜的音乐给顾客以美的享受，并逐渐解除顾客购物时的戒备心理，刺激顾客购物。在商店播放轻松优美的乐曲，还能使顾客处于优雅的环境中从容不迫地选购物品，促使顾客之间放低声音讲话，优化商店的气氛。

5. 橱窗的设计

橱窗是服装店外观的重要组成部分，把花样繁多、种类各异的商品加以巧妙地组合布置，形成富有魅力、美观漂亮的样品展，再配以各种形式的文字说明，会对过往行人产生很大的影响。橱窗陈列是商业广告的一种主要形式。在橱窗设计安排上，一般有单一、专业、联合、科技、混合等五种类型。单一橱窗，多用于介绍高档商品或新产品。专业橱窗，常用于介绍季节性或时令性商品。联合橱窗，以陈列某种商品为主，附带陈列一些其他或在消费上有连带性的商品。科技橱窗，宣传介绍有关商品的科学知识。混合橱窗，一般是把以上的方法混合陈列。

橱窗是无声的售货员，是商店经营商品的缩影，谓之商店的"眼睛"，无论采用哪种陈列方法，都要摆出本店经营范围内有代表性的商品，或反映商店经营特色的商品、流行的商品、新产品、应时应季商品、试销商品等。要避免陈列不经营或无条件经营的商品，以及经常无货或脱销的商品。橱窗的陈列要突出商品形象，充分展示商品质地和使用后的效果。典型的方法是服装模特，使消费者能纵观全貌。橱窗陈列要经常调整，给人以焕然一新的感觉。

橱窗设计是集装潢、陈列、广告艺术为一体的综合性、实用性的艺术，也是集经营管理者和美术工作者的创造性于一身的产物，有条件的商店还会配以模型、彩色图画、霓虹灯、彩带和花束等。现代化的橱窗设计还会使用电子自动控制技术，使呆板的商品活动起来，变得格外新鲜有趣。布置好橱窗陈列，对消费者具有唤起注意、引发购买兴趣、暗示商品购买的心理作用。图13-15所示为服装店的橱窗。

图13-15 服装店的橱窗

二、服装的陈列艺术

商品陈列是一种综合艺术，它具有美的艺术感染力。商品陈列的具体方法有很多，可根据具体情况应用。

1. 季节陈列法

商品陈列要敏感地反映出季节的特点，抢占季节的制高点。不同商品在不同季节的销售量差异很大。按照季节的变化，将节令商品集中陈列在最佳位置，以吸引人们的注意力。如晚秋初冬，为了适应人们购买冬季服装的需要，把各种冬季服装摆在最佳位置，可以扩大销售。重大事件或活动也是有关商品销售的重要时机，如政治事件、体育赛事、大型运动会等。以此为主题背景的专题橱窗陈列，积极利用商品陈列宣传商品，配以灯光色彩，既介绍了商品，又营造了气氛，可使消费者心理处于兴奋状态，激发对商品的购买情趣。图 13-16 所示为季节陈列。

图 13-16　季节陈列

2. 相关陈列法

相关陈列方法的特点是按照商品的种类和特点进行陈列，一些使用价值相同的商品可以陈列在一起，还包括一些有连带性的商品陈列。陈列体现连带性的目的，是为了便利顾客购买，便于营业售货。如卖鞋的柜台，可以同时陈列出售鞋垫、鞋带、鞋油、鞋刷等商品。陈列绸缎、呢绒、棉布一类商品时，可由高档至低档，或由低档至高档顺序陈列，同档商品还可按色泽由浅到深，或由深到浅分类陈列。

3. 垂直陈列法

垂直陈列法是将同一种类的商品，在货架上一层一层上下垂直陈列。例如服装类，大号的放在最上层，中号的放在第二层，小号放在最下层。这种陈列法便于挑选，有利提高货架利用率。图 13-17 所示为垂直陈列。

图 13-17　垂直陈列

4. 联想陈列法

联想陈列方法就是从商品的名称、性能、产地、原料、用途、使用对象和季节等方面出发，联想到与周围事物的联系。这种陈列方法能使宣传对象更加鲜明突出，富有艺术感染力。如陈列泳衣的橱窗，可以从游泳季节联想到炎夏，图画展现出海滨蔚蓝的天空，朵朵白云，一群男女青年在戏水欢乐，沙滩上摆着一张躺椅，椅背随意放着一件游泳衣，在躺椅四周放着潜水镜、橡皮艇、泳帽、浴巾等。这样把商品和环境完美地结合起来，突出了主题，使顾客有身临其境的感觉。

5. 醒目陈列法

商品陈列按所经营的品种轻重程度进行陈列，要有强有弱，有主有次。商店经营的商品想要全部引人注目是不可能的，要将代表经营特点、重点促销的商品突出陈列，并附带陈列周转慢的商品。应用以主带次、以畅销带滞销的陈列方法，其效果会更好。图 13-18 所示为醒目陈列。

图 13-18　醒目陈列

6. 展览陈列法

这种陈列方法，就是将同类商品做成综合的排列，使之成为展览室。如床上用品的陈列，把沙发、电话、茶几、花瓶等排放成一个客厅的形式来突出床上用品的陈列。这种方法的特点是突出重点、引人注目，使之产生兴趣和联想。

7. 逆时针陈列法

逆时针陈列法是把商店经营的商品按逆时针旋转的方向有序陈列。由于大多数消费者在逛商店时总是有意无意地按逆时针方向行进，为了迎合顾客这一心理需要，把商品按主次逆时针方向排列，有利于顾客更好地选购商品。特别是一些大型百货商店，经营品种较多，一般是把日常生活用品陈列在商店入口处的逆时针方向，使顾客进店后很快找到自己所需的商品。

8. 艺术陈列法

在商品陈列时，根据商品的特点，采用直线、曲线、梯形、塔形、交叉、对称、均衡、立体、形象、艺术字、折叠花纹、图案、单双层等方法，把商品美、色彩美、质感美充分显示出来，使顾客在欣赏造型艺术美的同时激起兴趣。好的陈列，不但能起到吸引顾客注意力的作用，还能使顾客得到美的享受。图 13-19 所示为艺术陈列。

图 13-19　艺术陈列

三、巧妙利用色彩艺术

1. 色彩是第一视觉要素

色彩通过人们的视神经刺激大脑，进而影响人的精神和情绪、健康与行为。巧妙地运用色彩可以改变环境气氛，使人产生清新、洁净、和谐的印象。在这样的环境购物，心情自然舒畅、精力充沛。商店购物场所装饰色彩的应用，要考虑经营商品及销售对象的特点，季节变化和地区气候，以及商品本身的色彩来巧妙搭配。整个商店的柱子、窗帘、台板和架子色彩应统一。导购的职业装要与出售服装有所区别，商店内部色彩搭配要遵循协调，突出商品，还要考虑商店内部灯光的设置，墙壁涂料色彩，以及建筑物结构式样等多种因素，才能达到理想的效果。图 13-20 所示为服装店的色彩。

2. 橱窗里的光与色

橱窗陈列的目的性很强，它起到美化店面形象，展示店内经营产品的作用。它的用光、用色、模特儿、道具、置景等，都是为了更好地销售产品。所以，它不同于纯粹绘画、雕塑或艺术品，必须更好地突出店主想要"说的话"。如果橱窗不能使人驻足观看、产生兴趣和良好的印象，这种陈列就是失败的。橱窗是一个善意而友好的视觉"诱饵"。

照明与光色可以与服装一起强化流行主题。正确的色光照明使橱窗成为一个变化而统一的整体，主次分明、引人入胜。橱窗的中心部位是使人产生注意的视区部分，一般不可以左右一分为二，可通过高低错落及大小饰物的配置来增强整体感。背景主要是烘托和渲染，而不能喧宾夺主。

图 13-20　服装店的色彩

　　陈列的服装及饰物与背景要有一定的对比度。例如，若陈列白色的婚纱，用大花大红背景，就会使服装的形象隐退，至少也要使背景明度降低或做虚幻处理；若秋冬职业装浓艳而厚重，背景色可使用一些青绿色。女装陈列，淡色柔色较多；男装陈列，多用浓色背景；童装陈列可配些动物玩具或卡通图案为背景来渲染气氛。高级的服装、金银饰品、真皮包具，可用浓色背景，中低档服装陈列的背景可考虑使用跳跃的流行色。图 13-21 所示为服装与背景。

　　通常一个橱窗内不宜陈列种类太多的商品，要关注类别的协调。如健身器材与运动服放在一起就非常合适。高档名牌衬衫与高档领带一起陈列能起到相辅相成的效果。高级职业女装与典雅的真皮背包配套陈列也可产生良好的效果。

　　橱窗可以配置与季节和穿着环境有关的实景，如运动装配运动场景，休闲装与海滨沙滩，冬装与高山雪景。图 13-22 所示为运动装场景陈列。

3. 包装色彩与设计

　　现代商品社会已进入了一个包装时代。包装可以宣传店家的服务特色、经营范围，并塑造企业形象。好的包装还能使顾客产生优越感，似乎自己是名牌或高级服务的拥有者。

　　服装的包装（包括手提袋），首先强调醒目性，并明确无误地表明内容及格调，最大限度地注入感情色彩。有时要考虑服务对象的不同经济状况和各种社会阶层的审美个性。女性休闲装的手提袋别致清雅、舒缓和谐。男装手袋配色有力、浑厚精致。童装手袋配色要有趣味。高档服装的包装用料要讲究，色彩不宜太花太俗。低档服装包装用料节俭，以不增加太多的

图 13-21　服装与背景

图 13-22　运动装场景陈列

图 13-23　包装设计

附加费为佳。图 13-23 所示为包装设计。

四、网上开店的艺术

随着网络的快速发展，现在越来越多的人为了方便选择在网上购物。网上开设服装店可参考以下注意事项。

1. 服装网店的装修

网店的美化如同实体店的装修一样，让顾客从视觉上和心理上感觉到店主对店铺的用心，能够提升店铺的形象，有利于网店品牌的形成，提高浏览量，增加顾客在网店的停留时间。漂亮恰当的网店装修，给顾客带来美感，顾客浏览网页时不易疲劳，自然会细心察看网页。

建立一个服装网店，需要别具一格的网店名称、独具特色的网店标识和区别于其他店铺的色彩风格。作为一个网络品牌容易让顾客所感知，产生认同感，也可以区别于其他竞争对手。在网络的虚拟环境下，店铺设计中的人机界面设计是最重要的。顾客第一次进入服装店，很难一下子就对产品的优劣进行评定，但却能留下第一印象。若顾客对界面设计产生了好感，对界面的布局产生共鸣，在其后的购买行为中，他的内心就会趋向认同。好的商品在诱人的装饰品的衬托下，会使人更加不愿意拒绝，有利于促进成交。图 13-24 所示为服装网店的装修。

图 13-24　服装网店的装修

2. 优化服装产品结构

把产品友好的、全面的、清晰的展示给顾客，给顾客留下良好的第一印象。避免网店因产品体系多，导致网店整体感觉比较烦乱。应将产品详细的分类，把所有的产品按照顾客目标群划分，也就是以顾客为导向，增设产品和知识搜索框，方便顾客使用，让顾客第一时间找到适合自己的产品。

3. 优质的服务态度

利用用户的宣传推广网店和产品，可以设置用户推荐一个用户获得一定的积分和优惠。口碑是最好的营销方式。据说淘宝的生意有 30% 都是由老顾客介绍的。所以，真诚地对待每个进店的客人，无论最终是否成交，至少留下好印象，有下次光顾的可能。

4. 服装网店营销

服装店铺的商品应该有一些吸引顾客的亮点。大部分选择网购的客人都希望能买到经济实惠的产品，当客人进店后，发现清一色的都是商品的橱窗，而没有任何促销活动，就会产生失望，有可能弃之而去。虽然网店里的服装标价已经很低了，如果采用如"团购""包邮"或者"满就送"这样的活动包装，就会更吸引人。也可以设立一种积分制，顾客在网店所有行为都可以作为积分的标准。如：顾客对产品发表的评论、主动把自己的保养方法分享给其他用户、购买产品等。设立积分为顾客所带来的好处有：晋升会员等级、节日享受优惠或特价、打折、免费赠品等，目的在于吸引顾客常来店铺。

5. 推广宣传

作为新店，宣传是最重要的，再漂亮的店铺，再好的服装，没有人知道，就没有销售。充分利用网络现有的免费资源如 QQ、微博、人人网、开心网、论坛等宣传自己的服装产品

和网店，通过电话、短信和口头把网店名称、产品名称介绍给家人和朋友，让他们帮助宣传，至少同城的客人，可以做第一批客户。

6. 售后服务的行为艺术

要想自己的服装店经营的长久，售后服务要尽心尽意。当一件服装卖出去，不要认为一切就结束了。售后服务也很重要，直接影响到顾客对服装店的印象。售后服务做得好，可以留住顾客的心，给他们留下好印象，回头客就多了，顾客还会热情地介绍他们的朋友进店来购买，成为店铺的新客人。这样好评如潮，生意就会越来越红火。

跨境电商平台的不断完善将为互联网＋服装服饰领域的大众创业提供更大的市场空间。

总结

1. 服装是一个庞大的行业链条。
2. 服装设计中艺术只是手段，生活才是目的。
3. 服装产业与相关产业。

思考题

1. 服装设计与艺术创作最大的区别是什么？
2. 试述服装表演与服装文化传播的关系。
3. 关注跨境电商的现状与发展趋势。

大师简介——

服装设计大师

课题名称：服装设计大师

课题内容：设计大师的简介

课题时间：1 课时

教学目的：认识设计师的职业特点，了解作为服装设计大师的成长历程，学习大师们奋发图强、执着努力的精神，熟练掌握 3～5 个设计师的作品风格，为未来的设计工作奠定基础。

教学要求：1. 教学方式——结合就业现实，分析本章所提供的设计大师案例。

2. 问题互动——学生阅读后在课堂上讨论。

3. 课堂练习——学生上台讲述自己的体会。

教学准备：收集图片信息，制作 PPT。

第十四章　服装设计大师

人类对服装美的探索源远流长。在每一个历史时期都会出现一些巨匠式的人物，他们指引着人类对艺术和服装美的探索之路，也为后人留下了宝贵的文化成果。服装工作者了解大师、学习大师，对学习美学有着积极的意义，也有助于从中悟出自我发展的方向。

1. **保罗·普瓦雷**（Paul Poiret, 1879 ~ 1944）

1879 年，保罗·普瓦雷出生于巴黎一个呢绒商家庭。高中毕业后，他在制伞店工作，后对服装设计产生了浓厚的兴趣。他所画的设计图被当时的高级时装设计师杰克·杜塞看中，1895 年进杜塞店工作，后又转进沃斯店做设计师。1906 年，他推出高腰细长的希腊风格女装，强调"连衣裙的支点不是在腰部，而是在肩部"。他是 20 世纪第一个摒弃紧身胸衣，把女性肉体从传统样式中解放出来的女装设计师，他的设计奠定了 20 世纪流行的基调，在服装史上具有划时代的意义。1910 年，他又发表了引起人们各种议论的在膝部收紧的霍布尔裙，后又在这收膝的裙摆上开了一个长衩，推出穿着长及膝的细长筒靴的性感样式，使 20 世纪女装的设计重点从胸、腰、臀转移到对腿的表现上。受俄罗斯芭蕾舞的影响，他发表了具有东方趣味的色彩强烈的系列作品，例如"孔子"式大衣、土耳其式的长裤、头上装饰着"塔邦"（穆斯林头巾）、和服式开襟和袖型的袋状女装等。除了设计女装外，他还创设了"罗吉奴"香水公司和"玛尔齐奴"工艺学校，热心保护有才能的艺术家，精心培养年轻的设计师。他喜欢豪华奢侈的生活，时常举办豪华的宴会和化装舞会。他在第一次世界大战中应征从军，战后退役重新开店，但由于对战后的社会变化缺乏认识和判断，1925 年的"装饰艺术展"企划案失败惨重，他的设计也日趋脱离社会，失宠于巴黎女人，在经营上也屡屡亏损，曾三次宣告破产。最后，曾红极一时的一代巨匠，在妻离子散的孤独、贫困和疾病中离开了人世。

2. **杰奎斯·菲斯**（Jacques Fath, 1912 ~ 1954）

杰奎斯·菲斯 1912 年出生于法国瓦兹县，是巴黎已故高级时装设计师。如果说迪奥是"时装之王"，那么菲斯则可称为时装界的宠儿。1930 年，17 岁的菲斯作为服装设计师而初露锋芒。1937 年他开设了自己的时装店。1940 年曾被纳粹拘捕，第二年回到巴黎，在纳粹占领下的巴黎继续从事服装设计，获得了巨大成功，一跃成为著名设计师。1949 年又在纽约开设了自己的时装店。

杰奎斯·菲斯富有浪漫主义气息的作品，给带有战争色彩的男式女装增添了新鲜感，带来了和平之梦。后来，他站在与迪奥相反的立场上，不断推出鲜艳夺目的华丽作品。他非常热爱自己的设计事业，据说像他那样喜爱面料的人很罕见。他的店里经常挤满了来自世界各地的拿着织物料样的推销员，楼梯台阶的一半被面料堆积着。迪奥很孤僻，不喜欢抛头露面，而菲斯则相反，特别喜欢社交活动，经常举办宴会，好像没有他宴会就不存在似的。他这种开朗的性格都表现在作品上。他的作品富有梦幻般的浪漫色彩，让人爱不释手。这些造型好像只有他才能创造出来，别人想模仿也学不像。乍一看，他的作品好像很随意，但实际上这必须有很高的艺术修养和造诣及巧妙的感觉、纤细的神经才能完成。

他与经过严密计算来设计服装的迪奥正好处于两个极端，并驾齐驱驰骋在高级时装界。因此，人们一般把他们活跃的时期称为"迪奥—菲斯时代"。但是，1954年，年仅42岁的菲斯却过早地离开了人世，这不仅是巴黎高级时装界，也是全世界时装界的一大损失。菲斯与白血病顽强战斗了很长时间，一直到临终前，他还充满热情地在设计作品。他的一生，酷爱工作，热爱人生，是一个为世人所赞颂的真正的设计师。一般认为，"迪奥—菲斯时代"是第二次世界大战后高级时装的全盛时期。

3. 皮埃尔·巴尔曼（Pierre Balmain，1914～1982）

皮埃尔·巴尔曼1914年出生于法国东南部的圣尚德莫列讷。1932年在巴黎国立美术学校学习建筑设计，在学习中，他对时装设计产生了浓烈的兴趣，毕业后就学于莫里奴门下，后来又到鲁希安·鲁伦门下与迪奥一起学习服装设计。第二次世界大战后独立开店。他擅长塑造时髦、高雅的夫人形象，巴黎的王妃公主、上流贵妇等都是他的设计对象和顾客，他认为"衣服就要把服用者有效地利用起来"。他对芭蕾舞很感兴趣，设计了很多芭蕾舞服装。经画家克里斯汀·贝拉尔的介绍，许多著名歌星、影星都成了他的顾客。他还承担了几部电影的服装设计工作，这使他的大名漂洋过海，享誉国际。

皮埃尔·巴尔曼不仅是一位杰出的时装设计师，还是一名画家，并且能弹一手好钢琴，在众多设计师中被称为艺术家的巴尔曼，也是高级时装界一位难得的理论家。他在纽约的联合国总部举办过设计学讲座，还在一些服装设计院校讲过课，很受欢迎。1982年，巴尔曼逝世，由从1951年始就一直跟着他的得力助手埃里克·莫坦散继承遗业。1985年，埃里克·莫坦散获高级时装设计最优秀奖。

4. 比尔·布拉斯（Bill Blass，1922～2002）

比尔·布拉斯1922年出生于美国印第安纳州的韦恩堡。17岁时在纽约帕森设计学院学习时装设计，不久他找到一份服装画稿员的工作。第二次世界大战结束后，他自军队退伍来到纽约，从画稿员逐渐成长为一名设计师，并引起了业界的广泛关注，是当今世界上获得最多喝彩的美国设计师之一。

布拉斯堪称是美国时装设计师的领袖人物，有着无穷的创造力和想象力，他的设计总是富有浪漫、激情，他设计的服装华丽雍贵，但却从不鄙俗，而是时髦、和谐、舒适而又潇洒。布拉斯服装的结构是简洁的，没有多余的成分。鲜艳的格子花呢以及醒目的花纹图案是布拉斯的偏爱，而且他大胆地把花型与结构结合起来。面料上较多采用进口的纯羊毛、纯棉、纯丝、尼龙织物。讲究服装层次感是布拉斯服装的一个重要特征，无论是开衫配裙子还是纱罗单袖缠绕的晚装都很讲究层次感。布拉斯服装是传统的而非愤世嫉俗的，包含着许多歌剧的元素。布拉斯有时也会把日装上的设计带到雅致的晚装设计上，梦幻般的布拉斯晚装使顾客切身体会到豪华与尊贵。

5. 伊曼纽尔·温加罗（Emanuel Ungaro，1933～　）

伊曼纽尔·温加罗1933年生于法国南部，是世界著名的法国当代服装设计师。自幼受到在意大利开设时装店父亲的启蒙教育，22岁赴巴黎开始从事时装工作。经好友的引荐，进入巴黎世家时装公司担任设计师。1965年，首次举办新装发表会。1966年，在巴黎成立自己的公司。1968年，推出许多具有美丽印花与配色的设计，色彩和谐，给人以美感，被誉为"色彩魔术师""印花诗人"等。1969年，在美国获尼曼·马库斯奖。

他打破了服装界"绝不要将格子和条纹混在一起"的金科玉律，因此脱颖而出。使用金属的材料与崭新的配色，形成了自己独特的风格，制作出式样不同的叠层款式，因而被称为未来派设计师。典型的 Ungaro 时装是波尔卡圆点、斑马条纹、苏格兰方块和艳丽花朵的自由组合，便利的 Ungaro 服装同那起伏多变、玉润金声的名字一样浪漫而娇娆。在他的眼中，缤纷的色彩充满动感，四处流窜，再与花团锦簇的设计主题响应，仿佛隽永诗篇，令人阅之动容。他的设计总是以实用性为出发点，并以女性的身体线条为设计重点，绝对看不到哗众取宠的款式，他使 Emanuel Ungaro 的时装在行进摆动间更见风情，令人"迷醉花丛不知返"。

6. 桑德拉·罗德斯（Zandra Rhodes，1940～ ）

桑德拉·罗德斯1940年生于英国肯特郡的查德姆。英国最高级巴思爵士，是时尚界举足轻重的标志人物。桑德拉先后在罗切斯特的麦德威艺术学院和伦敦的英国皇家艺术学院学习，专攻纺织品印花设计。她在1972年赢得英国"年度设计师"的提名，1974年获得皇家工业设计师的最高荣誉，1997年因为对时装和纺织行业的杰出贡献被授予英国最高级巴思爵士（CBE）和大英帝国指挥官的称号，并成为肯特艺术创造大学的第一位名誉校长。

在桑德拉的设计生涯中，她为无数名流人士设计服装，从戴安娜王妃、威尔士公主、杰姬奥纳西斯、伊丽莎白·泰勒、佛莱迪·摩克瑞到伊莎贝拉·布罗，从皇家贵族到摇滚明星，都是她的顾客。她的复古设计被汤姆·福特、安娜·苏、凯莉·奥斯本、阿什莉·奥尔森、凯特·摩丝和纳奥米·坎贝尔所收藏。

桑德拉·罗德斯是20世纪70年代将伦敦推向时尚前沿阵地的英国新生代设计师之一。她的设计特点一直延续着透明光亮的风格，极富创造性，浪漫、夸张而且优美，大胆并且娇柔，她所设计的服装经久不衰。

7. 贝齐·约翰逊（Betsey Johnson，1942～ ）

贝齐·约翰逊1942年出生于美国的康涅狄格州，很小的时候就学习裁剪，接着她入读艺术学院修读绘画和雕塑。1972年，贝齐获得"Coty"大奖，成为历来获得此奖项的最年轻的设计师。她的设计美国化、女孩子气、戏剧性、始终是前卫的，从不让人厌倦，少了几分高贵，但却很特别、很年轻，很符合美国女性的口味，这也许是很多知名大师都做不到的。贝齐·约翰逊是服装设计界的"老甜甜"，她的时装风格奇趣可爱，色彩活泼跳跃，充满戏剧化，永远透露着年轻活力的阳光气息。

贝齐·约翰逊设计的著名作品包括20世纪60年代的透明装、荧光手电单车装和其他纽约时尚青年服饰。无论流行时尚如何变化，她总是坚持自己的设计风格。她具有敏锐的触觉，随心所欲的创作能够贴近大众，这是她成功的原因之一。对贝齐·约翰逊而言，她的性感风情与生俱来，她坚信其一贯的"爱美就不要说抱歉"、享乐花哨的流行信仰。贝齐·约翰逊的产品包罗万象，从服装、珠宝饰品、包包手袋到配饰配件，应有尽有。

8. **詹费兰科·费雷**（Gianfranco Ferre，1944 ~ 2007）

詹费兰科·费雷 1944 年出生于意大利米兰，是当代世界著名设计大师。1969 年毕业于米兰工业学院建筑系，他进入时尚界之初从事的是珠宝设计工作，之后转向时装设计。1974 年，他设计了他的第一款女式成衣 Baila。1978 年，他创立了以自己的名字命名的品牌 Gianfranco Ferre。1986 年 1 月，意大利总统授予其"意大利共和国荣誉公民"称号，之后他又获得其故乡颁发的"荣誉市民证书"，并获得"年度米兰人奖"。由于创造了一系列辉煌的业绩，他先后被世界上许多重要城市授予了政府奖或国家总统颁发的官方证书。

建筑学功底让他在设计作品中对结构有着出色的把握，并因此赢得了"时尚建筑师"的称号。他最负盛名的设计当属 Ferre 女装中强调胸部曲线的衬衫，后来成了伊丽莎白·泰勒、朱莉娅·罗伯茨等好莱坞女星以及事业成功的职业女性的衣橱必备品。

在时尚界，他与范思哲、阿玛尼是鼎足而立的意大利设计大师，他在作品中融入了强烈的责任感，彻底改变了意大利时装设计传统，是一位真正懂得如何利用细节创造绝对时髦感的伟大高级女装设计师，他的设计是整个世界时尚史上的一个里程碑。费雷的艺术世界了充满诗情画意和遐思幻想。他的艺术理念是：时装是由符号、形态、颜色和材质构成的语言表达出来的综合印象和感觉；时装寻求创新和传统的和谐统一。费雷认为，要拓展服装的风格，其绝对重要的特征是高品质感、独特和奢华。

9. **唐娜·卡伦**（Donna Karan，1948 ~ ）

唐娜·卡伦 1948 年出生于美国纽约。18 岁进入纽约帕森斯服装设计学院研修时装设计专业。1974 年，唐娜·卡伦继承了安妮·克莱因女士的安克莱服装公司。1985 年，唐娜·卡伦与丈夫韦斯一起创立了 DONNA NEW YORK（DKNY）品牌。1988 年，创立了 DKNY 牛仔装品牌。1991 年，创立男装品牌 DKNY MEN 和童装 DKYY KIDS 品牌。1992 年，推出化妆品、香水。唐娜·卡伦与卡尔文·克莱恩、拉夫·劳伦并称美国三大设计师。

唐娜·卡伦植根于纽约特有的生活模式，她的设计处处散发着纽约特有的都市气息、现代节奏和蓬勃活力。唐娜·卡伦设计的服装吸引着以纽约人为代表的现代都市生活方式的向往者，既适合朝九晚五的职业女性，又受到影视明星、豪门贵妇的热心追捧。好莱坞明星黛米·摩尔和布鲁斯·威利斯夫妇曾是唐娜·卡伦的形象代表，汤姆·汉克斯、麦当娜、芭芭拉·史翠珊，还有克林顿和希拉里等名人都对唐娜·卡伦宠爱有加。她还创立了以自己名字命名的女装品牌。她的二线品牌 DKNY，可称为 20 世纪纪末最受青年人欢迎的品牌。她的设计源于自然，她的品牌可以说很具有大众亲和力。

10. **蒂埃里·穆勒**（Thierry Mugler，1948 ~ ）

蒂埃里·穆勒 1948 年出生于法国东北部的斯特拉斯堡。他自幼喜欢服装设计，经常为自己设计并制作衣服。他从小学习芭蕾舞，曾经是斯特拉斯堡歌舞剧院的芭蕾舞演员，后在斯特拉斯堡装饰美术学校学习。1967 年他来到巴黎，曾担任过许多家服装公司的设计师，作为自由设计师活跃于巴黎、米兰、伦敦的高级成衣界。1973 年首次举办个人作品发布会，1974 年创建时装公司，推出蒂埃里·穆勒品牌。在 1978 年举行的世界各国时装生产厂家和记者投票的设计师排行榜上名列前茅。1990 年，在莫斯科俄罗斯饭店举办大型作品发布会。1991 年，在东京举办大型作品发布会。1997 年春，被特邀参加巴黎高级时装的发表活动。蒂埃里·穆勒与盖斯奇埃尔、约翰·加里阿诺、亚历山大·麦克奎恩被看作是对巴黎高级时装业有开拓意义的、跨世纪的四位设计师。

蒂埃里·穆勒认为："现代女性相信一切的可能性，追求各种生活方式，过去那些这也不行、那也不对的传统观念和清规戒律，已经无法被遵从。"他否定所谓的高雅，追求便于穿着、便于活动、便于生活的新样式。因此，运动型的、男子气的、摩登感觉的设计较多。他被称为"反时装派的诗人"。他爱好在田间小道或森林中散步、外出旅行或观看古典芭蕾舞。他的设计浪漫、富有幻想，"一千零一夜""阿里巴巴"等都常是他作品发布会的主题。

11. 克里斯汀·拉克鲁瓦（Christian Lacroix，1951 ~ ）

克里斯汀·拉克鲁瓦 1951 年出生于法国，是巴黎高级女装界的著名设计师。1987 年，在巴黎创立了高级女装公司、高级成衣公司、时装沙龙。拉克鲁瓦除高级成衣外，还有 Bazer de Christian Lacroix 和 Jeans de Charistian Lacroix 两个二线时装系列，生产休闲、流行时装，同时还经营皮包、丝巾、领带、珠宝、太阳眼镜等。

拉克鲁瓦最典型的风格是高贵豪华、灿烂夺目。他的高级时装是纯手工精制而成，表里一致，讲究高雅精致。他可以为了一个人仅一次的穿着而设计、定制面料并加以制作。款式不但独一无二，还凸显出穿着者的个性和品位，而且每一款新装的面料、剪裁、刺绣都是高水准的。拉克鲁瓦的高级时装不管多复杂和华丽，都会让穿着者感觉轻巧和自在。

12. 让·保罗·戈尔捷（Jean Paul Gaultier，1953 ~ ）

让·保罗·戈尔捷 1953 年出生于法国。他从小喜欢时装设计，15 岁时就画了一本《高级时髦服装画册》。1971 年锋芒毕露的他受到了皮尔·卡丹的赏识，进入他的时装店工作，他还曾为让·帕图的公司工作了几年，之后他开设了自己的时装公司。1976 年，他推出了中性化的女装系列：粗犷的超短皮夹克，配以芭蕾舞式短裙，内衬长衫，左腰间系上层层绸布。这种嘲弄式的风格使人耳目一新，戈尔捷在服装界一鸣惊人，成为服装业的佼佼者。他的新款式被竞相模仿，戈尔捷突破传统高级服装设计的束缚，将设计目标对准广大人民群众，深受人们的青睐。1987 年秋季，他荣获了法国最佳时装设计师的桂冠——"奥斯卡奖"，预示了戈尔捷时代的到来。1988 年，他设计并亲自裁剪加工了春季系列时装，现在，他每年都要举办四次时装发布表演会。早在 1986 年，他的营业额就高达 7200 万美元，现在，他又建立了自己的香水生产线等。

让·保罗·戈尔捷的设计受到电视、电影、时装、喜剧等的熏陶，具有一种不顾一切地反传统的幽默感，在怀旧中散发出时代的气息。他独树一帜，提出了中性的新特点：男女可穿相同的服装而看起来仍然不失自己的特征。戈尔捷的时装既是展示服装，又是供人观赏，具有浓厚的戏剧性，总能吸引大量的观众。戈尔捷不仅精于服装设计，还在其他方面有所建树。他曾以摇滚舞星、通俗音乐学者以及工艺泰斗三项美名集于一身而闻名于世。

13. 安娜·苏（Anna Sui，1955 ~ ）

安娜·苏 1955 年生于底特律，20 世纪 70 年代到纽约的帕森斯设计学院深造。毕业两年后做过一些运动服装设计和为时装摄影师斯蒂文·梅瑟尔（Steven Meisel）做自由撰稿人。在著名的《时代》杂志刊载她的文章之后，她决心将全部精力投入到自己的设计中去。

安娜·苏拥有中国与美国血统，身为第三代华裔移民的她，最擅长于从大杂烩般的艺术形态中寻找灵感：斯堪的纳维亚的装饰品、布鲁姆伯瑞部落装和高中预科生的校服都成为她灵感的源泉。她所有的设计均有明显的共性，就是摇滚乐派的古怪与颓废气质，被称为充满摇滚与颓废气质的设计师。

1991 年，安娜·苏终于举办了第一场时装发布会。1992 年，她在纽约 SOHO 地区的 113 条格林街道开了自己的时装用品商店。1993 年，她的小时装店顿时门庭若市，吸引了许多模特与年轻的时尚一族。1996 年，秋冬时装发布会上，她的一款设计的灵感来自大导演肯·罗赛尔（Ken Russell）1920 年的一部影片，天鹅绒、斜纹软呢的搭配，点缀亮金属片，羽毛帽子和珠串手袋。1997 年，安娜·苏展示了她服装以外的其他产品：在威尼斯、意大利、巴林生产的鞋、天鹅绒、丝绸、专利皮革、蛇皮和蜥蜴皮及小山羊皮包。这一年，安娜·苏启动了她的芳香美容生产线，签署了批准德国公司 Wella 经营的协议。Wella 与日本化妆品制造者阿尔比恩一起分享安娜·苏的"美丽"生意。

14. *汤姆·福特*（Tom Ford，1962 ~   ）

汤姆·福特 1962 年出生于美国得克萨斯州。他曾于 1996 年获得 VH1 最佳女装设计师大奖和最佳男装设计师大奖，1999 年获得最佳女装设计师大奖。

福特 1990 年加入 Gucci，1994 年成为创作总监。这个被时尚界称为"力挽狂澜的设计高手"，剃着小平头的德州男子曾经当过模特，在厉兵秣马了多年之后于 1996 ~ 1997 年推出了一系列以 20 世纪 70 年代为主题的设计，一炮而红，挽救了岌岌可危的 Gucci，使这个濒临破产的品牌奇迹般地成为以后几季世界时尚界的宠儿。后来，福特还与 Gucci 公司的总裁德·索勒（Desole）先生一起，成功收购了法国名牌伊夫·圣·洛朗（YSL）公司，并于 2000 年出任 YSL 的创作总监。

15. *亚历山大·麦克奎恩*（Alexander McQueen，1969 ~ 2010）

亚历山大·麦克奎恩 1969 年出生于伦敦，父亲是出租车司机。麦克奎恩小时候就帮三个姊妹制作衣服，并立志要成为服装设计师。

麦克奎恩是英国著名服装设计师，有坏孩子之称，外号：亚历山大大帝、设计鬼才、英国的时尚教父，被称作"可怕顽童"和"英国时尚界流氓"。

麦克奎恩 1991 年进入圣·马丁艺术设计学院学习，获艺术系硕士学位。1992 年，自创品牌 Alexander McQueen。1993 年起相继在英国、日本、意大利等国的服装公司工作。在伦敦的一次时装展中被 *Vogue* 的著名时装记者 Isabella Blow 采访报导，使他从此走上国际舞台。1996 年，为法国著名的纪梵希（Givenchy）设计室设计成衣系列。1998 年，他设计的"纪梵希 99 春 / 秋时装展"在巴黎时装周上获得好评。1998 年为影片《泰坦尼克号》女主角扮演者凯特·温丝莱特设计出席奥斯卡颁奖晚会的晚装。

1995 年，麦克奎恩推出了股沟清晰可见的"包屁者"牛仔裤，它比当时任何世俗可接受的程度更加低，震撼了整个时装界。大胆的性感征服了流行音乐天后麦当娜，让许多人为之疯狂。他大胆创新的设计，成为英国年轻人追捧的对象。他的设计融合传统与时尚，强力与柔弱，使其赢得 1996、1997、2001 和 2003 年度"最佳英国设计师"的美誉，是最年轻的英国时尚奖获得者。

麦克奎恩在服装表演的舞台设计方面更是别出心裁，把表演场地选在喷水池中，或是将舞台设计成下着鹅毛大雪的雪地等。麦克奎恩说："在我的时装发布会中，你能获得你参加摇滚音乐会时所获得的一切——动力、刺激、喧闹和激情。"他的充满创意的时装表演，被多位时装评论家誉为是当今最吸引人的时装表演。

麦克奎恩是时尚界的鬼才，他的设计总是妖异出位，充满天马行空的创意，极具戏剧性。他的作品常以狂野的方式表达情感、天然、浪漫但又决绝的现代感，具有很高的辨识度。细致的英式定制剪裁、精湛的法国高级时装工艺和完美的意大利手工制作都能在其作品中得以体现。2010春夏系列被蒙上梦幻的色彩，各样的蛇皮、鲨鱼皮纹理让人有些晕眩，最新打造的摩天高跟鞋以25cm创造了鞋款的新高度。这些鞋款是由各种钢铁配件、皮料等不同材料打造而成，其中外形酷似龙虾爪或驴蹄的鞋款最为吸引人，高跟鞋的酷爱者誉之为旷世杰作。

麦克奎恩的品牌产品有男装、女装、运动装、体育用品、牛仔装、皮饰品、配件、香水、家饰品等。他最著名的作品是骷髅丝巾，简约别致。在设计中，利用骷髅图案演变出无数的变化，成为时尚经典。好莱坞女星、超级名模几乎人手一条，甚至有不少明星收藏各款骷髅丝巾。另外，骷髅头戒指、项链、手镯等配饰也风靡世界。

总结

1. 当代著名的服装设计师。
2. 服装设计大师的成长历程。

思考题

1. 设计师们成功的原因有哪些？
2. 詹费兰科·费雷的设计风格是什么？
3. 分析亚历山大·麦克奎恩进入时装界的原因。

参考文献

［1］陈连升. 女裤世典［M］. 北京：中国轻工业出版社，2006.

［2］王朝闻. 美学概论［M］. 北京：人民出版社，1988.

［3］R. 阿恩海姆. 视觉思维［M］. 滕守尧，译. 北京：光明日报出版社，1986.

［4］R. G. 科林伍德. 艺术原理［M］. 王至元，陈华中，译. 北京：中国社会科学出版社，1985.

［5］H. A. 丹纳. 艺术哲学［M］. 傅雷，译. 北京：人民文学出版社，1983.

［6］B. G. 布洛克. 美学新解［M］. 滕守尧，译. 沈阳：辽宁人民出版社，1987.

［7］孔寿山. 服装美学［M］. 上海：上海科学技术出版社，1989.

［8］钟漫天，闻天生. 当代服装科技文化［M］. 北京：中国纺织出版社，1998.

［9］商店设计丛书编写组. 商店室内设计［M］. 北京：机械工业出版社，1994.

［10］胡连江. 现代人体装饰画［M］. 天津：天津杨柳青画社，1989.

［11］王培. 世界漫画精品［M］. 桂林：漓江出版社，1995.

［12］张乃仁，杨蔼琪. 外国服装艺术史［M］. 北京：人民美术出版社，1992.

［13］李泽厚. 美学三书［M］. 合肥：安徽文艺出版社，1999.

［14］徐恒醇. 设计美学［M］. 北京：清华大学出版社，2006.

［15］彭富春. 哲学美学导论［M］. 北京：人民出版社，2005.

［16］沈从文. 中国古代服饰研究［M］. 上海：上海书店出版社，2002.

［17］克利福德·格尔茨，文化的解释［M］. 韩莉，译. 南京：译林出版社，1999.

［18］吴卫刚. 服装设计指南［M］. 北京：化学工业出版社，2010.